枣种质资源与高效栽培技术

◎ 张东风　陈　健　赵素荣　主编

中国农业科学技术出版社

图书在版编目(CIP)数据

枣种质资源与高效栽培技术 / 张东风，陈健，赵素荣主编 . —北京 ：中国农业科学技术出版社，2019.6
ISBN 978-7-5116-4076-5

Ⅰ . ①枣… Ⅱ . ①张…②陈…③赵… Ⅲ . ①枣—种质资源—中国—技术培训—教材②枣—果树园艺—技术培训—教材 Ⅳ . ① S665.1

中国版本图书馆 CIP 数据核字（2019）第 050376 号

责任编辑　鱼汲胜　褚　怡
责任校对　马广洋

出 版 者　中国农业科学技术出版社
　　　　　北京市中关村南大街 12 号　邮编：100081
电　　话　（010）82106636（编辑室）（010）82109702（发行部）
　　　　　（010）82109709（读者服务部）
传　　真　（010）82106631
网　　址　http ：//www.castp.cn
经 销 者　各地新华书店
印 刷 者　北京富泰印刷有限责任公司
开　　本　880mm × 1 230mm　1/32
印　　张　12
字　　数　280 千字
版　　次　2019 年 6 月第 1 版　2019 年 6 月第 1 次印刷
定　　价　69.00 元

枣种质资源与高效栽培技术

编　委　会

主　编　张东风　陈　健　赵素荣

副主编　黄素芳　王振亮　李开森　肖家良　任红菊

编　委　王振一　王振亮　王丽华　王仁怀　王海荣
王书刚　王小利　王祺龙　王东晨　孙　新
李　莹　李开森　李如纲　李瑞平　李维泉
刘　森　刘泽勇　刘满光　任俊英　任卫红
任红菊　张东风　陈　健　纪清巨　肖家良
杨振江　邵学红　郭娇娇　赵连峰　赵素荣
高运茹　高素梅　黄素芳　韩会智　韩小峰
滕传亮

前言

枣为鼠李科枣属植物，是最具中国特色的优势果树。据大量出土文物考证、古文献记载和现存的古枣树群落分布表明，中国是枣树的栽培起源中心，最早的记录是见于约 3 000 年前的《诗经》中，其后的《尔雅》《史记》《神农本草经》《齐民要术》和《本草纲目》等古文献对枣的品种、栽培、加工和药用价值等都作了记载和说明；另外，地处黄河流域的山西、陕西、河北、河南和山东等地发现了几百年到上千年的古老枣树林。

枣种质资源是枣树科研和生产的基础，对新品种选育和生产利用具有基础性和关键性的支撑作用。我国枣品种资源收集保存和利用研究已有 700 多年的历史，在漫长的自然演化和人为选择过程中形成了极为丰富的品种资源。仅古文献记载的枣品种总数就达 500 个左右，以《广群芳谱》和《植物名实图考》中记载的品种最多，达到 87 个。尤其是新中国成立后，我国的枣树科技工作者在全国范围内多次开展了品种资源调查和鉴定评价等研究工作，并于 1993 年编辑出版了《中国果树志 · 枣卷》。该书主要以文字描述的形式详细记载介绍了枣品种资源 700 个，成为全国枣树科研、教学、生产和经营者必备的工具书。

枣树高效栽培技术在枣树生产中同样起到关键性的作用。目前，我国枣树生产中存在的问题主要包括：第一，品种盲目引进，不重视果品市场价格及走向，不考虑原产地生态条件与当地生态条件是否吻合，造成品种适应性差，经济效益走低或品种单一，枣果过剩、价格下降等问题；第二，病虫害严重，枣园缺乏精细管理，加重了枣疯、枣缩果等病害的发生，产量大幅度下降；第三，缺少标准化栽培技术，主要包括不同品种的修剪、定型、花果管理、肥水管理及病虫害防治等技术。

为了更好地帮助枣农了解不同品种、不同栽培技术，编者组织长期从事枣树研究的科研人员和从事枣树生产的技术人员，在总结和归纳的基础上结合新的技术成果，编写了《枣种质资源与高效栽培技术》一书。

全书共9章，第一章和第二章主要介绍枣种质资源；第三章至第六章主要介绍枣树栽培及病虫害防治技术；第七章介绍枣果采收、贮藏及加工技术；第八章和第九章介绍近几年新科研技术成果。

本书适合于从事枣树生产的广大枣农阅读，也可作为枣区技术培训教材。编者真诚地希望为广大读者奉献一本有实用价值的书籍，但因水平所限，书中难免有疏漏和不妥之处，热忱地欢迎同仁及广大读者批评指正。

编 者

2019年2月25日

目录

第一章 概 述

第一节 枣的来源，历史

中国枣产业的发展历史源远流长。早在7 000多年前的新石器时代，我国的先民就已开始采摘和利用枣果，距今3 000年前的西周时期，已有枣树栽培的文字记载，2 500年前的战国时期，枣已经成为重要的果品和常用中药；距今2 000年前的汉朝，枣树栽培已经遍及我国南北各地，距今1 500年的后魏时期，传统的枣树栽培技术体系已经建立起来，其中许多技术一直沿用至今。我国近代枣树的发展历经曲折，特别是在日军侵华时期，实行"三光"政策后，枣树遭到了极大破坏。1949年新中国成立后，枣树生产得到迅速恢复。特别是改革开放以来，枣产业得到全面快速的发展，目前现代化的枣产业已经初步建立起来。关于枣产业发展阶段的划分尚缺乏系统研究。刘孟军（2008）主要根据技术进步水平和产业化程度曾将枣产业发展历史划分为3个阶段，即引种驯化栽培阶段、传统生产技术形成发展阶段和现代枣业形成发展阶段。在这里，进一步细化为以下5个阶段。准确地断代还需要大量的考古发掘及古文献的研究与分析。

一、引种驯化期

根据目前掌握的考古发掘和古文献考证资料，这一阶段最晚开始于公元前5000年的新石器时代晚期，经三皇五帝时期，一直延续到夏朝和商朝，这一阶段的主要特征是人们主动的从野生酸枣中引种驯化优良类型并进行栽培利用。但这个阶段主要是采摘利用自然生产的枣果，酸枣和枣的分化还不十分明显。关于古人开始驯化栽培枣树的起始年代目前尚难以确切推断，但根据20世纪70年代河南密县沟北岗新石器时代遗址发掘出的炭化枣果和枣核推测，我国至少在7 000多年以前就已开始采集和利用枣果了。目前，尚未发现商朝（公元前1600年至约公元前1046年）以前关于枣树的文字记载,但成书于公元前10世纪商朝末期的《诗经幽风篇》中载有。“八月剥枣，十月获稻”的诗句，说明距今3 000年以前人们已经开始有计划地采摘利用枣果了。

二、传统产区形成期

该阶段大致发生于周朝（公元前1066—前256年）、秦朝（公元前221—公元前206年）和汉朝（公元前202—220年）3个朝代，在这个阶段野生酸枣和栽培枣的分化已很清楚，已选出一些枣的优良品种，枣果成为深受人们喜爱的果品、常用的祭祀和馈赠佳品以及重要的木本粮食和上品中药，同时通过规模化的引种栽培区域迅速扩大，至汉朝遍及我国南北各地，形成了陕、晋、豫、冀、鲁等传统栽培中心并一直保持至今，此期还积累下一定的栽培经验。

成书于战国至秦汉时期的《神农本草经》中记载“酸枣生川泽，名医曰‘生河东，八月采实，阴干，四十日成’。大枣生平泽，名医曰‘一名干枣，一名美枣，一名良枣，暴干’。”说明2 000多年以前，人们已经将枣和酸枣分开，各自有着不同的生境和制干方法。《齐民要术》中说古人“常选好味者，留栽之”，即进行品种选优和驯化栽培。成书于公元前600年的周朝（春秋时期）的《尔雅》一书中，载有“洗，大枣，今河东（现在的山西运城附近）猗氏出大枣子如鸡卵”，全书共记载有枣品种 11 个。

成书于东周（战国时期）的《黄帝内经》之《灵枢经五味》中提到“五果：枣甘、李酸、栗咸、杏苦、桃辛”，说明 2 500 年前，枣就与李、杏、桃、栗一起成为了重要的果品和中草药。《战国策》一书中记载：“苏秦说燕文侯曰‘北有枣、栗之利，民虽不由佃作，枣栗之实，足食于民。’《史记。货殖列传》记载：“安邑千树枣……其人与千户侯等。”成书于公元 300 年晋朝的《广志》一书上记载了许多枣树品种的出处，包括河东安邑（今山西南部的夏县附近）、东郡谷城（今山东阿城附近）、河内伋郡（今河南赵堡附近）、东海（今山东郯城附近）、安平信都（今河北冀县附近）等，说明当时陕、晋、豫、冀、鲁都已有枣树的栽培而且形成了品种。《三国志 · 魏志》记载：“冀州户口最大，又有桑枣之饶，国家征求之府。”这些都说明，2 000 多年以前枣已成为富民产业和国家税收之源。此外考古学家在江苏连云港、广东广州、甘肃武威、湖南长沙、湖北江陵和随县以及新疆吐鲁番等地发掘的汉代古墓中，都曾发现枣核和干枣遗迹，充分说明远在汉代（距今 2 000 年左右）以前枣树就已经是遍布全国的重要果树了。

三、传统生产技术发展期

该阶段大致发生于汉朝（公元前 202—220 年）末期，至北魏（386—534 年）末年，历时约 500 年。在这个阶段，枣树品种大量出现，特别是栽培技术发展迅速，随着疆域的扩大、与周边国家交往的增多尤其是丝绸之路的开通使枣树开始走向世界。北魏末年（公元 533—534 年）贾思勰所著《齐民要术》一书的发行，标志着枣树传统栽培技术体系和利用方式的基本形成，也标志着该阶段的结束。随着枣产业的不断发展，到公元300年晋朝的郭义恭所著《广志》一书记载的枣树品种已达到21个，《齐民要术》更是创纪录地收录了45个品种，对各品种来源、产地及生长状况的记载更加详细。随着汉朝以后中外交往的日益频繁，一些古老的枣品种开始被引种到周边国家和亚欧各国。

栽培管理方面的进步是该时期最显著的特征。《齐民要术》一书详细总结了我国古代人民积累下丰富的枣树栽培经验，其中，许多技术一直沿用至今。在枣树栽植方面《齐民要术》提出，“候枣叶始生而移之”，即在枣刚发芽时栽植为宜；在栽植密度上应“三步（约为现在的5m）一树，行欲相当”，在园地选择上，“其阜劳之地，不任耕稼者，历落种枣，则任矣”，说明不能种庄稼的零星土地皆可用来种植枣树。在枣园管理方面，《齐民要术》提出，“正月一日日出时，反斧斑驳锤之，名卻‘嫁枣’，不斧则花而不实，斫则子萎而落也。”其意思是说正月一日日出的时候，要用斧子的钝头在枣树的树干上交错锤打，否则只开花不结果；但若用斧子砍，则幼果就会萎蔫脱落。这一措施和当前河北、山东等地仍在使用的“开甲”和在河南新郑使用的“牙枣”等促进坐果的措施为同一道理，只是在时间上有所不同。《齐民要术》中还记载，“以杖击其枝间，振去狂花。不打，花繁不实，不成”，这是关于枣树疏花的最早记载。在采收和干制方面，《齐民要术》中提出“全赤即收”，并解释说“半赤而收者，肉未充满，干则色黄皮皱；将赤，味亦不佳美；久赤不收，则皮破，复有鸟为患”；在采收方法上主张“日日撼〈摇动〉而落之为上”。即分期采收，关于晒枣方法，指出“先治地，令净，布橡于箔下，置枣于箔上，以扒聚而复散之，一日中二十度乃佳。夜仍不聚。得霜露气，干速。成阴雨之时，乃聚而苫盖之。五六日后，别择，取红软者，上高厨而暴之，厨上者已干，虽厚一尺，亦不坏。择去胮烂者胮者永不干，留之徒令污枣。其未干者，晒曝如法。”这种晒枣方法至今各地仍在应用。此外，《齐民要术》中对枣的加工亦有详细描述，“郑玄曰：‘枣油：捣凿实，和；以涂缯上，燥而形似油也。乃成之，”意即把枣果捣烂和匀，涂抹于绸绢上，干燥后像一层油膏，与现在的枣膏很相似。

四、传统生产技术成熟期

该阶段大致发生于北魏（公元 386—534 年）末年《齐民要术》发表以后，至新中国成立（1949），历时约 1 500 年。在这个阶段，中央和地方政府积极倡导发展枣树，生产规模进一步扩大，栽培品种继续增加，传统的生产技术进一步使枣树在古代深受统治阶级的重视，历史上发展枣树的主要途径之一就是靠历代王朝的法令。据《魏书·食货志》（成书于公元 6 世纪）载：“太和九年下诏……初受田者，男夫一人给田二十亩（1 亩 ≈ 667m^2,15 亩 =1 公顷，全书同），课莳馀种桑五十，树枣五株，榆三根，非桑之土，夫给一亩，依法课莳榆枣，奴各依良，限三年种毕，不毕，棋不毕之地，于桑榆地分杂莳余果，及多种桑榆者不禁……直到距今 500 多年前乃沿袭此例。另据明《河间县志》记载：“洪武二十七年（1394 年）命工部行文书教天下百姓，务要多栽桑枣，每一里种二亩秧，每一百户内共出人力挑运柴草，烧地耕过，再烧，耕烧三遍下种，待秧高三尺，然后分栽，每五尺阔五拢，每一户初年二百株，次年四百株，三年六百株，栽种过数目，造册回奏，违者，全家发云南金齿充军。”据河南内黄县文物志中的枣林史话记载，在北宋元丰、崇宁等朝，黄河多次决口改道，田园林木多被埋没，而枣树适应性强，常被作为改造沙荒的先锋树种，待枣林形成后起防风固沙和保护农田的作用。长期以来，我国北方各省形成的宽行密株枣粮间作的栽培形式，就是在这种历史的发展过程中形成的。这一阶段，在政府大力推动发展枣树的同时，枣树的新品种不断增加，栽培技术亦更加成熟。至元朝柳贯著《打枣谱》时，收集到枣品种达73个（《齐民要术》中记录为45个），待到清朝吴其濬著《植物名实图考》时，叙述的枣品种已达87个。该时期在栽培技术方面，出现了枣粮间作，将开甲时期由正月调至端午使之更加科学化（见明朝出版的《便民图纂》）；在贮藏方面，相继出现了干枣的缸藏、窖藏以及鲜枣的冰室保鲜技术；在加工方面，则出现了蜜枣、乌枣、南枣、枣干、酒枣、枣酒、枣醋等许多新的产品。

五、现代枣业形成发展期

这一阶段为从新中国成立至今，已历时70年。这个时期是充分利用现代科学技术初步建立起现代枣产业的时期。这个阶段包括新中国成立初期的快速恢复发展期（1949—1966年），"文化大革命"时期的缓慢发展期（1966—1978年），改革开放以来的全面发展期（1978年至今）。这个阶段虽然经历了"文化大革命"的10年停滞甚至倒退，但在枣产业发展的历史长河中仍是枣产业发展最快、变化最大的时期。在这一时期，我国的枣产品开始大量出口，蜜枣的生产中心由南方转移到了北方，鲜食枣历史上第一次形成商品化的大产业（1990年北京亚运会后，以临猗梨枣和冬枣为代表的鲜枣品种迅速实现了规模化和产业化），现代农业技术在枣树上得到大规模应用。在该阶段，以酸枣为砧木的嫁接育苗技术得到大规模推广应用，首次出现了扦插和组织培养育苗技术；现代化的土肥水管理，整形修剪，生长调节剂应用，病虫害的无公害防治，乙烯利人工催熟化学采收，冷藏和气调保鲜，枣汁、香精、色素、枣干红酒、枣膳食纤维、环核苷酸糖浆等现代加工品，大枣专业市场，以及枣专家系统、枣网站等新生事物，都是在这阶段的短短几十年里出现的。

目前，这一阶段尚未结束，距离建立起完善的现代枣产业体系还有很长的路要走。

第二节　地理分布

枣树以其特产我国、抗逆性强、早果早丰、管理容易、营养丰富，经济、生态、社会效益突出等优势，几十年来，以年增10%的速度高速发展。目前，除黑龙江外，全国各省（自治区、直辖市）均有栽培。

国际上，亚、非、拉、美、欧、大洋洲的40多个国家直接或间接引种了我国的枣树。目前，全世界近99%的枣树面积、产量和近100%的枣产品国际贸易集中在中国。截至2016年，全国枣树面积2 000多万亩，年产干枣625万吨以上。

中国枣划分为北枣和南枣两个生态型，地理位置以淮河、秦岭为界：北枣含糖量高、适宜制干枣；南枣含糖量低，适宜制蜜枣。北方栽培区划分为：黄河、淮河中下游冲积土枣区，黄土高原丘陵枣区，甘肃、内蒙古（内蒙古自治区的简称，全书同）、宁夏（宁夏回族自治区的简称，全书同）、青海、新疆（新疆维吾尔自治区的简称，全书同）干旱地带河谷丘陵枣区；南方栽培区为江淮河流冲积土枣区、南方丘陵枣区、云贵川枣区。河北、山西、山东、陕西、新疆、河南是我国枣主产区，对全国枣的贡献率达90%以上。

第三节　作用及用途

一、枣粮间作能保护农田和改善农田生态条件

枣树耐瘠薄土壤,枝稀叶小,展叶晚,落叶早,适合于枣粮间作。枣林有防风固沙、降低风速、调节气温、防止和减轻干热风为害的作用，既能保护农田，又能提高土地利用率，充分利用空间和光能，改善农田生态条件，是重要的木本粮食树种。枣粮间作不但能提高农田空气相对湿度和土壤含水量，而且，能减少水分蒸发量，改变农田小气候，使水、肥得到最大限度的利用，促进粮食增产，是发展立体农业的理想模式。

枣树根系发达，保护水土能力强。在山区营造枣林，有明显防止水土流失的作用。在庭院和“四旁”栽植枣树，不仅有收益，而且，能美化环境。

二、枣果甘甜味美、营养丰富

枣果味美甘甜，含糖量居各类果品之首，鲜枣含糖量20%以上，干枣含糖量60%~80%。枣果含热量也较大，每100g鲜枣含热量为431kJ,每100g干枣含热量为1 294kJ,其含热量与大米相近，故枣是重要的木本粮食树种。枣果除了含有大量糖分外，每100克鲜枣中含有维生素C约300mg，大大超过一般水果中的含量。它含有一定的脂肪、蛋白质、纤维素、果酸、维生素A、维生素B_1、维生素B_2、维生素E、维生素P及铁、磷、钙等人体不可缺少的无机盐。此外，枣果中还含有人体中不可缺少的18种氨基酸，含量为2.73%~3.49%。因此，枣果是优良的滋补果品。

三、枣具有较高的药用价值

枣树全身是宝，叶、花、果、皮、根、刺及木材皆可入药。《本草纲目》记载：大枣“甘、平、无毒。主治心腹邪气，安中，养脾气，平胃气，通九窍，助十二经，补少气、少津液、身中不足，大惊四肢重，和百药。久服轻身延年。”一般中药都要配上红枣少许，以提高药效，故红枣被称为“百药之引”。该书还记载：“枣核烧后，研成粉治胫疮”；枣叶可发汗，枣树向北一侧的皮可治眼疾。枣果中的维生素 P 又称芦丁，能防治动脉硬化，有利于血管通畅，降低血压；环磷酸腺苷、儿茶酚对治疗肝炎、毒疮，补血健脑，抗癌和健脾强身，具有特殊的疗效而无任何副作用。枣仁炒后有安神作用，能促进睡眠。

四、枣是食品加工的主要原料

据《礼记》记载：“妇人之挚枳榛璞脩枣栗”。《齐民要术》对红枣干制、枣酒、枣香精、枣脯、枣晶加工品种也不断增多，如蜜枣、醉枣、糖枣、枣糕、枣罐头等。枣果还可制成枣茶、枣汁、枣泥、枣粉、枣茸、枣饮料等。红枣的加工制品是我国传统的出口商品之一，在国际市场上很受欢迎。

五、其他用途

枣花量大，花期长，是重要的蜜源植物。枣花蜜产量高，品质好，且有较高的药用价值。枣木坚硬，纹理细密，可供雕刻、制车、造船、制作乐器等，也是制作家具的优质木料。

第二章　枣优良品种

第一节　枣品种的分类

1993 年，中国林业出版社出版的《中国果树志 · 枣卷》中确定的枣品种共 700 个，按主要用途和有关性状进行分类，分为制干、鲜食、蜜枣，其中制干品种 224 个、鲜食品种 261 个、蜜枣品种 56 个、兼用品种 159 个。以上 4 类品种，以制干品种栽培面积最大，产量最多；鲜食品种的品种数量最多，但栽培面积小，产量少；蜜枣品种主要分布在南方枣区，在北方枣区也有不少品种适宜加工蜜枣；兼用品种其栽培面积和产量仅次于制干品种，列第 2 位。

第二节　枣树品种的演化

一、枣由酸枣演进的路线

关于酸枣向枣演进的路线，是一条路线还是多条路线，一直没有定论。彭建营等（1991）根据对枣和酸枣花粉形态的研究结果，推断枣品种的演化有多条路线。花粉的形态特征和外壁纹饰是由基因型控制的，具有相当的稳定性。根据扫描电镜研究结果，按花粉的外壁纹饰可以把供试枣品种和酸枣类型分为 12 类，而在每类中基本都有酸枣类型。据此推测，栽培枣品种可能是由同组中具有类似纹饰的酸枣种质演化而来。

Stebbins（1957）指出，核形越不对称就越进化，而核形不对称的增加是指染色体两臂长度不等，或是同一核内不同染色体大小不等。杨云动（1999）在对枣树品种染色体核型进行分析的基础上，以平均臂比为横坐标，以最长染色体与最短染色体之比为纵坐标，做品种分布图，结果发现供试枣品种和酸枣类型基本上集中分布在3个区域，这3个区域的品种可能有各自独立的演化路线，支持枣品种的多条演化路线的观点。王秀伶等（1994）通过对枣和酸枣过氧化物酶同工酶的数量化分析和重心法聚类，提出酸枣向枣的演化存在4条路线，但以其中一条为主线（占72.0%）。

二、枣树品种间的亲缘关系

随着技术手段的不断进步，对枣品种间的亲缘关系研究不断深入，特别是分子标记的应用为品种间亲缘关系的研究注入了新的活力。根据RAPD技术结合已有的其他方面的研究结果，彭建营等（2002）认为龙爪枣、葫芦枣、无核枣等的起源是多元的，它们都曾经被作为变种处理，但其内部的遗传距离大于这些类群间的遗传距离，认为这些变种划分是不自然的，宜并入其原变种；枣种下不宜设变种，对枣种下的众多品种，可根据品种间的遗传关系，直接划分品种群。

如前所述，枣品种繁多，栽培演化历史悠久，枣品种演化具体有多少条演化路线还不能定论。以往的研究，如形态学花粉学细胞学、同工酶学等结果对一些品种的亲缘关系提供了一些证据，但都有一些局限性。赵锦（2000）、白瑞霞（2008）等应用RAPD、AFLP和SRAP技术，比较系统地对200多个枣品种的亲缘演化关系进行了探讨，结合已有的形态学。细胞学、花粉学、同工酶学、

地理学、古文献等的各种资料，揭示出了26个品种群内或品种间的亲缘关系，主要研究结果如下。

1.圆铃品种群内的关系

杨云贞等（1995）的染色体核型研究表明，磨盘枣和核桃纹，具有相同的基本核型。彭建营等（1999）用扫描电镜观察到核桃纹与磨盘枣的花粉外壁纹饰相同，均为交织网状。王秀伶等（1999）所做过氧化物酶同工酶的聚类分析结果表明，核桃纹和磨盘枣聚在一起亲缘关系较近。曲泽洲等（1990）的同工酶研究结果表明，磨盘枣与圆铃的枝皮过氧化物酶同工酶谱型相同，叶片过氧化物酶同工酶圆铃比磨盘枣多1条谱带。彭建营等（1999）的RAPD分析结果表明，磨盘枣与圆铃1号（圆铃中选出）聚在一起，两者亲缘关系较近，认为磨盘枣是由圆铃演变而来。白瑞霞（2008）利用AFLP和SRAP标记的研究结果表明，酥圆铃、核桃纹、老婆枣、大柿饼枣、延川狗头枣、圆铃1号与圆铃的亲缘关系较近，分布于山东泰安的酥圆铃与圆铃可能为同物异名；圆铃核桃纹、圆铃1号等7个品种先聚在一起后再与磨盘枣聚在一起，说明磨盘枣与圆铃品种群的关系较近，是由圆铃演化而来。

2.义乌大枣、南京枣和宣城尖枣的关系

义乌大枣和南京枣的植物学特征和生物学特性相似，果实均为圆柱形，果肩平圆，有数条浅细的辐射沟纹，果面均稍有粗糙感，核内多含1粒饱满种子；树体特征也颇相似；开花、坐果习性也较一致。彭建营（1999）通过对这两个品种的RAPD分析表明，义乌大枣仅比南京枣多2条特异带，两者有极近的亲缘关系。白瑞霞（2008）的AFLP分析表明，两者的相似系数为0.984；SRAP分析表明，相似系数为1.000，表明义乌大枣和南京枣的亲缘关系极近，且它们的差异存在于非编码区；宣城尖枣与南京枣和义乌大枣的遗传系数分别为0.984、0.991和0.991，从DNA水平揭示出宣城尖枣与义乌大枣、南京枣非常近缘。

3. 宁阳六月鲜、孔府酥脆枣和疙瘩脆的关系

宁阳六月鲜、孔府酥脆枣和疙瘩脆均为原产山东的鲜食品种。宁阳六月鲜和孔府酥脆枣的形态特性相似，果实形状不整齐，果肩平圆，梗洼中广，果柄粗短，果点较大，果核较大，长椭圆形，核蒂短，核尖尖长，核纹深，内有种子，树体特征也较相似。白瑞霞（2008）的AFLP分析表明，两者的相似系数达0.998。基于SRAP的相似系数为0.990，说明两个品种的亲缘关系很近；疙瘩枣与宁阳六月鲜和孔府酥脆枣的AFLP相似系数分别为0.991和0.988，SRAP相似系数分别为0.980和0.970，说明疙瘩脆与这两个品种的亲缘关系极近，三者可能为同一近缘系。

4. 长红枣品种群内的关系

长红枣品种群是山东省的主要品种之一，历史悠久，分布很广，主要组成品种有早熟躺枣、短果长红、疙瘩长红、葫芦长红、大牙和亚腰长红等。据《中国果树志·枣卷》报道，葫芦长红由大马牙演变而来。彭建营的RAPD分析研究表明，在342条RAPD扩增条带中，分布于河南的水城长红与早熟躺枣和葫芦长红有340条共同带，3个品种的亲缘关系极近，永城长红是长红枣的组成成员（彭建营等，2000）。白瑞霞（2008）的AFLP聚类结果显示，大马牙先与葫芦长红聚在一起（相似系数为0.998），然后与亚腰长红、早熟躺枣、永城长红聚在一起，最后才与短果长红相聚；SRAP分析结果表明，大马牙和葫芦长红（相似系数为1.000）与永城长红聚在一起，然后与亚腰长红和早熟躺枣在一组，从DNA水平上说明葫芦长红与大马牙的亲缘关系极近。白瑞霞（2008）的研究还发现，短果长红与其他4个品种的亲缘关系稍远。

5. 龙枣类品种与长红枣的关系

龙枣别名龙须枣龙爪枣蟠龙枣、曲枝枣。分布于北京、河北、山东、山西、河南和陕西等地。在外部形态上，河南龙枣为二次枝弯曲，河北龙枣为一次枝弯曲，大荔龙枣的一次枝和二次枝都有弯曲。就弯曲程度而言，河南龙枣弯曲度最大，河北龙枣次之，陕西大荔龙枣弯曲度最小。王秀伶等（1999）的同工酶研究表明，河北龙枣与山东躺枣（长红枣）酶谱相似，不同的是河北龙枣比山东躺枣多几条带，用过氧化物酶同工酶的系统聚类分析结果表明，河北龙枣和河南龙枣聚在一起，亲缘关系较近。赵锦等（2003）的RAPD聚类结果表明，河南龙枣与河北龙枣先聚到一起、遗传距离为0.117，亲缘关系较近。彭建营等（2000）的RAPD分析表明，河北龙枣与山东龙枣扩增条带全部相同，两者与长红枣仅有4条扩增差异带，分析可能是由长红枣演变而来，从枝、叶花、果形态和生长习性考察，龙枣是长红枣品种的特殊变异。白瑞傲（2008）的研究结果表明，在扩增的577条AFLP标记中，576条为相同带，河南龙枣比河北龙枣多1条特异带；在扩增的113条SRAP标记中，有111条相同，两品种各有1条特异带，表明河北龙枣和河南龙枣的亲缘关系极近，基于AFLP和SRAP的聚类分析中均表现为，河北龙枣先与河南龙枣聚在一起后，再与长红枣品种群的几个品种聚合，反映了两种龙枣与长红枣的近缘关系，而陕西的大荔龙枣与前两种龙枣的亲缘关系较远,与长红枣品种群的几个品种差异也很大。综合分析，河北龙枣河南龙枣和山东龙枣是同一近缘系，由长红枣演变而来，而大荔龙枣不是由长红枣演化而来。

6. 串铃和长红枣品种群的关系

串铃产于山东历城，因坐果能力强，枣吊常能连续成串坐果而得名。从枝叶形态和生长结果习性考察,串铃和长红枣品种群相近。

王秀伶等（1999）的过氧化物酶同工酶的系统聚类分析结果表明，串铃和长红枣聚在一起。但彭建营（1991）在研究枣花粉形态时发现，串铃与长红枣躺枣的花粉形态不同，串铃花粉近球形，外壁纹饰脊粗糙，呈片块状，无巨型花粉；长红枣和躺枣的花粉均为长球形，外壁纹饰脊光滑，呈交织网状，有巨型花粉。白瑞霞（2008）的 AFLP 和 SRAP 聚类分析表明，串铃均未与长红枣品种群的品种聚在一起，说明串铃与长红枣的亲缘关系较远，并不属于长红枣品种群。

7. 大名布袋枣与尜尜枣的关系

大名布袋枣产于河北大名，是鲜食和加工兼用品种，其果实为圆柱形，两端稍细。尜尜枣为北京著名鲜食品种，果实长葫芦形。白瑞霞等（2008）的 AFLP 和 SRAP 聚类分析结果表明，这两个品种均聚在一起，相似系数分别为 0.988（AFLP）和 0.960（SRAP），说明两者的亲缘关系较近。

8. 天津快枣、二秋枣、缨络枣、郎家园枣与金丝小枣的关系

天津快枣、二秋枣均是产于天津西郊的鲜食品种，从果实形状、树体特征、生长习性来看，这两个品种也与金丝小枣极为相似。白瑞霞（2008）的 AFLP 分析表明，这两个品种均聚在了金丝小枣品系的外围，与金丝小枣品系的相似系数均在 0.960 以上；SRAP 分析表明，这两个品种也与金丝小枣品系聚在了一组，与金丝小枣品系的相似系数均在 0.900 以上，说明天津快枣、二秋枣与金丝小枣的亲缘关系很近。

缨络枣产于北京近郊，郎家园枣是原产于北京郎家园一带的鲜食品种。通过 AFLP 和 SRAP 聚类分析结果表明，这两个品种均与金丝小枣品系聚在一组，与金丝小枣的相似系数均在 0.900 以上，说明两者与金丝小枣的亲缘关系较近（白瑞霞，2008）。

9. 长木枣、小木枣、马铃脆与金丝小枣的关系

长木枣产于山东的乐陵、无棣、庆云、商河等地，小木枣分布在河北献县、武强和山东乐陵、无棣一带，混栽在金丝小枣树行中。马铃脆是产于山东陵县的鲜食品种。白瑞霞（2008）的 AFLP 和 SRAP 聚类分析表明，这 3 个品种均与金丝小枣品系聚在一组，表明与金丝小枣具有较近的亲缘关系。

10. 无核小枣与金丝小枣的关系

无核小枣在金丝小枣产区有少量栽培，两者在植物学特征、生物学特性及用途上极为相似，只是有核、无核的差异，通常认为，无核小枣是金丝小枣的芽变或实生变异。彭建营等的研究表明，金丝小枣和无核小枣的花粉大小、形状及外壁纹饰无明显差异，同工酶谱仅有一条酶带存在差异，并应用 RAPD 技术找到了一个可能与有核性状相关的分子标记（彭建营，1991；彭建营等，2001）。刘孟军和赵锦等分别用 RAPD 技术证明了无核小枣和金丝小枣的近缘关系（刘孟军，1995；赵锦和刘孟军，2003）。白瑞霞（2008）的 AFLP 聚类分析中，金丝 4 号与无核小枣相聚后才与金丝小枣和金丝蜜聚在一起，无核小枣与金丝小枣品系的平均相似系数为 0.984；SRAP 分析中，无核小枣先与天津快枣、缨络枣聚在一起后，再与金丝小枣品系聚合，与天津快枣的相似系数为 0.970，与金丝小枣品系的平均相似系数为 0.947。DNA 水平的研究充分表明，无核小枣和金丝小枣极为近缘。

11. 馒头枣、大荔鸡蛋枣、湖南鸡蛋枣、涪陵鸡蛋枣、临猗梨枣等的关系

彭建营（1999）、白瑞霞（2008）研究发现，馒头枣、沧县傻枣大白铃、大瓜枣、大荔鸡蛋枣、湖南鸡蛋枣、涪陵鸡蛋枣与临猗梨枣扩增条带相似，AFLP 和 SRAP 聚类均聚为一组，这 8 个品种

具有较近的亲缘关系。从地理区域上看，大荔鸡蛋枣、临猗梨枣的原产地较近，且临猗梨枣的栽培历史悠久，推测临猗梨枣、大荔鸡蛋枣是这些品种的原生品种，馒头枣、沧县傻枣、大白铃、大瓜枣、湖南鸡蛋枣和涪陵鸡蛋枣是由其演变而来。

12. 敦煌大枣和临泽大枣的关系

敦煌大枣主要分布于甘肃敦煌，临泽大枣主要分布于甘肃临泽，两者形态特征、树体特性、开花习性等方面基本相似。彭建营等（1999）的 RAPD 分析表明，敦煌大枣和临泽大枣聚在一起，表明它们的亲缘关系极近。白瑞霞（2008）的分析结果显示，敦煌大枣和临泽大枣聚在一起,表明他们的亲缘关系很近。白瑞霞（2008）的分析结果显示，敦煌大枣和临泽大枣基于 AFLP 和 SRAP 的遗传相似系数分别为 0.981 和 0.990，进一步说明这两个品种亲缘关系极近。

13. 临泽小枣和中宁小枣的关系

临泽小枣主要分布在甘肃临泽、张掖、高台、酒泉、金塔等地，为当地原有的主栽品种，中宁小枣主要分布于宁夏中部的中宁、中卫、灵武。这两个品种在形态特征如果实形状、大小，核的形状、大小基本相同，树体特性、开花习性等方面也相似，地理分布区域相近。白瑞霞（2008）的 AFLP 和 SRAP 分析表明，临泽小枣和中宁小枣的遗传相似系数分别为 0.972 和 0.970，说明这两个品种的亲缘关系较近，可能为同一近缘系。

14. 大王枣、薛城冬枣、大雪枣的关系

大王枣、薛城冬枣和大雪枣分别是从河南桐柏、山东枣庄、山东蒙阴当地选出的大果形、晚熟鲜食枣品种。这 3 个品种的形态特征、树体特性、生长习性极为相似。白瑞霞（2008）用 AFLP 和 SRAP 数据进行聚类分析，这 3 个品种都聚在了一起，平均相似系

数分别为 0.948 和 0.926，说明这 3 个品种的亲缘关系相近。

15. 赞新大枣和赞皇大枣的关系

赞皇大枣产于河北赞皇，是该县主栽品种，至已有 400 多年的栽培历史。赞皇大枣存在种性分化，形成了许多株系。赞新大枣是 20 世纪 70 年代新疆阿拉尔农科所从引入的赞皇大枣苗中选出的优良株系，在当地表现良好，被广泛栽培。它和赞皇大枣起源相同，故亲缘关系较近。白瑞霞（2008）的 AFLP 聚类分析结果表明，赞皇大枣 1 号株系先与赞新大枣聚在一起，后与赞皇大枣 2 号株系相聚，赞新大枣与两个赞皇大枣株系的相似系数分别为 0.984 和 0.974；SRAP 分析中，赞新大枣和两个赞皇大枣株系扩增条带完全相同,反映了两者的近缘关系。赞新大枣虽然发生了一些遗传变异，但其本质上仍应属于赞皇大枣品种群。赞皇大枣是唯一已知的三倍体品种，是枣品种中的进化类型，其起源不详。AFLP 分析中，婆枣 2 号与赞皇大枣的相似系数最大（0.911),两者的分布区域接近，可能有相近的起源（白瑞霞，2008）。

16. 泡泡红、串干、沙枣、新乐大枣和婆枣的关系

婆枣别名串干、阜平大枣，分布较广，为河北西部太行山区的主栽品种，栽培历史悠久。沙枣分布于山西文水，起源历史不详。沙枣在形态特征、树体特性上与婆枣相似。白瑞霞（2008）的 AFLP 和 SRAP 分析表明，串干与沙枣先聚在一起后，表明串干和沙枣与婆枣的亲缘关系较近，泡泡红是北京的优良制干品种，形态特征与婆枣相似，AFLP 聚类表明，泡泡红与婆枣 1 号 2 号株系聚在一起 SRAP 聚类结果中，3 个婆枣株系聚在一起后，最后与泡泡红聚合在一起，表明泡泡红与婆枣的亲缘关系很近，可能与婆枣是同一近缘系,但 AFLP 和 SRAP 分析中,新乐大枣与婆枣的差异较大，并不是同一个品种。

17. 灵宝大枣和屯屯枣的关系

灵宝大枣别名灵宝圆枣、屯屯枣，分布于河南西部和山西西南部交界的黄河两岸，为当地主栽品种，有400多年的栽培历史。AFLP和SRAP聚类分析中，灵宝大枣和屯屯枣均聚在一起，表明这两个品种亲缘关系较近，其差异应该属于品种内株系间的差异，灵宝大枣和屯屯枣应为同物异名（白瑞霞，2008）。

18. 小平顶枣和朝阳圆枣的关系

小平顶枣分布于辽宁朝阳、凌源、喀左建昌等地，朝阳圆枣分布于辽宁朝阳、喀左凌源等地，两个品种的分布地区相同。植物学特征和生物学特性表明,果实均为圆柱形,大小不整齐,果肩圆披斜,梗洼浅,环洼中深,果顶平圆,顶点略微凹陷,果柄较短,果面平滑,富光泽，果实着色后橘红色；果核黄褐色，纺锤形，核纹较深，呈斜条纹，少数核内含饱满种子，含仁率30%左右。树体特性也颇相似，开花、坐果习性也基本一致；这两个品种在AFLP和SRAP聚类分析中都聚在了一起，基于AFLP和SRAP的遗传相似系数分别为0.955和0.950,进一步表明两个品种间有极近的亲缘关系（白瑞霞，2008）。

19. 三变红和胎里红的关系

三变红别名三变丑、三变色，主要分布于河南的永城，为当地主栽品种，来源不祥，其果皮色泽由幼果到成熟，变化3次。花后子房由绿色渐转成深红色，随果实生长红色渐退又呈绿色，至白熟期呈紫条纹绿白色，成熟期变为深红色。胎里红别名老来变，产于河南镇平，幼果为紫红色，白熟期时呈绿白色并略带红晕，随果实成熟颜色加深，成熟时呈赭红色。除具有果皮颜色多变的特征外，三变红和胎里红的新生枝叶均呈紫红色，树体特征也比较相似。但在AFLP和SRAP聚类中，三变红和胎里红并未聚在一起，表明这两个品种的亲缘关系较远（白瑞霞，2008）。

20. 蒲城晋枣和耙齿枣的关系

蒲城晋枣分布于陕西蒲城，为当地主栽品种。耙齿枣分布于陕西彬县、长武、大荔等地，为当地原产品种，栽培历史悠久。该两个品种的分布区域是陕西相邻的几个县，植物学特征和生物学特性有许多相似之处，均表现为果实中等大，圆柱形，侧面较扁，果肩平圆，梗洼浅，果顶歪斜，顶点凹陷，果点圆形、密布、明显，果核倒卵形，树体高大，树冠呈自然圆头形：树干灰褐色，皮部裂纹深，呈条块状，不易剥落，枣头红褐色，皮孔中等大，圆形或椭圆形；针刺不发达；二次枝发育良好；枣股粗大，圆柱形；花较大；萼片短，呈桃形；抗裂果。在 AFLP 和 SRAP 聚类图中，蒲城晋枣和耙齿枣均聚在一组，相似系数分别为 0.958（AFLP）和 0.939（SRAP），进一步表明两者的亲缘关系较近（白瑞霞，2008）。

21. 稷山圆枣和柳罐枣的关系

稷山圆枣和柳罐枣均分布于山西稷山南阳一带。两个品种的形态特征和生物学特性极为相似，均表现为果肩圆，果顶圆，顶点微凹，柱头遗存；果肉厚，绿白色，质地硬；果核纺锤形；发枝力强，枝叶较密；根蘖少，产量不稳定；果实生育期 110d 左右，成熟期落果严重；树姿开张，枣头生长弱，枣股抽枝力强。通过 AFLP 和 SRAP 分析表明，稷山圆枣和柳罐枣均聚在一组，从 DNA 水平进一步证明两者的亲缘关系较近，可能起源于近缘系（白瑞霞，2008）。

22. 茶壶枣和扁核酸枣的关系

茶壶枣果实畸形，形似茶壶，极具观赏价值，产于山东的夏津和临清等地，起源历史不详。扁核酸因果核扁，果肉甜酸而得名，是河南重要主栽品种。从品种的特征特性看，二者具有很多相似之处，扁核酸果实为椭圆形，茶壶枣果实的主体也是椭圆形；果肉均为绿白色，质地粗松，味甜略酸；果核均为扁梭形，核内无种子；树姿开张，树冠均为自然半圆形，枝叶密度中等；树干灰褐色，树皮裂纹条状；枣股圆锥形；枣吊较粗壮；叶片宽大，扁核酸为卵圆形，茶壶枣近似心脏形；叶面平滑，均为深绿色，富光泽；叶尖渐尖，较短；叶缘锯齿粗大；适应性强，坐果稳定。从地理分布看，山东夏津、临清紧邻河北邯郸的扁核酸产区，距离河南产区内黄、濮阳、南乐、清丰和山东产区的东明也很近。在 AFLP 和 SRAP 聚类图中，两个品种均聚在一组，相似系数分别为 0.972（AFLP）和 0.939（SRAP），表明它们的亲缘关系较近，扁核酸种性变异较大，因此，推测茶壶枣可能是由扁核酸变异而来（白瑞霞，2008）。

23. 韩国枣品种的亲缘关系

韩国是世界上第二枣树生产国。赵锦等（2003）对两个韩国枣品种月出和锦城的 RAPD 分析表明，两个品种聚在一起，遗传距离仅为 0.092，表明韩国枣的遗传背景较窄。白瑞霞等（2008）对月出、红颜和福枣 3 个韩国品种进行 AFLP 和 SRAP 分析，3 个品种间的平均相似系数为 0.868（AFLP）和 0.872（SRAP），聚类分析中，3 个品种并未聚在一起，表明 3 个品种间的遗传差异较大。3 个品种分别与中国的枣品种聚于不同的组中，与中国枣品种具有较近的亲缘关系。

24. 圆铃枣和临猗圆铃枣的关系

王永康（2007）利用 AFLP 标记技术研究表明，圆铃枣和临猗圆铃枣尽管名称相近，但不是一个品种，且差异较大，应为同名异物。

25. 大白铃、大瓜枣、山东梨枣的关系

AFLP 分析结果表明，大白铃、大瓜枣首先聚在一起，然后与山东梨枣聚为一类。说明三者的亲缘关系较近。从果实形状和大小

来看，三者较为相似，个大，果实倒卵圆形，均为原产山东的鲜食品种（白瑞霞，2008）。

26. 壶瓶枣与骏枣的关系

壶瓶枣与骏枣是分别产于山西太谷和交城的古老品种，据《中国果树志·枣卷》记载，两品种起源历史不详。据瓦窑建村碑记推测，骏枣的栽培历史有1 000余年。形态学资料分析表明，两品种除果实形状存在极微小的差异外，其他植物学特征和生物学特性均相似，故推测这两个品种可能为同一起源。彭建营的RAPD研究结果表明，在扩增出的492条DNA带中，两个品种的带型完全一致，进一步说明壶瓶枣和骏枣是同一无性系（彭建营，1999）王秀伶等（1999）的过氧化物酶同工酶聚类分析结果也支持这一推测。

第三节　传统主栽品种和地方名特优品种

中国有十大枣树品种，主要分布在河北、河南、山东、山西和陕西5省，分别为主产河北和山东交界环渤海黄河故道盐碱区的金丝小枣、河北太行山旱薄山区的婆枣和赞皇大枣、山西和陕西黄河峡谷两岸黄土高原的中阳木枣、河南中部和东北部平原黄河故道区的灰枣和扁核酸、山东中南部山区的长红枣、山东西北部和河北西南部平原黄河故道区的圆铃、河北沧州和山东滨州环渤海黄河故道盐碱区的冬枣和山西运城等地的临猗梨枣，在2010年之前，5省枣产量占全国总产量的85%以上。近年来，新疆的枣产业发展迅猛，成为新兴产区，现产量跃居全国第一，但栽培品种多为内地引进的灰枣、骏枣、赞皇大枣等。此外，各省还有一些栽培数量大小不等的地方名优品种（表2-1）

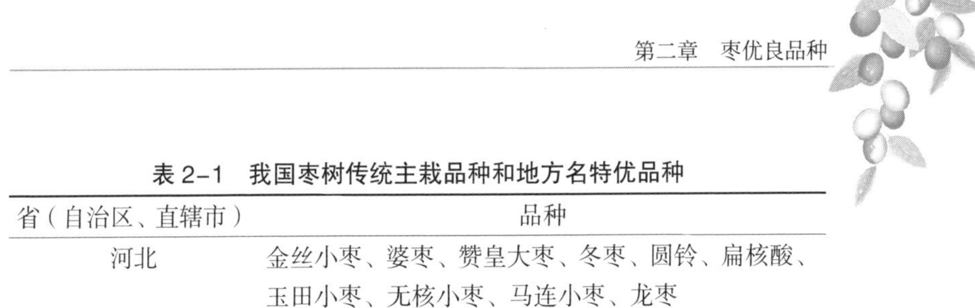

表 2-1　我国枣树传统主栽品种和地方名特优品种

省（自治区、直辖市）	品种
河北	金丝小枣、婆枣、赞皇大枣、冬枣、圆铃、扁核酸、玉田小枣、无核小枣、马连小枣、龙枣
山东	金丝小枣、圆铃、大马牙、亚腰长红、冬枣、无核小枣、疙瘩脆、孔府酥脆枣、辣椒枣、大白铃、大瓜枣、茶壶枣、大柿饼枣、磨盘枣、宁阳六月鲜
山西	中阳木枣、临猗梨枣、板枣、骏枣、壶瓶枣、相枣、保德油枣、官滩枣、灵宝大枣、郎枣、蛤蟆枣、襄汾葫芦枣
河南	灰枣、扁核酸、鸡心枣、圆铃枣、灵宝大枣、桐柏大枣、广洋枣、胎里红、三变红
陕西	中阳木枣、晋枣、保德油枣、大荔冬枣、彬县圆枣、延川狗头枣、绥德小牙枣、蜜蜂罐、大荔龙枣、柿顶枣
新疆	敦煌大枣、灰枣、骏枣、赞新大枣、喀什噶尔小枣
辽宁	大平顶枣、大尖顶枣
宁夏	灵武长枣、同心圆枣
甘肃	临泽小枣、民勤小枣、敦煌大枣、鸣山大枣、天水圆枣、陇东马牙枣
北京	枲枲枣、密云金丝小枣、郎家园枣、北京白枣

1. 板枣

又称稷山板枣，主要分布在山西稷山县。果实 9 月中旬成熟，生育期 100d 左右。果实扁倒卵形，纵径 3.2~3.4cm，横径 2.7cm。平均单果重 11.3g，最大 16.2g，大小较整齐。果皮中厚，紫红色，果肉厚，绿白色，果肉致密，味香甜，汁中多。

树体较大，纸条较密，干性弱，树姿开张，树冠多成半圆形。枣头红褐色，生长势中等，平均长 40cm 左右，着生二次枝 3~5 个。

二次枝4~7节。针刺短小。抽生枣吊4~5个。枣吊长15cm左右，着叶9~12片。叶片卵圆形，深绿色，长4.8cm，宽2.4cm。叶尖渐尖，叶基圆形。果实制干品质优良，兼可鲜食、加工，对气候适应能力较强，对肥水条件要求较高，抗枣疯病能力弱。

2. 保德油枣

别名油枣，分布于山西、陕西黄河沿岸，保德、兴县栽培较为集中，为地方品种。果实9月下旬成熟，生育期105d左右。果实椭圆形，纵径3.5cm，横径2.1cm，平均果重11.6g，大小均匀。果皮中等厚，深红色，果肉厚，绿白色，质地致密，汁液中多，味酸甜。可溶性固形物含量33.6%，制干率50%。

树体较大，树姿半开张，萌芽力强，成枝率中等，裂果较轻，兼可鲜食和加工，宜在晋陕黄河沿岸及其他气候和立地条件相似地区栽培。

3. 北京白枣

别名白枣，主要分布于海淀区、朝阳区、丰台区等地。果实8月底进入脆熟期。果实长卵圆形，纵径3.77cm，横径2.76cm。平均果重14.3g。果面深红色，果皮薄而脆，果肉呈绿色，肉质致密，酥脆，汁液多，味甜。脆熟期可溶性固形物含量29.6%，可滴定酸0.26%。树体中等大，干性较强，树姿半开张，树冠多自然圆头形。针刺较发达，直刺长1.0~1.8cm，2年后逐渐脱落。结果早，丰产性好，鲜食品质优良，缩果病轻。

4. 扁核酸

别名酸铃，铃枣，婆枣。主要分布于河南黄河故道的内黄、濮阳、滑县等地，为河南栽培面积最大、产量最高的品种，品种来源不详。果实9月底到10月上旬成熟。果实椭圆形或圆形，侧面略扁，纵径2.9~3.3cm，横径2.5~2.7cm，单果重10g左右。果皮深红色，果肉绿白色，质地疏松，汁少，酸味较淡。可溶性固形物含量28.5%，可食率96%。树体较高大，树姿开张，树冠呈自然半圆形。枣吊平均长15.6cm，着叶8~11片，早果性较强，丰产、稳产、果实中大，适于制干，适应性强，抗裂果、抗缩果病能力较差。

5. 彬县圆枣

别名疙瘩枣、冬枣、冬疙瘩。分布于陕西、甘肃交界地带，栽培历史悠久，为当地原产的主栽品种。果实10月上旬成熟，生育期115d左右。果实长圆形或近圆形，纵径3.8~4.2cm，横径3.1~3.5cm，平均单果重17.4g，最大22.4g，大小较整齐。果皮厚，紫红色，果肉白绿色，质地致密，较硬，汁液中等多，甜味较浓。鲜枣可溶性固形物含量26%，可滴定酸0.28%，可食率96.3%。干枣可溶性糖70%左右。树体高大，树姿开张，树冠多呈自然圆头形。叶片较小，卵圆形，绿色或黄绿色，叶尖顿尖，叶基宽楔形，叶缘有粗钝整齐的锯齿。果实大适于制干和制作枣酒，品质中上，适应性强，对水肥条件要求高，裂果少。

6. 茶壶枣

原产地山东夏津、临清等地，数量较少，来源历史不详，在临清现有百年以上大树。果实9月下旬成熟。果实中大或较小，大小不均,果实畸形,肩部常长出1至数个肉质凸起,高出果面5mm左右，有的在果实肩部两面各长出一个肉质凸出物，形成似茶壶的壶嘴和壶把。平均果重7.4g，最大10.2g。果皮厚，红色，果肉中厚，绿白色，质地较致密，味甜略酸，汁中多。枣吊粗而较长，部分有分枝现象。叶片大，深绿色。果实可制干枣，品质中等，适应性强，果形观赏价值高，可作庭院栽培。

7. 大白铃

别名梨枣、鸭蛋枣。分布于山东的夏津、临清、武城、阳谷等地，河北献县也有发现，在山西、陕西、河南等地有一定的规模发展。果实9月中旬成熟，生育期95d左右。果实特大，近球形或短椭圆形，平均果重25.9g，最大80g。果皮薄，棕红色，果肉绿白色，质地松脆略粗，汁中多，味甜，口感好。鲜枣可溶性固形物含量33%，可食率98%。树体较小，树势中庸，发枝力中等。枣头红褐色，少光泽，平均长50~60cm。针刺短小，早落或无针刺。枣股抽生枣吊3个或4个。枣吊着生叶片11~15片。叶片深绿色，长4.4~5.9cm，宽2.5~3.0cm，叶缘锯齿中大，齿形整齐。是优良的早熟鲜食品种，耐瘠薄，抗旱，抗寒，抗风，抗炭疽病和轮纹病。

8. 大瓜枣

分布于山东东阿县临河店乡一带。果实9月中旬成熟，生育期100d左右。果实大，椭圆形或近球形，纵径3.6cm，横径3.85cm，平均果重25.7g，最大50g以上。果皮薄，着色初为片红，后渐全红，果肉厚，乳白色，质地致密细脆，汁液中多，甜味浓，略有酸味。可溶性固形物含量30%~32%，可食率95%。果核较大，平均重1.2g，倒卵形，少数核内含有种子。枣头红褐色，平均长79.8cm。针刺不发达，细短，直刺0.5cm左右，质软，半木质化，翌年逐渐脱落。枣股可持续生长结果10年左右，抽生枣吊3~5个。枣吊长10~18cm，着生叶片12片。叶片较小，长卵圆形，深绿色。花量大，初开花时蜜盘呈黄色。该品种对气候、土壤适应性较强，广温型，适栽区域广，抗果实轮纹病，较抗炭疽病。

9. 大尖顶

别名尖幺枣、大家枣。分布于辽宁的朝阳、凌源、建昌、北票、建平一带，多小片栽于丘陵坡地，梯田边上，或在村宅旁零星栽植，是当地比较古老的树种。果实9月下旬成熟，生育期105~110d。果实中等大，长鸡心形，纵径3.0~3.3cm，横径2.0~2.1cm，平均果重 9.0g，最大 13.0g，大小不整齐。果皮厚，红褐色，色调较深，果肉乳黄色，较厚，质地松软，汁液少，鲜食酸甜。完熟期含可溶性固形物 40%，可食率 94.5%。干枣含糖量 71.4%，可溶性滴定酸 0.86%，略带辣味，果肉饱满，富弹性。果核中等大，纺锤形，纵径 2.0~2.4cm，横径 0.5~0.6cm，平均核重 0.5g 左右。树体高大，干性强，树姿直立，树冠多呈圆锥形或圆头形。耐寒、耐瘠薄，可在土壤条件较差的山区栽种，花期要求气温较高。

10. 大荔龙枣

别名龙爪枣、曲枝枣。主要分布于陕西大荔的石槽、羌白、西汉一带，蒲城的坞泥林场及西安莲湖公园等地也有零星栽培。果实 9 月中旬着色成熟，生育期 100~110d。果实中等大，椭圆形或倒卵形，纵径 3.5~3.8cm，平均果重 10.3g，最大 14.6g，大小较整齐。果皮厚，紫红色，果肉绿白色，质地较粗硬，汁液少，风味淡。果核中等大，短梭形，平均核重 0.5g，含仁率 100%。叶片较小，长卵圆形或卵状披针形，绿色。花量小，花径 7.0mm，花初开时蜜盘黄色。适应性强，其枝条扭曲生长，枝形古朴奇特，观赏价值高，适宜庭院或盆景栽培。

11. 大马牙

别名长红枣。为长红枣品种群的重要品种，分布于山东藤县、邹县、枣庄等地的丘陵山区，多作为主栽品种大面积栽于梯田地堰，与农作物长年间作，数量占当地枣树的 70%~90%。果实 9 月中旬成熟采收，生育期 100d 左右。果实长柱形，果顶一端略粗，侧向略扁，纵径 4.1cm，横径 2.3cm，平均单果重 11.0g，最大 13.1g，大小整齐。果皮中等厚，赭红色，果肉乳白色，质地略脆，较松软，汁液少。含可溶性固形物含量 32%，可食率 95%，制干率 45% 左右。干制含糖量 78%。树体高大，枝叶密度中等，树姿直立开张，树冠呈自然圆头形或圆锥形。枣头红褐色，长40~60cm，节间长6~8cm。针刺一般长1cm左右。二次枝4~7节，枝形弯曲。叶片长披针形，深绿色，长4.0~6.2cm，宽1.7~2.4cm，叶尖长，渐尖，先端尖圆，叶基楔形，叶缘锯齿浅小不整齐。花量小，花径6.0mm。丰产性很强，适于制干，品质良好，适应性强，耐旱、耐瘠薄，抗裂果，抗枣疯病和枣叶壁虱能力较强，开花坐果要求低限温度为24~25℃，适于花期气候温热的山区栽培。

12. 大平顶

别名平顶枣。集中分布在辽宁西部的朝阳、凌源、喀喇沁左翼、建昌等地，北票、建平的南部也有零星分布，为当地主栽品种，栽培历史较长，品种来源不详。果实10月初成熟，生育期110~115d。果实中等大，圆柱形或长椭圆形。纵径3.0~3.4cm，横径2.0~2.3cm，平均果重12g，最大14g，大小比较整齐。果皮薄脆，白熟期肩部受光处有环形红圈或不规则片状红晕，着色后呈橘红色，果实较厚，乳黄色，质地致密，较脆，汁液中等多，甜味浓，略具酸味。完熟期可溶性固形物含量为42.2%，可滴定酸为0.68%，可食率90%。树体高大树姿开张，树冠多呈自然半圆形或开心形。针刺较发达。鲜食和制干品质上等，适应性强，耐寒、耐旱、耐瘠薄，但成熟期遇雨易裂果，适宜冬季寒冷、生长期短，秋季少雨的地区栽培。

13. 大柿饼枣

分布于山东的宁阳、肥城等地，数量极少。起源历史不详。果实9月上中旬成熟，生育期100d左右。果中大，扁圆如柿饼状，纵径2.0~2.2cm，横径2.8~3.5cm。平均果重9.0g，大小不整齐。果皮薄，红色，果肉浅绿色，质地细脆，汁液中多，甜味浓。果核短小，陀螺状。树体较小，干性强，枣头多直立生长，树冠自然圆头形。针刺不发达。叶片长卵形，中大，深绿色，叶尖较宽，尖圆，叶基圆形，锯齿疏，齿角圆，裂刻较深。花量大，花径 6cm 左右，为昼开型。不易裂果，适于鲜食，品质优良，适应性强。

14. 冬枣

别名黄骅冬枣、鲁北冬枣、沾化冬枣、雁过红、果子枣等，分布面光，山东乐陵、庆云、黄骅、盐山等地均有分布。河北黄骅的齐家务有上千亩的集中成片栽培的树龄在数百年以上的大树。果实 10 月上中旬成熟，生育期 125~130d。果实近圆形，似小苹果，纵径 2.7~3.4cm，横径 2.6~3.4cm，平均果重 11.5g，最大 35g。果皮薄而脆，赭红色，果肉绿白色，酥脆，细嫩多汁，甜味浓，味酸。鲜枣可溶性固形物含量 30% 以上方法，可食率 96.9%。果核短纺锤形，纵径 1.6cm，横径 0.8cm，核重 0.33g，多数具饱满种子。树体中大，树姿开张，成枝力强；早果性、丰产性一般；果实鲜食品质极上，耐贮藏；对肥水条件要求高，抗旱、抗寒性弱，裂果极轻；在北京以南地区均可正常生长。

15. 敦煌大枣

别名哈密大枣、五保大枣，维吾尔语名为库木勒其郎或穷其郎（意为大枣）。主要分布于甘肃敦煌，为当地的原产品种。100 多年前引入新疆维吾尔自治区哈密市，逐渐在该市五堡乡扩大栽种，形成产区。目前，哈密市区、回城、大泉湾、大南湖等地也有少量栽种。果实 9 月中旬成熟，生育期 100d 左右。果实中大，近卵圆形，平均纵径 3.5cm，横径 3.2cm。平均果重 14.7g，最大 25g，大小不整齐。果面不平整，有小块起伏。果皮较厚，紫红色，果肉浅绿色，肉质致密，较硬，汁液少，味酸甜，稍有苦味。含可溶性糖 20%，可滴定酸 0.64%，维生素 C 404mg/100g，制干率 47% 以上。干枣含可溶性糖 74.7%~78.3%，可滴定酸 1.0%~1.14%。果核较大，短纺锤形，纵径 1.9cm，横径 0.7cm。平均核重 0.52g，核蒂较短，渐尖，核尖突尖，成扁刺状，长 3mm 左右，核内无种子。树体较高大，干性较强，发枝力强，树姿半开张，树冠呈自然圆头形或自然半圆形。枣股圆锥形。叶片较卵状披针形，绿色，叶尖长，渐尖，叶基圆形或楔形，叶缘具均匀细钝的锯齿。花量小，花朵较大，花径 7mm，为昼开型。枣果鲜食、制干品质中上等，亦可加工蜜枣、酒枣等；适应性强，抗寒耐旱，成熟期不抗风、易落果；适宜在甘肃河西走廊和新疆东部等干旱地区栽培。

16. 蜂蜜罐

分布于陕西大荔的官池乡北丁、中草一带，为当地原产品种，数量不多，20 世纪 50 年代末，在江苏、南京、安徽、淮南等地引种，长势良好。目前，在山西、河北等地有一定规模栽培。在山西太谷，果实 9 月上旬着色成熟。果实中等偏小，近圆形，纵径 2.5cm，横径 2.4cm，平均果重 8.2g，最大 11.0g，大小整齐。果皮薄，鲜红色，果肉绿白色，质地细脆，较致密，汁液较多。含可溶性固形物 25%~28%，可食率 94.0%。果核中大，短倒卵形，核重 0.5g，含仁率 90%。树体中等大，干性较强，树姿半开张，树冠自然圆头形。树干灰褐色，皮裂呈不规则条块状。枣头红褐色，长 30~50cm，节间平均长 5.0cm，最长 8.5cm。针刺不发达，直刺长 0.3~0.5cm，逐渐脱落。二次枝 3~8 节。枣股一般抽生枣吊 3~5 个。枣吊长 11.0~20.0cm，着叶 8~14 片。叶片中等偏小，卵状披针形，深绿色，长 2.5~5.4cm、宽 1.2~2.6cm。花量中大，花径 5~6mm，为昼开型。成熟期较早，抗裂果，鲜食品质极上；适应性强，对土质要求不严，在沙质土上和黏壤土上都能正常生长结果，在我国南、北方均可栽培。

17. 涪陵鸡蛋枣

别名大泡枣、奉节鸡蛋枣。分布在重庆涪陵、四川奉节、江北、巴县等地，为当地的主栽品种。品种来源不详，在涪陵等地已有 100 年以上的栽培历史。在山西太谷，果实 9 月下成熟。果实中等大，倒卵圆形，纵径 4.lcm，横径 2.9cm，平均果重 16.4g。果皮红色,果肉绿白色、质地疏松,汁液多。白熟期含可溶性固形物 7.7%，鲜食味淡，可食率 95.4% 果核中等大，纺锤形，先端锐尖，针状，蒂部长，钝尖，纵径 2.9cm，横径 0.85cm，平均核重 0.64g，含仁率达 93%。树体高大，树冠自然圆头形。树皮裂纹浅，不规则纵条形。枣头较细软，赤褐色。具针刺，刺中长。枣股圆锥形，可持续结果 10 年左右。叶片较小，卵圆形，深绿色，叶尖钝圆，叶基圆形，叶缘波状，具浅锯齿。花量大，花中大，花径 6mm。白熟期果实整齐，加工品质好，鲜果较耐贮运，为优良的蜜枣品种；适应性强，抗病力较弱，易感枣疯病。

18. 尜尜枣

别名嘎嘎枣、葫芦枣、马牙枣、呷呷枣、北京嘎嘎枣、北京尜尜枣。原产北京，为北京著名品种，主要分布在丰台区瓦窑、大灰场及房山北车营一带。果实 9 月上中旬成熟。果实小，长葫芦形，平均纵径 3.5cm，横径 1.5cm，平均果重 4.4g。果皮薄，紫红色，果肉细嫩多汁，甜微酸。果核细小，长纺锤形，纵径 1.6cm，横径 0.3cm。树体中等大，干性较强，树姿直立，树冠呈自然圆头形。树干灰褐色或褐色，树皮条状纵裂，表面粗糙，较易剥落。枣股圆柱形，多歪斜。叶片较小，卵状披针形，叶尖渐尖，先端钝圆或稍凹，叶基楔形，叶缘锯齿浅细。丰产性强；鲜食品质上等；适应性一般。

19. 疙瘩脆

别名大铃枣、大脆枣、泰安大脆枣、泰安疙瘩脆等。广泛分布于山东的泰安、长清、宁阳、济宁、曲阜、泗水、微山、邹县、滕县等平川、丘陵地带，多零星栽培，也有小片集中栽培，栽培历史悠久，为山东中南部原产的重要鲜食品种。山西太谷，果实9月中旬成熟，生育期100d左右。果实较大，短椭圆形、倒卵形或心脏形，纵径3.7~4.6cm，横径2.9~3.3cm，平均果重13.5g，最大21.6g。大中型果果面呈“疙瘩”状。果皮较厚，棕红色，果肉松脆，汁较多，味浓。果核长短、粗细不等，短梭形，纵径2.1~2.5mm，横径0.6~0.9mm，重0.5~0.9g，核内常见1~2粒种子。小型果多倒卵形，侧向略扁，果面较平整，果肉厚，白色，肉质松脆，汁液中多，甜味浓，略具酸味，含可溶性固形物33%~36%。果核长梭形。树体较大，树姿开张，干性较强，树冠自然半圆形或圆头形。树干浅灰褐色，粗糙，树皮裂纹条片状，易剥落。枣头棕褐色，粗壮。针刺不发达，或无刺。枣股可持续生长结果12年左右。叶片大，阔卵圆形，深绿色，叶尖渐尖，先端圆或尖圆，叶基较宽，圆形或广楔形，叶缘略波形，锯齿小，齿尖较锐，裂刻较深。花量大，花大，花径7mm左右，花粉量大，为昼开型。枣果鲜食品质优良，也可晒制红枣，品质较好；适应性强，较耐旱、耐瘠薄，适于城镇、工矿附近栽培。

20. 官滩枣

别名襄汾官滩枣。集中分布于山西襄汾的官滩村，为农家品种。果实9月下旬成熟，生育期105d左右。果实中等大，长圆形，纵径3.5cm，横径2.5cm，平均果重10g，最大12g，大小较均匀。果皮厚，深红色，果肉厚，绿白色，质地细，致密，汁液少，味甜。含可溶性固形物34.5%，可溶性糖24.6%，可滴定酸0.39%，维生素C 446mg /100g，可食率91.5%，制干率52%。干枣含可溶性糖65.1%，可滴定酸0.94%。果核小，纺锤形，纵径2.0cm，横径

0.6cm，平均核重 0.45g，含仁率高。树体中等大，树势较弱，枝系细，干性较弱，树姿半开张，树冠呈自然半圆形。枣头红褐色，平均长 60cm，节间长 7~8cm，着生永久性二次枝 5 个左右。二次枝 5~7 节。针刺较发达。枣股平均抽生枣吊 4~5 个。枣吊长 15cm 左右。叶片小，长卵圆形，深绿色，长 4.1cm、宽 2.0cm，叶尖渐尖，叶基圆形。花量中等，花较小，花径 5.6~6.2mm，蜜盘小，花初开时蜜盘橘黄色，为昼开型。裂果轻，可食率高，制干品质上等，适应性较强，耐旱，枣疯病轻。

21. 灌阳长枣

别名牛奶枣。主要分布于广西灌阳，成片栽培，为当地主栽品种。果实 9 月上旬完全成熟，生育期 110~120d。果实较大，长圆柱形，果肩多向一侧歪斜，纵径 4.2~7.0cm，横径 2.2~2.7cm，平均果重 14.3g，最大 20.5g，大小形状比较整齐一致。果皮较薄，深赭红色，果肉黄白色，质地较细，稍松脆，汁液少，味甜。白熟期含可溶性固形物 18% 左右，全红果含可溶性糖 27.9%，可食率 96.9%，制干率 37.5%。果核长而扁，略弯曲，长纺锤形，纵径 2.6~3.8cm，横径 0.6 ~0.8cm，侧径 0.4~0.5cm。平均核重 0.46g，核蒂较短，钝圆或尖圆，核尖细长，针状或细角状，种子发育不良，多瘪。树体较高大，干性较强，树姿开张，树冠自然圆头形或半圆形。树干灰褐色，粗糙，树皮裂纹较深，窄条状，易剥落。枣头灰棕色。针刺不发达。枣股可持续生长结果 12 年左右。叶片大，卵状披针形，深绿色，叶尖渐尖，叶基圆形或广楔形，叶缘有整齐的钝锯齿。花量大。结果早，丰产，较稳产，果实较大，肉质细，略松脆，味甜，易裂果，适宜加工蜜枣，鲜食制干品质中等，对土壤、气候适应性强，耐干旱、瘠薄，适宜南方蜜枣产区栽培。

22. 广洋枣

别名广洋大枣、镇平广洋枣、圆铃枣、小圆铃。分布于河南西南部的镇平枣区，为当地的主栽品种，栽培数量占当地枣树总数的90%，主产区为镇平、方城等县。果实9月中旬成熟，生育期100d左右。果实近圆形，纵径3.6cm，横径3.4cm，平均果重17.0g，大小较整齐。果皮薄，深红色，果肉绿白色，质地致密，汁液中多，较细脆，味甜。含可溶性糖31.3%，可滴定酸0.36%，维生素C 330mg/100g。干枣肉质松软，有弹性，肉核比12∶1，含可溶性糖68.4%，可滴定酸0.39%，可食率95.2%。果核倒卵形，纵径2.0cm，横径1.1cm，平均核重0.7g左右，核内多数含有种子，含仁率达80%左右。树体较大，树姿开张，树冠呈自然半圆形。树干灰褐色，表面粗糙，皮不易剥落。枣头紫褐色，生长势较强。针刺发达，直刺长1.7cm，刺尖略弯，不易自然脱落。二次枝粗壮。枣股粗大，圆柱形。叶片较小，卵状披针形，浅绿色，长4.3cm、宽1.8cm，叶尖渐尖，叶基圆形，叶缘钝齿。产量较高，稳定，果实较大，裂果轻，品质上等，宜鲜食、制干和加工，适应性强，耐瘠薄，适宜气候温暖、生长季雨量较多的地区栽培。

23. 蛤蟆枣

分布于山西永济的仁阳一带，为当地主栽品种。因果面凹凸不平，且有深色斑纹，似蛤蟆背部皮纹，故名蛤蟆枣。果实9月下旬进入脆熟期，生育期110d左右。果实特大，柱形或长圆形，侧面略扁，纵径5.6cm，横径4.0cm，侧径3.6cm。平均果重34.0g，大小不匀。果面有明显的小块瘤状隆起，果皮薄，深红色，有紫黑色斑，果肉厚，绿白色，质地较松脆，汁液中味甜。含可溶性固形物28.5%，可滴定酸0.43%，维生素C 398mg /100g，可食率96.5%。果核纺锤形，两端尖长，纵径3.62cm，横径0.96cm，平均核重1.2g，核内无种子。树体干性较强，树姿较直立，树冠乱头形。树干灰褐色，树皮裂纹较深，较易脱落。枣头红褐色，粗壮。枣股较粗，圆锥形。叶片长卵形，绿色，叶尖渐尖，叶基圆形。初开时蜜盘浅黄色。果实成熟不一致，果实特大，可食率高，易裂果，较耐藏，为优良的较晚熟鲜食品种，抗晚霜能力较弱，抗枣疯病能力较强。

24. 湖北牛奶枣

在湖北分布较广，北部的枣阳刘升乡和随县唐镇乡，东部的孝感小河乡和阳新等枣区都有栽培，以孝感数量最多，是当地的乡土品种。果实 8 月中旬成熟，生育期 80d 左右。果实中大，长圆形，纵径 3.0~3.4cm，横径 2.3~2.5cm，平均果重 9.1g。果皮薄，赭红色，果肉白绿色，致密，汁液中等，味甜。白熟果含可溶性糖 10.8%，可滴定酸 0.2%，维生素 C 467mg/100g。果核较大，梭形，纵径 2.0~2.5cm，横径 0.6~1.0cm。树体较大，枝条稀疏，树姿开张,呈自然半圆形。树干灰褐色,较平滑,皮不易剥落。枣头棕红色。针刺发达。枣股圆柱形，可持续生长结果 15 年。叶片中等大，卵状披针形或长椭圆形,绿色,叶尖急尖,叶基广楔形,叶缘锯齿细尖。花量特大，花小，花径 5mm 左右。综合评价树体较大，树姿开张，成枝力差，结果较晚，丰产、稳产。果实中等大，质脆味甜，宜鲜食和加工，品质中等。适应性一般，适应南方多雨气候条件。

25. 湖南鸡蛋枣

别名溆浦鸡蛋枣。分布较广，主产于湖南溆浦、麻阳、辰溪、隆回、邵阳和南部衡山、祁阳、祁东、新田等地，栽培历史 200 年以上。果实 8 月中旬成熟。果实大，阔卵形，纵径 3.4~4.3cm，横径 3.3~4.0cm，平均果重 19.4g，最大 33.4g，大小不整齐。果皮薄，开始着色时呈黄红色，后加深紫红色，果肉白绿色或乳白色，质地疏松较脆，汁液较少，味较甜。鲜枣含可滴定酸 0.19%，维生素 C

334mg/100g，可食率95%。果核中大，纺锤形，纵径2.0~2.5cm，横径0.9~1.1cm，平均核重0.55g，少数核内具不饱满种子。树体较小，发枝力中等，枝叶较稀疏，树姿开张，树冠圆头形。树干灰色或灰褐色，皮裂纹较深，呈纵条不规则的长方块容易片状剥落。枣头棕红色或深褐色。针刺不很发达。枣股可持续生长结果12年以上。叶片较小，卵状披针形，深绿色，叶尖渐尖，先端尖圆，叶基圆形，叶缘锯齿较大。花量小，花径6mm。结果早，丰产、稳产。适应性较强，耐旱性好，病虫较少。

26. 湖南牛奶枣

分布于湖南西部的溆浦低庄和麻阳以及以南的祁阳等地。果实9月上旬成熟，生育期110d。果实中大，长圆柱形。似牛奶头，纵径4.1~4.6cm，横径2.5~2.9cm，平均果重9.7g，最大16.8g，大小不很整齐。果皮浅棕红色，果肉白绿色，质地较致密，汁液少。含可滴定酸0.26%，维生素C 520mg/100g，可食率96.0%，制干率43.5%。果核小，纺锤形，略弯曲，核尖长，先端尖锐，纵径1.7~2.3cm，横径0.74~0.80cm，平均核重0.35g，少数核内含有种子，含仁率12%左右。树体中等大，枝系较密，树姿开张，树冠呈自然圆头形。树干灰黑色，粗糙，皮易小块状剥落。枣头红棕色。针刺较发达。枣股圆柱形，一般寿命10年左右。叶片大，卵状披针形，色泽较浅，叶尖渐尖，先锯齿较粗。花中等大，花径6mm，为昼开型。适宜制干和加工蜜枣，适应性强，较耐瘠薄，抗虫性好。

27. 壶瓶枣

别名太谷壶瓶枣，分布于山西太谷、清徐、交城、文水、祁县榆次、太原南郊等地，太谷和清徐最为集中，品质以太谷里美庄最为优良。壶瓶枣是一个古老的品种，起源历史目前尚不清楚，但各产区数百年生大树很多。果实9月中旬成熟，生育期100d左右。

果实圆柱形或长倒卵形，纵径 4.7cm. 横径 3.lcm，平均果重 19.7g，最大 22.1g。果皮薄，深红色，肉质脆而松，味甜汁中。含可溶性固形物 37.8%，可溶性糖 30.4%，可滴定酸 0.57%，维生素 C 493mg/100g,可食率 96.9%。果核纺锤形,纵径 3.16cm,横径 0.74cm，平均核重 0.61g，核尖长，核面粗糙，小果核壳质软，核内多数无种子。树势强健，树体高大，干性中强，树姿半开张，树冠多呈自然圆头形。枣头红褐色，生长势较强，平均长 50cm 左右，节间长 7~9cm。二次枝 6~7 节。针刺中等长，较粗。枣股抽生枣吊 3~4 个。枣吊长 14cm 左右。叶片中等大，长卵形，深绿色。花量中等大，花较大，花径 6.6~7.7mm，初开时蜜盘呈橘黄色，为夜开型。适宜制干加工等，用途广泛，适应性和抗逆性强。

28. 灰枣

别名新郑灰枣。分布于河南新郑市、中牟县、西华县和郑州市郊区，为当地主栽品种。起源于新郑，已有 2 700 多年的栽培历史，至今尚有 500 多年生的老龄枣树，近年来，在新疆地区有大规模发展，品质性状优于原产地，表现较好。果实 9 月中旬脆熟，生育期 100d 左右。果实长卵形，纵径 3.2~3.4cm，横径 2.1~3cm，平均果重 12.3g，最大 13.3g，大小较均匀。果皮橙红色，果肉厚，绿白色，肉质致密，较脆，味甜，汁液较多，可食率 97.3%，制干率 50% 左右。干枣肉质致密，有弹性，耐贮运。核小，纺锤形，纵径 1.8cm，横径 0.5cm，重 0.31g，核尖短，含仁率高，种仁较饱满。树体中等大，树姿半开张，树冠呈自然圆头形。树干皮条状纵裂。枣头红褐色，平均长 40~70cm。针刺较发达，长 1.5~2.5cm，多年后逐渐脱落。二次枝弯曲度大，节间长 7.7cm。枣股抽生枣吊 3~4 个。枣吊长 13.0~22.5cm，着叶 10~18 片，常有二次生长。叶片长卵形，深绿色，两侧略向上褶翘，长 4.2~5.4cm、宽 2.0~2.6cm，叶缘锯齿浅，

齿距较大。花量大，花径 5.5mm，花初开时蜜盘橙黄色，为昼开型。易裂果，适宜制干、鲜食和加工蜜枣，品质上等。适土性强，适于成熟期少雨的地区发展。

29. 鸡心枣

别名新郑鸡心枣、小枣。原产河南新郑，目前该县尚有 400 多年生的老树，分布于河南新郑、中牟等县和郑州市郊，为当地主栽品种之一，栽培数量约占该枣区的 15%。果实 9 月下旬成熟，生育期 100d 左右。果实多数为椭圆形，少数为鸡心形和倒卵形，纵径 2.5~2.7cm，横径 1.6~1.7cm，平均果重 4.9g，最大 5.3g，大小较整齐。果皮较薄，紫红色，果肉绿白色，质地致密略脆，味甘甜。含可溶性固形物 31%，可食率 91.8%，出干率 49.9%。干枣肉质较紧实，有弹性，耐压挤，果肉含可溶性糖 59.9%，可滴定酸 0.25%。果核短纺锤形，平均核重 0.4g，含仁率 75%，种子较饱满。树体中等大，树姿较直立，树冠呈圆锥形。树干灰褐色，皮裂纹较浅。枣头黄褐色，较细硬。针刺一般长 1.5cm 左右。二次枝较长，弯曲度小，节间较短。枣股圆柱形、叶片长卵形，黄绿色，叶尖渐尖，叶基近圆形，叶缘具较整齐的锯齿。花量大，花径 7.6mm，花初时蜜盘黄色，为昼开型。裂果轻，干枣耐贮运，制干品质优良。风土适应性较强，对枣锈病敏感，适于南方等多雨潮湿的地区适当发展。

30. 金丝小枣

别名小枣。原产河北、山东交界地带，栽培历史悠久，果实晒至半干，掰开果肉可拉成 6~7cm 长缕缕金色细丝，故名“金丝小枣”。果实 9 月下旬完全成熟，生育期 100d 左右。果实小，果形因株系而异，有圆形、椭圆形、长椭圆形、柱形、鸡心形、倒卵形、梨形等多种形状，平均果重 5g。果皮薄，果肉乳白色，质地致密细脆，汁液中等，味甘甜，微具酸味。鲜枣含可溶性固形物34%~38%，维生素C 560 mg/100g，可食率96.0%，制干率56.5%。干枣果形饱满，肉质细，富弹性，皮薄，色深红、光亮，皱纹细浅。果核小，梭形或长梭形，两端稍尖，平均核重0.25g，部分类型核内含有种子。树体中等大，树冠多呈疏散分层形。树干浅灰褐色，皮粗糙，纵纹宽条片状，容易剥落。枣头灰黄色，阳面较浅，被白色浮皮，没有光泽。针刺较发达，二次枝略向下弯曲。枣股圆柱形或圆锥形。枣吊枝短。叶片较大，卵状披针形，叶尖先端尖圆，叶基广圆，叶缘平，或略隆起，形成1道、2道不规则的波褶，锯齿浅，尖端圆，不很规则。花量大，为昼开型。盛果期丰产、稳产，适宜制干，兼可鲜食，风土适应性较差，适宜花期温热、果实成熟期少雨的地区发展。

31. 晋枣

别名彬县晋枣、吊枣、长枣、酒枣。分布于陕西、甘肃交界的彬县、长武、宁县、泾川、正宁、灰阳等地，泾河及其支流两岸坡地和源边地带，为当地原有的主栽品种，此外，甘肃镇原、环县、华池、合水、灵台、崇信、平凉等地也有分布。果实10月初成熟，生育期110d左右。果实大，长卵形或长圆柱形，纵径4.6~6.0cm，横径3.1~3.8cm。平均果重21.6g，大小不整齐。果肉白绿色或乳白色，质地致密酥脆，汁液较多，甜味浓。含可溶性固形物31.2%，可溶性糖26.9%，可滴定酸0.21%，维生素C 390mg/100g，可食率97.8%，制干率35%。干枣含可溶性糖68.7%~78.4%。果核中等大，长纺锤形，纵径2.6cm，横径0.6cm，平均核重0.46g。一般年份含仁率低于5%，个别年份达30%以上。树体高大，枝量大。干性强，树姿直立，分枝角度小，树冠呈圆柱形。树干深灰褐色，皮裂纹深，裂片大，呈纵行的条块状，容易剥落。枣头深褐色，粗硬直立。针刺较发达，多年宿存。二次枝略弯曲。

枣股大，圆柱形。叶片较小，窄长，呈长卵形或卵状披针形，绿色，叶尖渐尖，先端尖锐，叶基楔形或宽楔形，叶缘锯齿浅。花量大，花较大，花径 7~8 mm，初开花蜜盘浅绿黄色，为昼开型。适宜鲜食和制作蜜枣、酒枣适应性较强，抗寒、抗风，较耐盐碱，不耐旱，要求较高的肥水管理，适于我国西北地区发展的鲜食，加工兼用的优良品种。

32. 骏枣

别名交城骏枣。为地方品种，分布于山西交城的边山一带，为当地的主栽品种。其中，以磁窑、瓦窑、广兴等村栽培集中，以瓦窑的品质最为著名。果实 9 月中旬进入脆熟期，生育期 100d 左右。果实圆柱形或长倒卵形，纵径 4.7cm，横径 3.3cm。平均果重 22.9g，最大 36.lg。果皮薄，果肉厚，白色或绿白色，质地酥脆，味甜汁多。含可溶性固形物 33%，可溶性糖 28.7%，可滴定酸 0.45%，维生素 C 432mg/100g，可食率 96.3%。干枣含可溶性糖 75.6%，可滴定酸 1.58%。果核纺锤形，纵径 3.2cm，横径 0.9cm，平均核重 0.85g，小果果核壁薄，质地软，有退化现象，含仁率 30%，种子不饱满。树体较高大，干性强，树姿半开张，树冠多呈自然圆头形。树干皮裂纹较细，纵条状。枣头深褐色或紫褐色，平均枝长 54.8cm，抽生永久性二次枝 4~6 个。针刺细小，早落。二次枝弯曲度小。壮龄枣股抽生枣吊 3~4 个，枣吊长 16cm 左右，着叶 9~11 片。叶片中等大，长卵形，深绿色，长 6.6cm、宽 3.0cm，叶缘略有波形，锯齿浅或中等深。花量中等，花较大，花径 7.3~7.6mm，初开时蜜盘呈橘黄色，为夜开型。成熟期遇雨易裂果，鲜食制干、加工兼用，品质上等；适土性强，耐旱涝、盐碱，抗枣疯病能力强。

33. 喀什葛尔小枣

别名长枣，维吾尔族称索克其郎。集中分布于新疆喀什葛尔平原绿洲地带，昔日闻名的枣乡——卡夷克乡，据考证系清代乾隆年间引入，迄今有200余年的栽培历史。果实9月下旬成熟，生育期105d左右。果实小，卵圆形，平均纵径2.6cm，横径2.0cm。平均果重4.5g。果皮红褐色，果肉绿白色，质地脆，汁多，味甜。果核小，先端尖突，核内具饱满种子，含仁率90%以上。树体较高大，干性较强，树姿直立，树冠呈乱头形。树皮裂纹深，呈纵条状，不规则，易剥落。枣头红褐色。有针刺。枣股圆柱形。叶片长4.3 cm、宽1.5cm，叶尖渐尖，叶基圆形，叶缘波状，齿角尖圆。花量中等，花径3.5mm，初开时蜜盘黄绿色。鲜食制干兼用，适应性强，耐旱，较耐盐碱，抗病虫力强。

34. 孔府酥脆枣

分布于山东曲阜，为当地优良地方鲜食品种。果实8月中旬至9月中旬成熟。果实长椭圆形或长倒卵形，侧面略扁，大小整齐，平均果重12g左右，大果近20g。果皮较深红色，肉质细、酥脆，汁中多，甜味浓，稍具酸味。白熟期可溶性固形物含量为28.0%，脆熟期达35%~36.5%，可食率96.5%。果核较大，长椭圆形，平均核重0.6g，大果核内常有种子。枝叶密度中等，树冠自然圆头形。枣头黑褐色，平均长80cm左右，节间长6~8cm。二次枝5~7节。针刺不发达。枣股抽生枣吊3~4个。枣吊长21~24cm，着叶14~16片。叶片中等大，长卵形，深绿色，长5.9cm、宽2.8cm，叶缘略波状；锯齿中大。早果性强，嫁接当年即丰产，稳产。为早熟鲜食枣良种；耐旱，对枣锈病和炭疽病抗性较强。

35. 辣椒枣

别名献县辣椒枣、长脆枣、长枣、奶头枣。分布于山东、河北交界的夏津、武城、临清、冠县、深县、衡水、献县、交河、成安等地，多零星栽培。果实9月下旬成熟，生育期110d左右。果实长锥形或长椭圆形，纵径 3.8~4.9cm，横径 2.4~2.6cm。平均果重 11.2~12.0g，最大 22g，整齐度高。果皮薄，紫红果肉白色，微显绿色，质地较细，酥脆，稍松软，汁液较多。半红果含可溶性固形物 31%~32%、全红果 36%~37%，可食率 97.2%，制干 52.7%。果核长纺锤形，纵径 2.2cm，横径 1.0~1.1cm，平均核重 0.33g，内多不具种子。树体高大，树姿较直立，半开张，树冠圆头形。树干灰褐色，裂纹宽条状，较粗糙，裂片易剥落。枣头红褐色。针刺不发达，易脱落。枣股圆柱形，可持续结果 15~18 年。叶片中大，长卵形或卵状披针形，绿色或深绿色，叶尖渐尖，叶基广楔形或圆形，叶缘平，具细锯齿，齿尖钝圆。花量大，花径 6.2mm。适应性较强，抗风、耐旱、耐涝、耐盐碱。

36. 郎家园枣

原产北京朝阳区郎家园一带，据传是由野生种选择而来，山东、山西、河北、陕西等地曾引种。果实 9 月上旬成熟，发育期 95d 左右。长圆形，纵径 2.82cm，横径 2.09cm，平均果重 5.6g，最大 7.0g，大小均匀。果皮薄，深红色，果肉绿白色，质地酥脆，细嫩多汁，甜味浓，稍有香气。含可溶性固形物 35%，可食率 95.7%。果核细小，长纺锤形，纵径 1.5~1.8cm，横径 0.5~0.6cm，平均核重 0.24g，核蒂、核尖较短，略尖钝，核内多含种子。树体中等大，较弱，树姿开张，树冠自然半圆形。树皮条状纵裂，不易剥落。枣头红褐色，枝形细直，针刺不发达，易脱落。枣股圆柱形。叶片中等大，卵状披针形，绿色，先端尖或稍凹，叶基圆或阔楔形，叶缘锯齿较浅。花量大，花径 6mm，为夜开型。成熟期遇雨不裂果，品质上等，适宜鲜食，但采后不耐贮运。

37. 郎溪牛奶枣

主要分布在安徽郎溪的灵旦、花树、侯树、独山和广德的下寺、施村、梅村、刘达等地。为当地原产的主栽品种，栽培历史悠久，以制作蜜枣品质优良著称。果实9月上旬成熟，发育期105d左右。果实较小，长卵圆形，纵径3.8cm，横径2.1cm，平均果重8.7g，大小较整齐。果面光滑，果皮薄，脆熟期赭红色，果肉淡绿色，汁液少。白熟期含可溶性糖9.0%，可滴定酸0.51%，维生素C 308mg/100g，可食率96.5%。蜜枣成品透明度高，渗糖匀透，成品率高，可达80%左右。果核细，长梭形，纵径2.31cm，横径0.49cm，平均核重0.3g，核内无种子。树体较大，树姿开张，树冠多自然圆头形。树干灰褐色，树皮裂纹较细，长方形，不易剥落。枣头紫红色，较细。针刺发达。枣股圆柱形，连续生长结果6~8年，老龄枣股有分歧现象。叶片宽，卵圆形，中等大，浅绿色，厚薄中等，叶长5.9cm，叶宽3.6cm，叶尖渐尖，叶基楔形，叶缘具粗锯齿。花量小，初开花蜜盘淡黄色。成熟期遇雨裂果，制成的蜜枣外形整齐美观，半透明，迎光见核，果面富糖霜，品质上等，为优良的中熟蜜枣品种。适性较强，耐旱，抗风、抗寒，但不耐涝，不抗枣疯病。

38. 郎枣

别名太谷郎枣。分布于山西太谷、祁县枣区，为当地的主栽品种，集中产区有太谷的北光、候城和祁县的东观、峪口等乡，栽种数量约占当地枣树总数的80%左右，起源历史不详。果实9月中旬成熟，生育期100d左右。果实中等大，圆柱形，纵径3.9cm，横径3.0cm，平均果重14.9g，最大21.5g，大小较均匀。果皮较薄，深红色，果肉厚，绿白色，质地致密，汁液中多，味甜略酸。含可溶性固形物36.9%，可溶性糖32.5%，可滴定酸0.85%，维生素C 389 mg/100g，可食率98.3%，制干率55.6%。干枣含可溶性糖60.2%，可滴定酸1.37%。果核小，纺锤形，纵径2.23cm，横径0.67cm，平均核重0.25g，核内不含种子。树体高大，枝系较密，干性较强，树姿半开张，树冠呈自然圆头形。枣头红褐色，生长势较强。针刺较发达。枣股圆柱形，中等大。叶片大，卵状披针形，绿色，长6.8cm、宽3.2cm，叶尖渐尖，叶基圆形。花量中大，花大，花径7.0~7.6mm。初开时蜜盘黄色、为昼开型。成熟期易裂果，可食率高，制品质中上等，适土性强，耐干旱，抗枣疯病能力较弱。

39. 连县木枣

分布主要分布于广东连县星子、大路边等乡，系当地原产的乡土品种，占当地枣树总数的60%，栽培历史400年左右。果实7月底进入白熟期，整个果实生育期115d左右。果实中等大，圆锥形，纵径3.8~5.0cm，横径2.2~3.1cm，平均果重13.3g，最大15.6g，大小整齐。果皮中厚，红色，果肉白绿色，质地略松软，汁液中多，味甜。可食率95.1%，出干率50%。果核梭形，纵径1.8~2.5cm，横径0.6~0.7cm，含仁率27%。树体中大，树姿较直立，树冠自然半圆形。树干灰黑色，树皮厚，粗糙，片状开裂，易剥落。枣头棕红色，较粗壮。针刺不很发达。枣股可持续生长结果10~15年。叶片中等大，卵圆形，绿色，叶尖急尖，叶基广楔形，锯齿细，较浅粗。花量大，花径7.5mm，花粉量中等，为夜开型。不裂果，干物质较多，为优良蜜枣品种，适应性较强，但不抗枣疯病。

40. 临猗梨枣

别名交城梨枣。分布于山西的运城、临猗栽培历史有3 000年之久。自20世纪90年代开始，在全国范围内广泛推广生产，现已在山西、河北、山东、北京等地区有大规模的发展。果实9月下旬至10月上旬成熟，发育期105~115d。果实特大，长圆形，果实纵径4.2cm，横径4.0cm，平均果重30g，最大40g。果皮薄，赭红色，果肉白色，肉质松脆，汁多味甜。鲜枣含单糖17%，双糖5.25%，可溶性糖22.3%，折光糖27.9%，糖酸比60：1，维生素 C 292mg/100g，可食率 96%。果核小，核内无种仁。树体较小，枝叶较密，干性弱，树姿开张，树冠圆头形。枣头红褐色，平均长 32.6cm，节间长 7.2cm。针刺不发达。枣股平均抽生枣吊 4.4 个。枣吊长 16.3cm。叶片较小，卵圆形，深绿色，长 5.3cm、宽 2.4cm。花量小，花小，初开时蜜盘橘黄色，为昼开型。适应性强，适宜城郊、旅游区、工矿区栽培。

41. 临泽小枣

分布于甘肃临泽、张掖、高台、酒泉、金塔等地，为当地原有的主栽品种，栽培历史悠久。果实 9 月中旬成熟，发育期 100d 左右。椭圆形，平均纵径 2.5cm，横径 2.2cm，平均果重 6.1g，最大 9.5g，大小较整齐。果皮较薄，紫红色，果肉绿白色，质地致密，较细脆，汁液中等多，味甜略酸。含可溶性固形物 35%~38%，可溶性糖 32.8%，可滴定酸 0.78%，维生素 C 663mg/100g，可食率 94.9%，制干率 50% 以上。干枣含可溶性糖 72.2%~82.2%。果核小，倒卵形，纵径 1.64cm，横径 0.72cm，平均核重 0.31g，含仁率 10% 左右。树体较高大，树姿开张，树冠呈自然圆头形。树干灰褐色，皮裂纹较浅，呈细条块状，不易剥落。枣头红褐色。针刺发达，不易脱落。枣股圆锥形或圆柱形。叶片长卵形，黄绿色，叶尖渐尖，叶基圆形或宽楔形，叶缘具宽钝锯齿。花量大，花较大，花径 7mm。初开花蜜盘橘黄色，为昼开型。裂果轻，为优良的制干品种，适应性强，抗风，极耐干旱，适宜西北干旱地区发展。

42. 灵宝大枣

别名灵宝圆枣、平陆屯屯枣、芮城屯屯枣、屯屯枣、疙瘩枣等。分布于山西平陆、芮城和河南灵宝等地。果实 9 月中旬成熟。果实大，横径 3.4~4.5cm，单果重 23.4g 左右，最大 68.0g。果皮深红，果肉厚，绿白色，质韧汁少，味甘甜，肉质松软，风味佳，带有清香，含糖量高。可食率97.2%，出干率58%左右。果核小，短梭形，纵径1.34cm，横径0.8cm，平均核重0.51g，核尖较短，呈突尖状，含仁率70%左右，种仁较饱满。树体高大，树姿直立半开张，枝系粗壮，树冠呈自然圆头形。树干皮裂纹条片状。枣头红褐色或紫褐色，长36~44cm，节间长6~9cm。二次枝3~6节，弯曲度较大。针刺较发达。枣股平均抽生枣吊3.4个。枣吊长12~15cm，平均着叶11片。叶片较小，卵圆形，深绿色，侧缘向叶面卷拢，呈匙形，长4.8cm、宽2.6cm。花量小，每花序平均着花1.9朵，并有间断着花习性，花中等大，花径5.4~7.5mm，为夜开型。裂果轻，品质中上，适宜制干和加工蜜枣，适应性强，耐旱涝、瘠薄，抗霜力较弱，抗枣疯病力较强。

43. 陇东马牙枣

别名马牙枣、马脸枣、马头枣。主要分布于甘肃的泾川镇原、宁县一带，相邻的灵台、崇信、平凉、正宁、庆阳等地以及陕西大荔也有零星栽培，栽培历史悠久。果实10月上旬成熟，生育期120d左右。果实大，长椭圆形或长柱形，纵径4.5cm，横径2.7cm。平均果重23.3g，最大30.0g。果皮厚，紫红色，果肉近白色，质地硬脆，汁味酸甜。含可溶性固形物23%，可溶性糖20.3%，可滴定酸0.33%，维生素C 404mg/100g，可食率96.9%。棒槌形，纵径2.6cm，横径0.58cm，平均核重0.72g，核尖渐尖，呈角刺状，含仁率34.8%。树体较高大，干性极强，树姿直立，树冠自然圆锥形或圆头形。树干灰褐色，树皮粗糙，裂纹深，纵条状，不易剥落。枣头灰褐色。针刺不发达，易脱落。枣股可持续生长结果10~12年。叶片小，长卵形，深绿色，叶尖渐尖或尖圆，叶基圆形或宽楔形，叶缘具细匀的锯齿，齿尖较钝。花量大，花较大，花径7mm。抗逆性和适应性强，抗寒、耐旱力强，并有较强的抗风、耐盐碱能力，但不耐涝。

44. 龙枣

别名龙须枣、龙爪枣、蟠龙枣龙头拐、曲枝枣。分布于北京、河北、山东、山西、陕西等地，数量很少，多为公园、庭院和四旁零星栽培，从枝、叶、花、果的形态和生长结果习性来看，红枣品种的特殊变异。果实9月下旬成熟。果实小，细腰柱形，平均果重3.1g，最大5.00g，大小较均匀。果皮厚，深红色，果肉厚，绿白色，质地较粗、硬，味较甜，汁少。果核小，长梭形，无种仁。树体较小，树势弱，枝条密，树姿开张。枣头紫褐色，弯曲或蜿蜒曲折，或盘卷生长，犹如龙托叶刺不发达。二次枝生长弱，枝形弯曲。枣股小，抽生枣吊能力中等。枣吊细而长，弯曲生长。叶片小，卵状披针形，深绿色。花量小，花大，为昼开型。产量低，果实品质中下，抗裂果；适应性强，枝条弯曲，树形奇特，观赏价值高，可作盆景和庭院栽培供观赏。

45. 马连小枣

别名枣强马连小枣、车头小枣铃枣。分布于河北南部的枣强、故城、景县、冀县和山东北部的武城、夏津等地，枣强为集中产地，栽培历史1 400年以上。果实9月中下旬成熟，生育期105d左右。果实圆柱形或长圆形，纵径3.3~3.6cm，横径2.3~2.8cm，平均果重8.4g，最大10.3g，大小较整齐。果皮深红色，果肉绿白色，质地致密细脆，汁液中等多，甜味浓，略具酸味。含可溶性固形物35%，可食率94.6%，制干率53.4%。干枣含可溶性糖75%左右，可滴定酸0.36%，果形饱满有弹性，皮色红润，纹理细匀，耐贮运。果核纺锤形，纵径1.40cm，横径0.54cm，核重0.49g，少数核内含1粒种子。树体较大，树姿开张，树冠多为自然半圆形。主干灰黑色，树皮粗糙，裂缝浅，呈不规则的宽条状，易剥落。枣头红褐或紫褐色。针刺长短不一。二次枝略弯曲。枣股圆柱形。叶片卵状披针形，绿色或深绿色，叶尖渐尖，先端尖圆，叶基圆形，叶缘平展。花量中等。果实品质优良，成熟期不裂果，适于制干和鲜食，适应性较强。

46. 密云小枣

别名密云金丝小枣。原产北京密云，主产区分布在白河以西、大沙河以东的冲积平原上，以密云西略庄产品最为著名，栽培历史700年以上。果实9月下旬成熟，发育期105d左右。果实小，椭圆形或倒卵圆形。纵径2.39cm，横径2.13cm，平均果重5.5g，大小均匀。果皮中等厚，深橙红色，果肉黄白色，质地较硬，汁液中等，味甜。含可溶性固形物31.6%，可滴定酸0.95%，可食率96.7%，制干率60%。干枣皮纹细，肉厚，富弹性。果核细小，长纺锤形，纵径1.30cm，横径0.53cm，平均核重0.18g，最大0.20g，核蒂细瘦钝圆，核尖渐尖，先端较钝，多不含种子。树体中等大，树姿较直立，枝叶较密，稍紊乱，树冠自然圆头形。树干灰褐色，树皮裂片较小，条状纵裂，不易剥落。枣头红褐色，略弯曲。枣股圆柱形。叶片中等大，椭圆形或卵圆形，中等厚，绿色，叶尖先端钝尖，叶基圆形，叶缘锯齿较粗。花量大。适应性强，较耐瘠薄，抗寒，耐旱，但不抗枣疯病。

47. 民勤小枣

主要分布于甘肃民勤，其西南的近邻武威、永昌也有零星栽培，为当地原有的主栽品种。果实9月底成熟，发育期90d左右。果实小，秤锤形，纵径2.4cm，横径2.lcm。平均果重5.3g，最大7.8g，大小较整齐。果皮较薄，赭红色，果肉浅黄绿色，质地致密，细脆，汁液较多，味甜微酸。含可溶性糖32%，可滴定酸0.56%，维生素C 747.6mg/100g，可食率96.6%，制干率50%以上。果核小，倒卵形，核壳较薄，纵径1.3cm，横径0.6cm，平均核重0.18g，核尖扁楔形，突起似针刺，核蒂长，渐尖似喙状，黄白色，核内多无种子。树体中等大，干性强，树姿直立，树冠呈自然圆锥形或圆头形。树干灰褐色，皮裂纹中等深，呈窄条状纵裂，不易剥落。枣头红褐色。针刺发达。枣股可持续生长结果8年左右。为昼开型。耐盐碱，抗寒、抗风，适于我国西北干旱地区栽种。

48. 旻枣

主要分布于天津西郊的张窝傅村、厂带，为当地主栽品种。果实9月中旬成熟，发育期95d左右。果实较小，椭圆形，纵径2.3cm，横径2.0cm。平均果重5.8g，最大22.0g，大小不整齐。果皮薄，深红色，果肉白色，质地细脆，甜酸适度，汁液中多。含可溶性固形物36%，可食率94.8%。果核较小，纺锤形，纵径1.40cm，横径0.44cm，核重0.3g，核内多含有不饱满的种子。树体较大，树姿半开张，树冠自然圆头形。树干灰褐色，树皮裂纹纵条状，较细窄，不易剥落。枣头红褐色，粗壮，被灰色蜡质。枣股连续生长结果13~15年。叶片中等大，长卵圆形，绿色，叶尖渐尖，叶基宽楔形，叶缘具细锯齿。花量大，花径6.0mm，初开花蜜盘浅黄色。丰产、稳产，适宜鲜食和制作品质上等，适性强，耐旱涝、盐碱，抗病力较强，适于滨海盐碱地栽培。

49. 闽中面枣

别名棉枣、白枣。分布于福建各地，以福州、闽清、莆田等地数量较多，多零星栽培，莆田有小面积成片栽培，栽培历史800年以上。果实长圆形，纵径3.6cm，横径2.3cm，平均果重6.7g。果皮薄，暗红色，果肉白色，略带黄绿，质细味淡。可食率94.5%。果核小，纺锤形，纵径2.18cm，横径0.51cm，平均核重0.35g。

树体小，干性弱，树姿开张。枣吊长 19~26cm。叶片较大，卵形，绿色，长 5.8cm、宽 2.9cm，叶尖短，先端略尖，叶基圆，叶缘具钝锯齿。树体小，干性弱，树姿开张，果实易裂果，风味淡，鲜食、制干品质不良，只适宜加工。

50. 鸣山大枣

分布在甘肃敦煌，为敦煌大枣的变异单株，1979 年发现，1983 年正式命名。果实 9 月上旬成熟，发育期 80d 左右。果实较大，圆柱形，平均纵径 4.8cm，横径 3.6cm，平均果重 23.9g，最大 42.0g，大小不整齐。果皮厚，红褐色，果肉绿白色，质地致密，细脆，汁液多，味甜。含可溶性固形物 37.5%，可溶性糖 31.4%，可滴定酸 0.54%，维生素 C 396mg/100g，制干率 52%。果核大，长纺锤形，纵径 2.8~3.6cm，横径 0.9cm，平均核重 0.9g，核蒂粗，渐尖，核尖突尖，细长，核内不具种子。树体较大，树姿开张，树冠呈自然圆头形。树干浅灰褐色，皮裂纹深，呈宽条块状，容易剥落。枣头棕红色，顶芽连续生长能力强。针刺发达。枣股圆锥形。叶片中等大，卵圆形，绿色，叶尖渐尖，叶基圆形或宽楔形，叶缘锯齿细长。花量小，花较大，花径 7.4mm，初开花蜜盘浅橙黄色，为昼开型。适应性强，抗寒、耐旱、抗病虫能力强，适宜在干旱地区发展。

51. 磨盘枣

别名盘子枣、葫芦枣、药葫芦枣。分布于山东乐陵、河北献县陕西大荔、甘肃庆阳等地，栽培数量很少，多为庭院和四旁零星栽植，栽培历史悠久。果实 9 月中下旬成熟。果实中大，磨盘形，果实中部有一条缝痕，形如磨盘，平均果重 7.0g 大小较均匀。果皮厚，紫红，果肉厚，绿白色，质地粗松，甜汁少。鲜枣含可溶性固形物 30.0%~33.0%，可食率 93.5%，制干率 50.5%。干枣含可溶性糖

63.8%，可滴定酸 0.9%。核极大，含仁率低。树体较大，树姿开张。枣头紫褐色，托叶刺发达。枣股大，抽吊力较强，枣吊中长、较粗。叶片较大，宽披针形，深绿色。花量大，花大，为昼开型。树体较大，树姿开张；产量较低，果实奇特，品质中下，具有较高观赏价值，可作庭院观赏树栽培，适应性较强。

52. 木洞小甜枣

别名甜枣子。分布于四川东部和东南部的巴县江北、丰都、奉节和重庆涪陵等地，有 100 年以上栽培历史，起源不详。果实 8 月下旬成熟，生育期 90d 左右。果实中等偏小，圆柱形，腰部稍瘦，略微凹陷，纵径 3.4cm，横径 1.9cm，平均果重 7.5g，最大 9.4g，大小较整齐。果皮暗红色，白熟期果肉绿白色，质地致密，汁液中等多，味甜。含可溶性固形物 17.2%，可食率 96%。果核细小，长纺锤形，两端细长尖锐，纵径 2.60cm，横径 0.55cm，平均核重 0.30g，核内通常不含种子。树体较大，树姿半开张，树冠呈自然圆头形。树干灰褐色，皮裂纹较浅，呈不规则纵条形。枣头暗红褐色，较细弱。枣股可持续生长结果 15 年左右。叶片较小，卵圆形，深绿色，叶尖钝尖，叶基圆形，叶缘具不规则浅锯齿。花量小，花较大，花径 7mm。丰产、稳产，肉质细，品质中上等，为鲜食、制干兼用的早熟品种，风土适应性强。

53. 南京枣

别名京枣、枕头南京。产于浙江兰溪，为当地的主栽品种，有 300 年以上的栽培历史。果实 8 月中旬进入白熟期，生育期 70d 左右。果实大，圆柱形，纵径 3.4cm，横径 2.9cm。平均果重 19g，最大 39.5g，大小不整齐。果面平整，稍有粗糙感，光泽较差，果皮呈暗紫红色，果肉白色，质地致密，较脆，汁液中多。白熟果含可溶性固形物 14.8%，维生素 C 497mg/100g，可食率 96.6%。干枣含

可溶性糖 72.4%，可滴定酸 0.4%。果核中等大，长纺锤形，纵径 2.10cm，横径 0.85cm，平均核重 0.69g，核内多含有 1 粒饱满的种子。树体较高大，干性较强，树姿半开张，树冠多自然圆头形。树干灰褐色，树皮裂纹较深，不规则细纵条纹，不易剥落。枣头粗壮，棕色。无针刺。枣股圆柱形或圆锥形。叶片中等大，卵状披针形，深绿色，叶尖渐尖，叶基圆形，叶缘具粗浅的锯齿。花量大，花径 6mm，为夜开型。花期忌阴雨低温，多以朴枣马枣等品种作授粉树，果实大，皮肉色浅，适宜制作蜜枣南枣和红枣，适应性一般，耐旱、耐涝，不耐瘠薄。

54. 宁夏长枣

又名马牙枣、灵武长枣，是宁夏地方乡土优良品种。果实 9 月下旬至 10 月初成熟，发育期 115d。果实长圆柱形略扁，果个较大，平均果重 15.0g，大小较整齐。果色紫红色（成熟好的果皮上有片状小黑斑），果肉白绿色，质地细脆，汁液较多，味甜微酸，鲜食品质上等。鲜枣含可溶性固形物 31.0%，可溶性糖 25.3%，可滴定酸 0.41%，维生素 C 693mg/100g，可食率 94% 左右。树体高大、树姿直立，树冠长椭圆形或自然圆头形。树干灰褐色，树皮粗厚，裂纹较细窄，条块状，不易剥落。枣头红褐色。针刺长，不易剥落。枣吊长 10.5~30.0cm。叶片中大，长卵圆形或卵状披针形，叶尖渐尖，叶基圆形或宽楔形，叶缘具粗锯齿。花量大，花径 7.0mm，为昼开型。风土适应性一般，耐寒性稍差。

55. 宁夏圆枣

别名小圆枣、蚂蚁枣。主要分布于宁夏回族自治区中部的中宁、中卫、灵武 3 个县，集中成片栽培，数量占当地枣树总数的 85% 以上。宁夏其他县市也有零星栽培，栽培历史有 700 年左右。果实 9 月中下旬成熟，生育期 100d 左右。 果实小，短柱形，平均果重

6.3g，最大 9.0g，大小较均匀。果皮深红色，果肉白绿色，质地致密细脆，汁液中等多，味甜微酸。含可溶性固形物 33%~37%，可溶性糖 28.9%，可滴定酸 0.57%，维生素 C 600mg/100g，可食率 95.5%，制干率 51.2%。果核小，倒纺锤形，核重 0.2~0.5g，核内无种子。树体较大，树姿开张，树冠多呈自然圆头形。树干灰褐色，呈纵行的条块状，不易剥落。枣头褐色。易脱落。枣股可持续生长结果 15 年左右。叶片中等偏小，长卵圆形或卵状披针形，绿色，叶尖尖圆，叶基圆形，叶缘具粗锯齿。花量小，花大，花径 8.0mm。适应性强，抗寒、抗旱，耐盐碱，耐贫瘠。

56. 宁阳六月鲜

别名六月鲜。分布于山东的宁阳、兖州、济宁等地。果实 8 月上旬开始成熟。果实长筒形，平均果重 13.6g。果皮中等厚，浅紫红色，果肉绿白色，质细松脆，浓甜微酸可口。脆熟期含可溶性固形物 32%~34%，可食率 96.7%。果核中等大，长纺锤形或椭圆形，平均核重 0.48g，核内都具 1 粒饱满种子。树体较小，枝条较密，树姿开张，树冠半圆形。树干灰褐色，树皮纵条裂。枣头棕褐色，长 30~50cm。针刺不发达，弱枝常无针刺。二次枝 4~8 节，枣股抽生枣吊 3~5 个。枣吊 13~15cm，着叶 10 片。叶片较小，卵状披针形，绿色，长 5.3cm、宽 3.3cm，叶尖钝，叶基楔形，叶缘锯齿粗大。花量中等，花中大，为昼开型。树体较小，枝条较密，树姿开张，发枝力中等；较丰产，花期要求较高温度，若日均温低于 24℃则坐果不良；果实中大，果肉松脆，质细，汁液较多，味浓适口，遇雨不裂果，鲜食品质优良，适应性较差，要求深厚肥沃的土壤条件。

57. 婆枣

别名串干、阜平大枣、新乐大枣、枣强婆枣。分布较广，为河北西部的主栽品种，太行山中段的阜平、曲阳、唐县、新乐、行唐等浅山丘陵地带为集中产区，衡水、沧州等地也有栽培。果实 9 月下旬成熟，发育期 105d 左右。果实长圆形或卵圆形，侧面稍扁，大小较整齐。纵径 3.4~3.8cm，横径 2.7~3.2cm，平均果重 11.5g，最大 24.0g。果皮较薄，棕红色，果肉乳白色，粗松少汁。含可溶性固形物 26% 左右，可食率 95.4%，制干率 53.1%。干枣含可溶性糖 73.2%，可滴定酸 1.44%，肉质松软，少弹性，味淡。果核纺锤形，纵径 2.lcm，横径 0.8cm，核重 0.53g，含仁率 17% 左右。树体高大，干性强，树姿直立，树冠呈直展的圆头形或乱头形。树干灰褐色，裂纹浅，宽条状，皮易片状剥落。枣头紫褐色，被覆灰白色粗厚的蜡质浮皮。针刺发达，不易脱落。二次枝较短，向下弯曲成弓背形。枣股圆柱形。枣吊短而细。叶片卵圆形，深绿色，叶尖短，先端圆钝，叶基平或广圆，叶缘平整，锯齿浅圆。花量小，为昼开型。适宜制作红枣和蜜枣，品质中上。风土适应性很强，耐旱、耐瘠薄，花期能适应较低的气温和空气湿度，适于成熟期少雨的地区栽种。

58. 三变红

别名三变色、三变丑。分布于河南永城县十八里、城关、黄口等地，为当地主栽品种之一，来源不详。果实 9 月中旬完全成熟，生育期 95d 左右。果实长椭圆形或长卵形，平均果重 18.5g，最大 23.1g，大小均匀。果皮中厚或较薄，落花后幼果紫色，随果实生长，色泽逐步减退，至白熟期呈紫条纹绿白色，成熟期变为深红色，果肉厚，绿白色，质地致密细脆，汁中，味甜。可食率 95.6%，制干率 38.5%。果核小，长纺锤形，平均核重 0.81g，核尖长，含仁率低，种仁不饱满。树体较大，树势中等或较强，树姿半开张。枣头紫褐色，托叶刺不发达。枣股中大，抽生枣吊能力中等或较强，枣吊中长。

叶片中大，卵状披针形，绿色。花量大，花较小，为昼开型。鲜食品质好，落花后果实生育期色泽多变，观赏价值高，适宜鲜食、观赏，适应性强。

59. 柿顶枣

别名柿花枣、柿把枣、柿萼枣、柿蒂枣。分布于陕西大荔的石槽乡三教、王马村一带，零星栽培，数量不多，起源历史不详。果实9月中旬成熟采收，生育期100~110d。果实中等大，短柱形或椭圆形，纵径3.5cm，横径2.9cm，平均果重12.0g，最大14.7g，大小很不整齐。果肩圆或尖圆，萼片宿存，随果实发育增长而逐渐肉质化，呈五角星状的肉瘤，盖住果肩和梗洼，故名“柿蒂枣”。果皮厚，果肉乳白色，肉质较脆，汁液少，味甜。含可溶性固形物23%，可食率94.8%。果核较大，短纺锤形或长倒卵形，略弯曲成月牙状，腰部略扁，平均核重0.63g。核纹粗细、长短不一，呈不规则的纵斜条状或瘤状，核内多具种子。树体适应性较强，树姿开张，树冠自然半圆形。树干深灰褐色，树皮裂纹中等深，裂片小，不规则长条形，不易剥落。枣头灰绿色，针刺不发达。枣股圆锥形，叶片卵圆形或长卵形，黄绿色，叶尖渐尖，叶基圆形，叶缘有细小短浅的锯齿。花量大，花径6.5mm，为昼开型。较耐贮运，萼片宿存，宜制干和观赏。

60. 苏南白蒲枣

别名上海门蒲枣。广泛分布于江苏南部和上海市郊，主产吴县、无锡、溧阳、宜兴一带，为当地重要的主栽品种，有小面积集约栽培。果实9月下旬成熟，生育期110d左右。果实中等大，长鸡心形，纵径4.2~4.8cm，横径2.2~2.5cm，平均果重9.9g，大小整齐。果皮较薄，赭红色，果肉乳白色，质地细脆，纤维少，汁液多。白熟期含可溶性固形物14%，可溶性糖11.7%，可滴定酸0.42%，维生素 C 521 mg/100g，可食率 97.2%。果核小，长纺锤形，略弯曲，平均重 0.28g，核内常有种子。树姿半开张，层性明显，树冠自然圆头形或长圆形。枣头棕褐色，针刺不发达，有退化现象。枣股抽枝力中等。叶片大，卵状披针形，绿色或深绿色，长 5.1~5.8cm、宽 2.3~2.5cm。花量大，花大、花径 8mm 左右，初开花蜜盘浅黄色，为昼开型。裂果较重，适宜加工蜜枣，适应性强。

61. 绥德小牙枣

别名椭圆形牙枣、牙枣、脆枣。广泛分布于陕西绥德，数量较多，果实 9 月上中旬成熟，生育期 95d 左右。果实较小，圆柱形或长圆形，纵径 2.5~3.5cm，横径 1.7~2.3cm，侧径 1.6~2.0cm，平均果重 6.8g，最大 8.8g，大小不整齐。果皮薄，褐红色，果肉乳白色，致密细脆，汁液多，味甜，略具酸味。果核较大，长纺锤形，纵径 2.0cm，横径 0.4~ 0.6cm，核重 0.3~0.4g，核纹较粗，含仁率约 20%。树体较高大，树姿开张，树冠自然圆头形。树干灰褐色，树皮裂纹深，裂片大，不易剥落。枣头棕褐色，较细弱。针刺较发达，不易脱落。枣股可持续生长结果 10 年左右。叶片中大，卵状披针形，深绿色，叶尖渐尖，叶基圆或宽楔形，叶缘具圆钝锯齿。花量小，花大。适应性较强，耐旱涝、耐瘠薄。

62. 胎里红

别名老来变。原产河南镇平的官寺、八里庙一带，数量极少。在山西太谷，果实 9 月下旬成熟。果实中大，柱形或长圆形，平均果重 11.0g，大小不均匀。果落花后为紫色，以后逐步减退，至成熟前变为水红色，极为美观，成熟时变为红色。果肉较厚，绿白色，肉质较松，味较淡，汁中多。核中大，纺锤形，含仁率 91%。树体中大，树势中庸，树姿较开张。枣头紫褐色，成枝力强，托叶刺不发达。枣股小，抽生枣吊能力中等或较强。枣吊长而较粗，吊尖紫红色。叶片中大，卵状披针形，深绿色。花量大，花中大，为昼开型。裂果严重，从落花后至成熟期，果实色泽多变，成熟前变为水红色，极为美观，极具观赏价值，适应性强。

63. 糖枣

别名溆浦糖枣。分布于湖南全省，数量较多，主产该省西部的麻阳、溆浦、花垣和南部的零陵、衡山、桂阳、祁阳等县，为溆浦等产区的主栽品种。果实 9 月中旬成熟，生育期 105d 左右。果实小，圆柱形或椭圆形，纵径 2.4~3.3cm，横径 2.2~3.0cm，平均果重 4.8g，最大 9.9g。果皮厚，紫红色。果肉绿色或乳色，质地松酥，汁液中多，味甜微酸。含维生素 C 445~ 609mg/100g，可食率 90.0%，制干率 33.5%。枣含可溶性糖 63%。果核小，倒卵形，纵径 1.7cm，横径 0.7cm，平均核重 0.45g，含仁率高。树体较高大，树姿开张，树冠呈自然圆头形。树干灰褐色，粗糙，皮裂纹较深，纵条小块状，易剥落。枣头棕褐色，阳面被覆灰色蜡质物。针刺一般长 0.25~1.5cm。二次枝枝形粗短。枣股可持续生长结果 18 年以上。叶片较小，卵圆形或卵状披针形，深绿色，叶尖渐尖，先端尖圆，叶基圆形或广楔形，叶缘锯齿小，齿角钝圆。花量大，花中等大，花径 6.lmm，为昼开型。树体较高大，树姿开张，丰产、稳产；果实小，大小均匀，肉质松酥，不裂果，品质中等，适于制干和鲜食，较耐旱和脊薄，适应南方多雨气候。

64. 天津快枣

主要分布于天津西部的张家窝、傅家、木厂等乡，为当地古老的早熟鲜食品种，栽培历史悠久。果实 8 月中旬成熟采收，发育期 75d 左右。果实小,倒卵形,纵径 2.2cm,横径 2.0cm,平均果重 5.0g，最大 14.0g，大小较整齐。果皮薄，赭红色，果肉白色，酥脆多汁。含可溶性固形物 31%，可食率 95.8%。果核细小，纺锤形，纵径

1.20cm，横径0.39cm，平均核重0.21g，核内多不具种子。树体中大，树姿较开张，树冠自然圆头形。枣头浅红褐色，粗0.8~1.2cm。枣股平均抽生枣吊3.7个。枣吊长15~20cm，节间长1.0~1.8cm，着叶10~18片。叶片较小，卵圆形，绿色，长4.8cm、宽2.7cm，叶尖渐尖，叶基圆形，叶缘锯齿粗浅。花量大，花径6mm左右，初开时蜜盘浅黄色，为昼开型。适应性强，耐旱、耐涝、耐盐碱。

65. 天水圆枣

分布于甘肃天水地区渭河、犀牛江及其支流两岸的秦安、天水、甘谷、武山、清水、礼县等地，多零星栽培，为当地原产品种。果实9月中下旬成熟，生育期90d左右。果实椭圆形，平均纵径3.0cm，横径2.6cm。平均果重8.8g，最大17.6g，大小较整齐。果皮厚，深红色，果肉绿白色，质地松脆，汁液较多，味甜酸。含可溶性糖21.6%，可滴定酸0.63%，维生素C 563mg/100g，制干率42%。果核大，纺锤形，纵径2.0cm，横径0.8cm，平均核重0.53g，核蒂渐尖，核尖突尖，核内无种子。树体较大，干性较强，树姿开张，树冠自然圆头形。树干灰褐色，树皮裂纹浅，小条块状，不易剥落。枣头红褐色。针刺不发达。枣股可持续生长结果8年。叶片小，卵圆形，绿色，叶尖突尖，叶基圆形或宽楔形，叶缘锯齿细而钝。花量小，花较大，花径6.8mm。适应性强，抗寒、耐旱、耐盐碱，适宜成熟期少雨的地区栽种。

66. 桐柏大枣

分布于河南桐柏，为当地的稀有品种，来源不明。果实9月上旬成熟，生育期110d左右。果实近圆形，特大，纵径5.1cm，横径5.0cm，一般果重46.0g左右。果皮中厚，赭红色，果肉厚，黄白色，质地较松，汁液少，甜度中等。含可溶性糖22.1%，可滴定酸0.32%，维生素C 442mg/100g，可食率97.2%。果核大，短纺锤形，纵径 2.8cm，横径 1.1cm，重约 1.3g。树体较大，树姿开张，中下层外围枝略下垂，树冠自然半圆形。树干灰褐色，表面粗糙，树皮不易剥落。枣头紫褐色，较粗壮。针刺发达，不易自然脱落。二次枝中等长。枣股圆柱形，较细。叶片较小，长卵圆形，深绿色，长 4.5cm. 宽 2.5cm，叶尖渐尖，叶基圆形，叶缘波状，具细锯齿。花量大，初开花蜜盘浅黄色。不抗裂果，适于鲜食和加工；适应性与抗逆性较强，耐旱、耐盐碱，较耐瘠薄，病虫为害较轻。

67. 无核小枣

别名乐陵无核小枣、虚心枣、空心枣。产于山东乐陵、庆云、无棣及河北盐山、沧县、交河、献县、青县等地。果实 9 月底成熟，生育期 95d 左右。果实多为扁圆柱形，中部略细，少数有核的大果，为长椭圆形。果实纵径 2.3~3.0cm，横径 1.2~1.8cm，平均果重 3.9g，最大 10g，大小不很均匀。果皮薄，鲜红色，果肉白色或乳白色，质地细腻，稍脆，汁液中等，味甚甜。含可溶性固形物 33.3%，可食率 96.1%，制干率 53.8%。干制红枣含可溶性糖 75%~78%，可滴定酸 10.8%，甜味鲜浓，无苦辣杂味。果核多数退化成不完整的薄膜,不具种仁,少数大果果核发育正常,长纺锤形，纵径 1.8~2.2cm，横径 0.5~0.7cm，核重 0.3~0.4g，有的内含 1 粒发育不充实的种子。树姿开张,树冠呈自然半圆形。树干浅灰褐色，裂纹细条状，较粗糙，皮易剥落。枣头褐色，略有青灰色显露，枝多蜡质浮皮、形，叶尖渐尖，较长，端部尖圆，叶基平圆，叶缘平整。花量较大，花径 5.8~6.2mm，初开花蜜盘黄色。适应性较差，要求深厚肥沃的土壤和成熟期少雨的气候。

68. 襄汾葫芦枣

主要分布于山西襄汾、新绛、稷山、闻喜、运城等地。果实 9 月上旬成熟，生育期 90d 左右。果实多为葫芦形，平均果重

10.0g，最大 15.0g，大小不均匀。果皮薄，鲜红色，果肉浅绿色，质地细脆，味甜。干枣含可溶性糖 66.3%，可滴定酸 2.08%。果核纺锤形，纵径 1.88cm，横径 0.95cm，含仁率 70% 左右，种仁较饱满。树体较大，枝叶较密、树姿开张，树冠呈自然半圆形。枣头长度 40~50cm，枣股抽生枣吊 3~4 个。枣吊平均长 25.0cm。叶片长卵形，长 5.5cm、宽 2.5cm。耐旱力强，发芽后嫩芽抗霜冻，宜在城郊和工矿区少量发展。

69. 相枣

主要分布于山西运城的北相镇一带，故名“相枣”，古时曾做贡品，故又名“贡枣”，为当地主栽品种，栽培历史达 3 000 年之久。果实 9 月下旬成熟，生育期 110d 左右。果实大，平顶锥形或卵圆形，纵径 4.5cm，横径 3.7cm，平均果重 22.9g，最大 29.5g，大小不整齐。果皮厚，紫红色，果肉厚，绿白色，质地较硬，汁液少，味甜。含可溶性固形物 28.5%，可溶性糖 25.5%，可滴定酸 0.37%，维生素 C 474mg/100g，可食率 97.6%。干枣含可溶性糖 73.5%，可滴定酸 0.84%。核小，纺锤形，纵径 2.5cm，横径 0.83cm，平均核重 0.56g，大果核内有不饱满的种子，小果核质地软，有轻度退化现象。树体较小，干性强，树姿半开张，树冠多呈自然半圆形。枣头红褐色，长势中等。针刺较发达。枣股圆柱形，中等大。叶片中等大，长卵圆形，深绿色，长 6.2cm，宽 3.0cm，叶尖渐尖，先端尖圆，叶基圆形。花量中等，花较小，花径 6.3~6.5cm，初开花蜜盘橘黄色，为夜开型。适土性较强，不耐霜冻。

70. 宣城尖枣

别名干枣。本品种有近 200 年的栽培历史。原产于安徽宣城的水东、主要分布于宣城水东、孙埠、杨林等乡镇，为当地的主栽品种。果实 9 月上旬成熟，生育期 95d 左右。果实大，长卵圆形，纵径 4.8cm，横径 3.7cm，平均果重 22.5g，大小整齐。果皮红色，果肉乳质地致密，汁液少，甜，味淡，白熟期含可溶性糖 9.9%，可滴定酸 0.27%，维生素 C 351mg/100g，可食率 97%。果核梭形，纵径 2.9cm，横径 0.7cm，平均核重 0.65g，含 1 粒不饱满的种子。树姿开张，树冠圆锥形。主干深灰色，树皮裂纹明显。枣头红褐色，连续生长力强。枣股圆柱形，多年生枣股有分枝现象。叶片卵状披针形，绿色，长 5.85cm、宽 3.59cm，叶尖渐尖，叶基楔形，叶缘具粗锯齿。花量大，初开花蜜盘淡黄色。耐旱，不耐涝，抗风性差不抗枣疯病。

71. 宣城圆枣

别名团枣。主要分布于安徽宣城的水东、孙埠、杨林等乡镇，为水东乡原产的主栽品种，栽培历史近 200 年。果实 9 月上旬成熟。果实大，近圆形，纵径 3.58cm，横径 3.66cm，平均果重 24.5g，大小整齐。果皮薄，赭红色，果肉淡绿色，质地致密细脆，汁液中多。白熟期含可溶性糖 10.7%，可滴定酸 0.23%，维生素C 333mg/100g，可食率 97.4%，脆熟期味甜略酸。果核中大，短纺锤形，纵径 1.70cm，横径 0.95cm，平均核重 0.64g，核内一般含有 1 粒饱满种子。树体高大，树姿半开张，树冠多自然圆头形。树干深灰色，树皮裂纹中等深，小条块状。枣头暗紫色。无针刺。枣股可持续生长结果 15 年左右。叶片中等大，卵状披针形，绿色，叶尖渐尖，叶基阔楔形，叶缘具粗锯齿。花量中大，花中大，初开花蜜盘淡黄色。适应性较强，耐旱，不耐涝，对枣疯病有一定的抗性，适宜我国南方蜜枣产区发展栽培。

72. 亚腰长红

别名笨枣、滑皮枣、青瓤躺枣、晚熟躺枣、枕头枣、马尾枣、长枣，是长红枣品种群的重要品种，历史悠久，分布很广，鲁中南山区的宁阳、曲阜、泗水、邹县有大片集中栽培，相邻的兖州、微山、济宁、滕县、泰安、长清以及黄河以北的德州、惠民，河北沧州、衡水都有零星分布，至今山东庆云的周尹村，还有一株隋代留传的古树，栽培历史在1 300年以上。果实9月中旬开始着色，9月底成熟，果实生长期110d左右。果实长柱形，侧面略扁，中腰稍细瘦，纵径3.0~3.8cm，横径2.0~2.4cm，平均果重8.3g，大小较整齐。果皮较厚，赭红色，果肉绿白色，质地致密，较硬，汁液少。含可溶性固形物31%~33%，可食率97.2%，制干率45%~48%。果核细瘦，长梭形，两端尖细，纵径2.60cm，横径0.50cm，平均果重0.23g，一般不具种子。树体高大，干性强，树姿直立，发枝力中等，树冠呈自然圆头形或长圆形。树干浅灰褐色，裂纹较浅，呈不规则的宽条状，皮易剥落。枣头深褐色，阳面被覆灰白蜡质浮皮。针刺发达，长2.0~2.5cm，不易脱落。二次枝较细弱，弯曲度大，4~7节。枣股一般抽生枣吊2~4个。枣吊长12~20cm，着叶8~12片。叶片披针形，窄长，深绿色，长4.7~5.5cm、宽2.0~2.3cm，叶尖渐尖，先端圆，有不明显的尖突，叶基圆或广楔形，叶缘具粗锯齿，齿尖圆。花量中大，花径5~6mm，初开花蜜盘浅黄色，10时前后蕾裂，为昼开型。适应性强，耐旱耐盐、耐贫瘠，开花坐果日均温低限为24~25℃，空气湿度低限为45%，适宜在夏季温热，土壤较薄的山区发展。

73. 延川狗头枣

别名狗脑枣。陕西省延川县张家河乡庄头村的地方品种。果实9月下旬脆熟，10月上中旬完全成熟。果实卵圆形或锥形，似狗头状，平均果重18.7g，最大25.4g，较整齐。果皮中厚，褐红色，果肉绿白色，质地致密细脆，汁液中多，味酸甜。鲜枣含可溶性固形物32%，维生素C 323mg/100g，可食率94.2%。干枣含可溶性糖75%，制干率47.0%。果核较大，纺锤形，含仁率70%。树体较高大，树姿直立，树冠呈自然半圆形。树干灰褐色，树皮纵行宽条裂，较粗糙，易脱落。枣头红褐色，平均长 43cm，粗 0.7cm，节间长 8.6cm。针刺较发达，直刺长 1.9cm 左右。枣头抽生永久性二次枝 4~5 条。枣股平均抽生枣吊 3.5 个。枣吊长 10.4cm，着叶 10 片。叶片较小，卵状披针形，浅绿色，长 4.5cm、宽 2.2cm，叶尖渐尖，叶基圆形，叶缘波状，具细锯齿。花量较大，平均每花序着花 5 朵，花中大，花径 6.7mm，初开花蜜盘浅黄色。适应性较强，耐干旱、瘠薄，耐寒。

74. 燕归来

产于江苏盱眙，为当地分布较广的主栽品种。果实 9 月上旬成熟，生育期 100d 左右。果实中等大，长椭圆形或长倒卵形，纵径 3.5cm，横径 2.5cm，平均果重 9.7g。果皮赭红色，果肉较致密。果核中等大，长梭形，或略弯曲成半月形，纵径 2.2cm，横径 0.6~0.7cm，平均核重 0.5g，含仁率 24%。树体高大，树姿直树冠呈长圆形。树干灰褐色，皮裂纹纵条状，细而较深。枣头暗紫色。针刺短小或退化。枣股短小。叶片较小，披针形，黄绿色。花量中等，花径 5.7mm，为夜开型。抗裂果，品质中上等，适宜制干，适宜在淮河流域等多雨地区栽培。

75. 宜良枣

别名牛奶枣、糠枣、大枣、长枣。分布于云南的宜良、会泽、售甸、蒙自、建水、开远、东川以及丽江等地，为该省的主栽品种，多栽在海拔 1 300~1 600m，年降水量 700~900mm 的干热少雨地带。经济学性状果实 7 月中下旬成熟，生育期 95d 左右。果实中等大，长圆形或圆柱形，纵径 3.5~4.5cm，横径 2.2~2.5cm，平均果重 9.8g，最大 15g。果皮薄，黄褐色，果肉绿白色，质地疏松，汁液少。充分成熟的果实含可溶性固形物 40.0%，可溶性糖 39.1%，可滴定酸 0.74%，可食率 96.8%。果核小，呈细长梭形，两端尖锐，纵径 2.8~3.2cm，横径 0.5~0.55cm，平均核重 0.32g，核内多不具种子。

树体较大，干性较强，树姿开张，树冠多自然圆头形。树干深灰色，树皮浅裂，不剥落。枣头暗褐色。针刺不发达。枣股可持续生长结果8年以上。叶片中等大或大，长卵圆形，绿色，叶尖渐尖，先端尖圆，叶基圆形，叶缘具粗钝锯齿。花量小，花径5~6mm。适应性强，耐旱、耐瘠薄。

76. 义乌大枣

别名大枣。原产浙江东阳县茶场，由优良的实生株系选育而成。分布于浙江的义乌、东洋等地，为当地主栽品种，有700年以上的栽培历史。果实8月下旬进入白熟期，9月中旬成熟。果实大，圆柱形或长圆形，纵径3.8cm，横径2.7cm。平均果重15.4g，最大18.5g，大小较匀。果皮较薄，赭红色，乳质地稍松，汁液少。白熟期含可溶性固形物13.1%，维生素C 503mg/100g，可食率95.4%。果核中等大，长纺锤形，两端尖细，纵径2.1cm，横径0.8cm，平均核重0.6g，核内常含有饱满种子。树体较大，干性较树姿开张，树冠自然圆头形。树较光滑，树皮裂纹浅，不易剥落。枣头较细弱，棕红色。无针刺。枣股可持续生长结果10年左右。叶片中大，呈卵圆形，绿色，叶尖钝圆，叶基圆形，叶缘具粗锯齿，齿角钝圆。花量大，花径7mm，为夜开型。适应性较强，要求土壤肥沃，以马枣作授粉品种，耐旱、耐涝，抗裂果，适宜花期降雨少、温度稍高的地区栽培。

77. 玉田小枣

别名玉田银丝小枣，系地方名贵品种。分布于河北省玉田县、天津蓟县的丘陵地区，玉田孤村一带是集中产区，起源较早，栽培历史有500年以上。果实9月下旬成熟，生育期100d左右。果实圆柱形或椭圆形，纵径2.7cm，横径2.2cm，平均果重7.2g，最大11.0g，整齐度较差。果皮棕红色，果肉黄白色，质地汁液中等，味甘甜，鲜枣含可溶性固形物28.0%以上，可食率94.2%。果核纺锤形，纵径1.50cm，横径0.71cm，核重0.43g，含仁率高，多数有饱满的种子。树体中等大，树姿开张，树冠多为圆头形。主干灰褐色，树皮小条裂，易剥落。枣头黄褐色。针刺长1.1~1.2cm，易脱落。二次枝较弯曲。枣股圆柱形。叶片卵状披针形，深绿色，叶尖渐尖，端部钝尖，叶基叶缘具细小锯齿。花量大，花径7.0mm，为昼开型。适应性较强，抗旱，抗寒。

78. 圆铃

别名紫铃、圆红、山东省主要品种，在河北省品种来源不详。在河北省南宫市已有400多年的栽培历史。主要分布在南宫市15个乡镇，450个自然村，有40多万株。果实9月上中旬成熟采收。果实近圆形，纵径4.0~4.2cm，横径2.7~3.3cm，平均果重12.5g，最大30.0g。果皮紫红色，有紫黑色点，果肉绿白色，口感较硬，汁液较少，甜。鲜枣含可溶性固形物32%左右，可食率97%左右。干枣含可溶性糖74.5%，制干率60.5%。果核纺锤形或短纺锤形，一般不含种子。树体高大，树姿开张，树冠呈自然半圆形。主干皮裂纹细，小条块状。枣头红棕色或棕褐色，节间长。二次枝弯曲度大，6~8节。枣股抽生枣吊3~4个。枣吊长14~20cm，着叶8~12片。叶片卵圆形或宽披针形，深绿色，长4.1~5.1cm、宽2.2~2.6cm，叶缘具浅锯齿。花量中等大，花径6.5~7.0mm，初开花蜜盘浅黄色。对土壤、气候的适应较强，耐干旱、耐盐碱和瘠薄，在黏壤土、沙质土、沙土上都能较好生长。

79. 云南小枣

产于云南的蒙门（新安所）、丽江（巨甸）、宜良、双柏等地，分布面广。果实8月初成熟，生育期100d左右。果实小，长圆形，纵径2.5cm，横径2.2cm。平均果重7.0g。果皮薄，浅红褐色，果

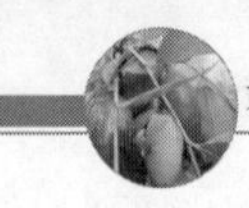

肉绿白色，质地致密，汁液中多。含可溶性固形物29%，还原糖15.5%，蔗糖6.7%，可溶性总糖22.2%，可滴定酸0.59%，可食率90.6%，制干率25%左右。果核大，纺锤形，两端尖锐，纵径1.8~2.0cm，横径0.7~0.8cm，平均核重0.66g。树体中大，干性强，树姿直立，树冠圆柱形。树干灰褐色，树皮纵条状浅裂，不脱落。枣头赤褐色，被覆白色蜡质。针刺较发达，不易脱落。枣股圆柱形。叶片小，卵状披针形，绿色，叶尖渐尖，先端圆钝，叶基宽楔形，叶缘具粗锯齿。适应性强，耐旱、耐瘠薄，为适宜南方多雨气候条件的中早熟鲜食品种。

80. 赞皇大枣

别名金丝大枣、大蒲红枣。因干制红枣品质优良，可与金丝小枣媲美，故有‘金丝大枣’之称，是目前我国已发现的唯一的自然三倍体。原产河北赞皇及周边县区，为该县主栽品种，品种来源不详。在赞皇已有400多年栽培历史，20世纪70年代引入新疆南部，表现甚佳。果实9月下旬成熟，生育期110d左右。果实长圆形或倒卵形，纵径4.lcm，横径3.1cm，平均果重17.3g，最大29.0g，大小整齐。果皮深红褐色，较厚。果肉近白色，致密质细，汁液中等，味甜略酸。含可溶性固形物30.5%，可食率96.0%，制干率47.8%，干制红枣果形饱满，有弹性。果核纺锤形，纵径2.20cm，横径0.80cm，核重0.70g，核内不含种子。树体较高大，树姿直立或半开张，树冠多为自然圆头形。主干深灰色，裂纹长条形、宽深，皮不易剥落。枣头浅棕褐色，节间长，表面附着一层很薄的、容易抹掉的灰白色蜡质物。针刺不发达，易脱落。二次枝向下弯曲不明显。枣股圆柱形。叶片大，心形或宽卵圆形，深绿色，叶尖渐尖，先端钝圆或锐尖，叶基广圆形或亚心形，叶缘具粗锯齿，齿刻深。齿尖圆。花径大。适应性较强，耐瘠耐旱，适于北方日照充足，夏季气

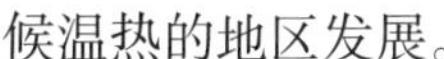
候温热的地区发展。

81. 赞新大枣

产于新疆阿克苏地区，为阿拉尔农科所从 1975 年引入的赞皇大枣苗木中选出的一个优良株系，1985 年命名为‘赞新大枣’。果实 10 月上旬成熟。果实大，倒卵圆形，纵径 4.1cm，横径 3.6cm，平均果重 24.4g，最大 30.1g，大小不很整齐。果皮较薄，棕红色，果肉绿白色，质地致密，细脆，汁液中多，味甜，略酸。果肉含可溶性糖 27%，可滴定酸 0.42%，可食率 96.8%，制干率 48.8%。干枣含可溶性糖 72.9%。果核大,长纺锤形,核内无种子。树势强健，干性强，树姿较直立，树冠自然半圆形。针刺不发达。叶片大，卵圆形。花量大，花大。适应性强，管理简便，较抗病虫，适宜秋雨少的地区发展。

82. 中阳木枣

别名木枣、吕梁木枣、绥德木枣、条枣、木条枣（陕西延川）、长枣、油枣（陕西佳县）。分布于山西、陕西黄河两岸的中阳、柳林、石楼、临县、绥德、清涧、佳县、延川等地，为当地的主栽品种。起源历史悠久，栽培地域较广，分化出果形、品质略有差异的多种类型。果实 9 月底成熟,生育期 110d 左右。果实圆柱形,侧面略扁。纵径 4.2~4.5cm，横径 2.8~3.2cm，平均果重 14.1g，最大 17.7g，大小较均匀。果皮厚，赭红色，果肉厚，绿白色，质地硬，稍粗，汁液较少，味甜，略具酸味。鲜枣含可溶性固形物 28%~33%，可溶性糖 21.7%，可滴定酸 0.79%，维生素 C 462mg/100g，可食率 96.8%，制干率 48.6%。干枣含可溶性糖 72%，可滴定酸 1.34%。果核纺锤形，纵径 2.2~2.8cm，横径 0.6~0.8cm，平均核重 0.53g，核内无二或具不饱满的种子。树体较大，树姿半开张，发枝力中等，树冠呈自然半圆形。树干灰褐色，皮裂纹中等深，条块状，容易剥

落。枣头红褐色，背阴面浅褐色。针刺长 1.2cm 左右。二次枝弧形，弯曲度大。枣股圆柱形。叶片卵状披针形，深绿色，叶尖渐尖，先端较锐，叶基圆形，叶缘波状，锯齿粗，密度中等。花量大，花径 6.0~7.3mm，初开花蜜盘浅黄色，花蕾上午 9：00—10：00 开裂，为昼开型。适应性强。

第四节 新审（认）定品种

近年来，枣新品种选育出现了以下几个新特点和趋势：① 从新品种来源来看，由最初从主栽品种内部选优逐渐拓展到新发现珍稀地方品种的开发。自 20 世纪 80 年代起，相继开展了金丝小枣、婆枣、赞皇大枣、圆铃扁核酸、木枣等传统主栽品种的内部选优。近年来，重点对一些地方珍稀种质如悠悠枣、月光、七月鲜等进行了发掘和开发。② 从新选育品种的用途来看，由最初的以制干品种为主，逐渐拓展到鲜食品种的选育。20 世纪后期从金丝小枣、圆铃、婆枣和赞皇大枣中选出了一批优良制干品种。进入 21 世纪后，各地相继选育出了早脆王、悠悠枣、月光、冷白玉、早丰脆、早熟梨枣、冀星冬枣等鲜食品种。③ 从育种目标来看，由最初的只注重丰产、稳产逐渐拓展到抗性品种、设施品种及高营养价值品种的选育。近几年先后选出了极抗枣疯病的星光，抗裂果、缩果病的曙光，适合设施栽培的月光、七月鲜、早熟梨枣、乳脆蜜等。

1. 板枣 1 号

选育单位山西省林业科学研究院。从山西省稷山县板枣品种群中选育而来，为大果型板枣优良变异无性系。2007 年通过山西省林木品种审定委员会审定。果实 9 月下旬成熟。果实扁倒卵形，纵径3.3cm，横径2.7cm，侧径2.5cm，平均果重11.9g，最大16.0g。果肉质地致密，味甚甜，汁中多。果实含可溶性糖35.8%，可滴定酸0.40%，维生素C含量452mg/100g，可食率94.8%。树势较强，树体中大，干性弱，树姿开张，枝条较密。二次枝长37.0cm。每股平均抽生枣吊5个，枣吊长15.0cm。叶片卵圆形，深绿色，长5.8cm、宽2.2cm。结果较早，丰产性较强。制干鲜食兼用。适宜山西省南部枣区肥水条件较好及生态条件类似的地区。

2. 彬枣3号

选育单位陕西省林业技术推广总站、彬县林业工作站。从彬县的晋枣中选育而来，丰产稳产。2007年1月通过陕西省林木品种审定委员会审定。果形圆柱形，平均单果重22.8g。果皮薄，朱红色，果肉厚，酥脆香甜，色泽艳丽。果核小。干性强，萌芽力强，幼树枣头生长旺盛，整形容易。早果丰产，多次开花，多次坐果，无大小年现象。第三年挂果，第五年平均株产达12.5kg，比对照提高76.1%。适宜制干。适宜陕西关中种植。

3. 沧蜜1号

选育单位河北省沧州市农林科学院，从金丝小枣实生苗中选育而来，适于加工蜜枣。2008年通过河北省林木品种审定委员会审定。果实8月中旬白熟，9月上中旬完熟，加工蜜枣采摘适期为白熟期。白熟期果实长圆形，平均果重17.2g，最大35.2g，果形一致。果皮薄，果顶凹，果肉白绿色，肉质疏松，汁液少，风味甜酸，含可溶性固形物20%左右，可食率97.7%，白熟期可加工成蜜枣。完熟期果实可溶性固形物含量达34.2%。枝条稀疏，适于密植。早果、丰产，8年生树株产鲜枣7.5~10kg，10年生树25~30kg，14年生树45~50kg。可加工蜜枣、鲜食。适宜金丝小枣的分布区种植。

4. 沧无 1 号

选育单位河北省沧州市林业科学研究所，中国科学院石家庄农业现代化研究所。从无核小枣选育而来。2001 年通过河北省林木品种审定委员会认定。果实 9 月中旬成熟，果实长圆形，平均果重 4.5g，果个大小均匀。果皮薄、色泽鲜红光亮，味极甜，鲜枣可溶性固形物含量为 36.3%，可食率 100%，制干率 61.5%。果核退化，部分大果有少量渣滓。树体较小，树姿开张，树势中庸，发枝力强。进入结果龄期早。适应性强，耐瘠薄，耐盐碱，抗干旱。制干鲜食兼用。在我国北方枣树栽培区有着广泛的推广前景，目前在河北、山东、河南、北京、天津等适宜枣树生长的地区均生长良好。

5. 沧无 3 号

选育单位河北省沧州市林业科学研究所，中国科学院石家庄农业现代化研究所。从无核小枣选育而来。2001 年通过河北省林木品种审定委员会认定。果实 9 月中下旬成熟。果实圆柱形，平均果重 3.3g，果个大小均匀。果皮薄，味极甜，鲜枣可溶性固形物含量 36.5%，可食率 100%，制干率 62.8%，鲜食品质一般，制干品质极上。核全部退化，核膜薄软无渣滓。树体较小，干性较弱，树姿开张，树势中庸，发枝力冲等。进入结果龄期早，且连续丰产能力强，抗裂果能力极强，成熟期不裂果。适应性强，抗旱耐盐碱。制干鲜食兼用。适宜的种植范围同沧无 1 号。

6. 茌圆金

选育单位山东省聊城市金龙林果科技有限公司。从山东在平县的枣树资源中选育而来。2008 年通过山东省林木品种审定委员会认定（5 年）。果实 9 月中下旬成熟。果实扁圆形，平均果重 21.7g，最大 32.5g。果皮中厚，紫红色，果肉硬，汁少味甜。可溶性固形物含量为 32.5%，可食率 97.8%，制干率 61.0%。树势强壮，树姿直立，针刺发达，萌枝力、成枝力强，树冠呈自然圆头形。丰产，抗裂果，抗旱，耐瘠薄，抗枣疯病，但不耐涝。用于制干，适宜山东西北地区。

7. 伏脆蜜

选育单位山东省枣庄市果树科学研究所。从枣庄脆枣中选育而来。2002 年 9 月通过成果鉴定，并命名为“枣庄脆枣优系 1 号”。2002 年 10 月申请国家林业局植物新品种权时更名为‘伏脆蜜’。2006 年通过山东省林木品种审定委员会审定。果实一般在 8 月上旬采收上市，生育期 77~85d。果实短圆柱形，纵径 3.5cm，横径 3.0cm，平均果重 16.2g，最大 27.0g。白熟期果皮绿白色，成熟时果皮粉白色，阳面鲜红色，着色面 60% 以上，完熟时果皮紫红色，果面光滑洁净，极美观。果肉酥脆无渣，汁液丰富。脆熟期鲜果含可溶性固形物 29.9%，维生素 C 239mg/100g，可食率 96.9%，品质极上。核中大，长椭圆形，单核质量 0.50g，内有 1~2 粒种子。树体中大，树姿直立，结果以后略开张，树体结构紧凑，萌芽力及成枝力均强。早果丰产，嫁接第 2 年结果，5 年生树平均亩产 1 586kg，不裂果。果实较耐贮藏，常温下货架期 7d 左右，-2~0℃低温条件下能保存 30d 以上。适应性强，较抗寒，抗旱、耐瘠薄。用于鲜食。适宜种植范围山东省枣产区。

8. 壶瓶枣 1 号

选育单位山西省林业科学研究院。从太谷县小白乡白燕村壶瓶枣变异单株选育而来，为大果型优良变异。2003 年通过山西省林木品种审定委员会审定。果实 9 月中旬成熟。柱形，平均果重 35.0g，最大 75.0g。含可溶性糖 35.0%，可滴定酸 0.5%，维生素 C 530mg/100g，可食率 98.5%（对照壶瓶枣平均果重 18.3g，最大 28.3g，含可溶性糖 30.4%，可滴定酸 0.57%，维生素 C

493mg/100g，可食率96.3%），品质优良。早果丰产性强，适应性同壶瓶枣。用途制干。适宜山西太原以南壶瓶枣栽培区。

9. 冀星冬枣

选育单位河北省沧州市林业科学研究所。从冬枣中选育而来，个大，早果性强，易丰产。2008年通过河北省林木品种审定委员会审定。果实圆形，平均果重16.6g，最大35.0g。果皮薄，赭红色，果肉黄白色，肉质细嫩多汁，甜味浓、酥脆、口感好。白熟期果含可溶性固形物18.6 %，脆熟期果实含可溶性固形物25.0%，可溶性糖24.7%，全红果含可溶性固形物31.3%，维生素C 356mg/100g，可食率97.3%。早果速丰，嫁接后两年即可结果，4年进入盛果期，6年生树平均株产35.5kg左右。用于鲜食。适宜河北省冬枣分布区栽培。

10. 金昌1号

选育单位山西省农业科学院植物保护研究所。从山西太谷县北洸乡枣品种园壶瓶枣的变异单株选育而丰产性突出。2003年通过山西省林木品种审定委员会审定。果实大，呈短柱形，果顶稍膨大，纵径5.0cm，横径3.8cm，平均单果重30.2g，最大80.3g。果酸甜爽口，肉厚、核小、汁多。鲜枣含可溶性糖35.7%，可滴定酸0.62%，维生素C 533mg/100g，可溶性固形物38.4%，可食率98.6%，制干率58.3%，干枣含可溶性糖73.5%。树姿较开张，树冠半圆形。针刺不发达。叶片较大，浓绿色。早果、丰产性强，抗裂果，2000—2002年裂果率分别为0.4%、4.7%、9.6%。可制干、鲜食、加工蜜枣。适宜山西太原以南壶瓶枣栽培区。

11. 金魁王

选育单位河北省沧县金丝小枣良繁场。从金丝小枣中选育而来，为大果型优良变异。2001年通过河北省林木品种审定委员会审定。果实9月中旬为脆熟期，9月下旬完熟期，生育期110d左右。果实长卵圆形，平均纵径 4.1cm，横径 3.3cm，平均果重 11.9g，最大 14.8g，大小整齐。果实深红色，果肉厚绿白色，质细，味甜多汁，品质极上，含可溶性固形物 37.1%，可溶性糖 36.2%，可滴定酸 0.50%，维生素 C 450mg/100g，可食率 97.3%，出干率 65.5%。干枣皱纹细浅,果色有光泽,含可溶性糖 65.8%。纺锤形,一般无核仁。树势中等，枝条粗壮，萌芽力较强，树冠圆头形。丰产、稳产，无大小年现象。抗逆性强，抗干旱水涝和盐碱，极少裂果和感染锈病。制干鲜食兼用。适宜河北省枣树适生区。

12. 金莱特

选育单位山东省烟台高新区新兴科技开发研究所。1998 年枣树品种普查中，在牟平区高陵镇南辛山谷村筛选出优良单株，1999—2000 年对该株系的植物学特征、生物学特性、果实经济性状作了详细调查分析后认为：该株系属当地栽植枣树的实生苗变异新品种。2005 年通过山东省林木品种审定委员会审定。果实近长筒形，两端中部略粗，平均果重 11~12g，最大 15.2g。果肉白色，致密脆嫩，汁味甜微酸，口感佳，含可溶性固形物 45%，品质极上，率达 57.6%。早果性强，栽植当年即开花结果。丰产性好，在花期日均温 20~22℃的低限温度条件下，亦坐果良好。抗缩果病。可鲜食、制干兼用。适宜山东东部地区种植。

13. 金铃长枣

选育单位辽宁省朝阳市经济林研究所。为辽宁朝阳的地方品种。2002 年通过辽宁省林木品种审定委员会认定，2004 年通过国家林木品种审定委员会认定。果个大，长圆柱形，纵径 4.30cm，横径 2.98cm，平均果重 20.1g，最大 28.0%。果肉致密，酸甜适口，鲜枣含可溶性糖 31.25%，可滴定酸 0.43%，维生素 C 370mg/100g，品质好。早果、丰产、稳产。树势强壮，抗寒、抗旱、抗病力强、

耐瘠薄。制干、鲜食兼用。适宜辽宁省北纬41.5°以南的枣树栽培区以及与朝阳枣栽培区土壤气候相近的地区栽培。

14. 金铃圆枣

选育单位辽宁省朝阳市经济林研究所。来源于辽宁省朝阳县波罗赤镇南洼村米丈子组的地方品种。2002年9月24日通过辽宁省林木良种审定委员会审定，正式命名为‘金铃圆枣’。2004年通过国家林木品种审定委员会认定。果个大，近圆形，纵径4.3cm，横径3.9cm，平均果重26.0g，最大75.0g。果肉致密，酥脆多汁。鲜枣含可溶性糖32.3%，可滴定酸0.39%，维生素C 329mg/100g，鲜食品质极佳。早果、丰产稳产。树体长势强壮，抗寒抗旱、耐瘠薄，抗病力强。用于鲜食。适宜种植范围同金铃长枣。

15. 金丝1号

选育单位山东省果树研究所。从无棣县庞集乡刘王村的金丝小枣中优选而来，为大果型优良变异。1998年通过山东省农作物品种审定委员会审定。果实9月中旬完熟，生育期95d左右。果实多呈倒卵少数椭圆形，平均果重6.4g，比普通金丝小枣重28%，果实整齐度较高。果皮薄，浅红褐色，果肉乳白色，质地致密，汁液中多，味甜，含可溶性固形物36.6%~39.0%，维生素C 400mg/100g，可食率95.4%~53.1%。干枣饱满美观，富弹性，含可溶性糖82.0%。果核小，重0.38g，含仁率60%。结果早，果个均匀，特级果率高，裂果率低。抗风力较强，抗旱耐瘠薄、较抗轮纹病和炭疽病。用于制干。适宜在山东德州、惠民、聊城、东营等地市和淄博、潍坊、青岛市北部及烟台市西部以及河南省的东南部栽植，其他有类似气候环境条件的地区均可栽培。

16. 金丝3号

选育单位山东省果树研究所。威海市环翠区戚家夼的地方品种，当地称‘家枣’。1998 年通过山东省农作物品种审定委员会审并命名为‘金丝 3 号’。果实 9 月下旬完熟采收，生育期约 100d。果实长椭圆形，平均果重 8.8g，最大 12.0g。果皮较厚，略带鲜橙红色，果肉绿白色，细脆致密，汁液中多，甜味浓，微酸，含可溶性固形物 39%~ 42%，可食率 98%，制干率 55.5%。干枣皮纹细浅，个大肉厚，富弹性。果核短梭形，含仁率 65.1%~79.3%。树势中强，树姿开张，结构紧凑。树干灰褐色，枣头棕褐色，粗壮质硬，多直立生长。托叶刺较发达。枣股圆柱形。叶片卵状披针形，长 6.7cm，宽 3.lcm。花量中等，为昼开型。当年生枝结果能力强，结果早，丰产性强，坐果稳定，无采前落果现象，成熟期遇雨很少裂果。能适应凉爽的气候条件，抗寒，抗风，较耐瘠薄，抗病。用于制干。在盐碱土、沙壤至黏壤土上都能正常生长结果。

17. 金丝丰

选育单位河北省沧县金丝小枣良繁场、北京林业大学、河北省林木种苗管理站、沧县农林局。从沧县闫村乡程庄子的金丝小枣中选育而来，丰产性突出。1998 年通过河北省林木良种审定委员会的良种审定。生育期 110d 左右。果较大，卵圆形，纵径 2.4cm，横径 2.lcm，均果重 5.26g。果皮薄，紫红色，果肉厚，成熟后果肉金黄色，含还原糖 14.1%~15.1%，有机酸 0.33%~0.41%，维生素 C 363~451mg/100g，可食率 96.5%，制干率 65.8%。干枣果形饱满，皱纹肉质致密味甜。果核小。树冠呈自然圆头形。主干树皮灰褐色，粗糙，当年生枣头黄棕色。幼树和徒长枝有针刺，后渐脱落。早果，丰产稳产，大小年不明显，自然落果、裂果均轻。适应性广，抗盐碱、抗旱涝能力较强。制干、鲜食兼用。河北省枣树栽培区均可种植。

18. 金丝魁王枣

选育单位山东省商河县林业局果树站。从山东商河的金丝小枣中选育而来，为大果型优良变异。2002 年通过川东省林木品种审定委员会认定。果实 9 月中旬成熟。果实椭圆形，纵径 3.7cm，横径 2.7cm，单果重 12.5~15.0g，最大 16.0g，明显大于乐陵金丝小枣。果实皮薄，肉厚、细脆、味甜，鲜食制干品质均优。早果、丰产抗逆性强。干鲜食兼用。适宜山东省金丝小枣主产区种植。

19. 金丝蜜

选育单位河北省沧县金丝小枣良繁场、北京林业大学河北省林木种苗管理站、沧县农林局。从与山东省林业厅交换的金丝小枣中选育而来。1998 年通过河北省林木良种审定委员会审定。果实 9 月下旬完熟，生育期 100d 左右。果实长圆形，纵径 2.6cm，横径 1.9cm，平均果重 4.5g，最大 6.0g。果实紫红色，果肉厚，绿白色。含还原糖 15.5%~17.6%，可滴定酸 0.31%~0.49%，维生素 C 300~439mg/100g，可食率 96.8%，制干率 64.5%，干枣皮纹细浅味甜。果核小。树冠呈自然圆头形，主干树皮灰褐色。丰产稳产性强，适应性广，抗寒、抗旱、抗风、耐盐碱，不裂果或裂果极少，落果轻，锈病感病率低。制干、鲜食兼用。适宜河北省枣栽培区。

20. 骏枣 1 号

选育单位山西省林业科学研究院。从山西交城县磁窑村交城骏枣变异单株选育而来，为大果型优良变异。2003 年通过山西省林木品种审定委员会审定。果实 9 月中旬成熟，生育期 100d 左右。果实柱形，平均果重 32.0g，最大 60.0g。果皮薄、深红色，果肉淡绿色，脆甜。鲜枣含可溶性糖 32.2%，可滴定酸 0.32%，维生素 C 453mg /100g，可食率 97.1%（对照品种骏枣平均果重 21.0g，最大 36.6g，含可溶性糖 28.7%，可滴定酸 0.45%，维生素 C 432mg/100g，可食率 96.0%），干枣含可溶性糖 76.0%，品质优良。

果核长纺锤形，核尖长，核纹深，种仁不饱满。树势强健，树体高大，树姿半开张，树冠半圆形。树干灰黑色，皮裂纹较细，纵条状。早果丰产，抗寒性较强。制干、鲜食加工蜜枣。适宜山西太原以南骏枣栽培区。

21. 乐金 1 号

选育单位山东省德州市林业局、乐陵市林业局。从金丝小枣优系中选出，早果丰产。1996 年通过山东省科委组织的专家鉴定，1997 年通过山东省农作物品种审定委员会审定。果实9月下旬成熟。果实短圆柱形或椭圆形，平均果重 5.9g，最大 6.7g。果皮紫红色，果肉黄白色，肉质细脆，甘甜无苦涩，含可溶性固形物 36.7%，维生素 C 383mg/100g，可食率 96.8%~58.4%。干枣深红色，有光泽，皱纹少而细浅，富弹性，较耐挤压，可溶性糖含量达 80.1%。果核极小，平均重 0.23g。早实丰产性很强，抗裂果，成熟期遇雨裂果率不超过 3%。制干、鲜食兼用。适宜在金丝小枣产区种植。

22. 乐金 2 号

选育单位山东省德州市林业局、乐陵市林业局。从金丝小枣中选出，抗裂果。1997 年通过山东省农作物品种审定委员会审定。果实 9 月下旬成熟。果实短圆柱形，纵径 2.8cm，横径 2.6cm，平均果重 6.85g，最大 7.8g，大小整齐。果皮薄，深红褐色，果肉乳白色，质地细密、脆硬、汁液中多，味甘甜。含可溶性固形物 34.4%，维生素 C 380mg/100g，可食率 96.4%，制干率 58.7%，干制红枣外观美观，纹少而浅，富弹性，果皮韧性强，可溶性糖含量 81.3%。果核小，纺锤形，平均重 0.25g。树势较强，枣头长 56.2cm，二次枝节间长 3.9cm，每枣股着生枣吊 1.8 个，枣吊长 12.7cm，着生叶片 8.5 个，叶片长 6.3cm、宽 3.1cm。早产丰产，抗裂果，秋季遇雨裂果率不超过 5%。用于制干。适宜在金丝小枣产区种植。

23. 乐陵无核1号

选育单位山东省德州市林业局、乐陵市林业局。从山东乐陵市大桥吴村一农户院内发现的果型优良无核小枣品系。1997年通过山东省农作物品种审定委员会审定。果实9月中旬成熟。果实长圆柱形，个别中部稍细，纵径3.6cm，横径1.5cm，平均果重5.7g，最大6.5g。果皮鲜红色，果肉黄白色，肉质细脆，汁液中多，味甘甜。含可溶性固形物34.3%，可食率100%，制干率58.1%。干枣果形饱满，色泽鲜艳，皱纹少而浅，肉质细腻，甘甜，含可溶性糖75.1%。核呈膜状，食之无硬感。树势强健，干性强，骨干枝直立，树体高大。丰产抗裂果。制干、鲜食、加工蜜枣。适宜在金丝小枣产区种植。

24. 冷白玉

选育单位山西省农业科学院果树研究所。从北京白枣品种群中选育而来，2006年通过山西省林木品种审定委员会审定。果实9月底至10月初成熟。果实较大，纵径4.7cm，横径3.4cm，平均果重19.5g，最大30.0g。果实倒卵圆形或椭圆形，果皮较薄，肉质致密而酥脆，汁多，味浓甜。鲜枣含可溶性固形物29.4%，溶性糖21.2%，可滴定酸0.22%，维生素C 439mg/100g，可食率96.8%。树体紧凑，树冠较小，树姿半开张，成枝力差。早果性和早期丰产性强，适宜密植栽培。果实耐贮、抗缩果病和黑斑较抗裂果。用于鲜食。适宜山西省太原以南枣树栽培区。

25. 马牙枣优系

选育单位北京市京宝园艺场。从北京马牙枣中选育而来。2007年通过北京市林木品种审定委员会审定。果实为不对称的长锥形至长卵形，纵径4.7cm，横径2.5cm，平均果重14.0g，最大21.5g。

果皮薄而脆，脆熟期果皮红色，果肉白绿色，质地致密酥脆，汁多味甜，或略有酸味。脆熟期含可溶性固形物 26.1%，完熟期可达 31.5%，可食率 96.3%。果核细长纺锤形，略有歪斜，纵径 2.71cm，横径 0.64cm，核蒂尖长，先端尖圆，核尖渐尖，细长，先端尖细如针，果核重 0.40g 左右，含仁率约 60%。结果早、连续结果能力强。鲜食。适宜河北、北京等地。

26. 蜜罐新 1 号

选育单位西北农林科技大学、渭南红久久枣业有限公司。从临渭区渭河滩地蜂蜜罐枣品种中选育而来。2008 年 3 月通过陕西省林木品种审定委员会认定。果实 8 月上中旬着色成熟，生育期 85d 左右。果实长圆形，平均果重 8.4g，汁液多，含可溶性固形物 26%~32%，可溶性糖 25.84%，维生素 C 336mg/100g，可食率 96.5%。树势中庸，干性较强，树姿半开张，树冠自然圆头形。花期坐果稳定，丰产稳产。鲜食。适宜在陕西省的关中、陕北以及西北等无霜期 160d 以上的地区种植。

27. 木枣 1 号

选育单位山西省林业科学研究院。从山西省临县木枣品种群中选出，为大果型木枣优良变异无性系。2007 年通过山西省林木品种审定委员会审定。果实大，圆柱形，腰部微凹，纵径 5.6cm，横径 3.6cm，侧径 3.2cm，平均果重 24.3g，最大 33.9g。果肉质地致密，味酸甜，品质中上。含可溶性糖 22.4%，可滴定酸 0.77%，维生素 C 499mg/100g，可食率 95.67%。树势强健，干性中强，树姿半开张，枝条中密。枣头多，生长量大。二次枝长 42.0cm，每股平均抽生枣吊 3 个，枣吊长 16.0cm。叶片大，卵状披针形，深绿色。制干。适宜山西省西部黄土丘陵木枣栽培区及生态条件类似的地区。

28. 南宫大紫枣

选育单位河北省农林科学院昌黎果树研究所。从河北省南宫市的紫枣（圆铃）中选育而来，为大果型优良变异。2005 年通过河北省林木品种审定委员会审定。果实扁圆形，紫红色，平均纵径 2.9cm，横径 3.4cm，侧径 3.1cm，平均果重 16.7g，最大 36.1g。鲜枣可溶性固形物含量为 31.0%，口味甜，可食率 97.9%，制干率 56.3%。早果丰产，1~2 年生树即能开花结果，3~4 年进入盛果期，成龄树平均株产干枣 16~18kg。抗逆性强，裂果较轻。适宜制干。适宜河北省中南部平原壤土、沙壤土和浅山丘陵地区栽培。

29. 宁梨巨枣

选育单位宁夏银川市金百禾林牧有限公司。从临猗梨枣组培苗中选育而来，为大果型优良变异。2006 年通过宁夏回族自治区林木品种审定委员会认定。果实 9 月中旬至 9 月末成熟，生育期 100~105d。果实圆形或椭圆形，平均果重 40.0g，最大 120g。果皮薄，果面不光滑，深红色，果肉厚，绿白色，汁多味甜，酥脆可口。鲜枣含可溶性固形物 28.0%，可溶性糖 27.8%，可滴定酸 0.4%，维生素 C 300mg/100g，可食率 96.3%。果核小，纺锤形，核重 1.50g 左右。树势中庸，发枝力强，树姿开张。结果早，易丰产，采前落果轻，基本无裂果，果实耐贮。适应性强，耐干旱、耐高温、耐盐碱，抗寒力较强，抗病能力强。鲜食。适宜宁夏贺兰山东麓有灌溉条件及宁夏引黄灌区及适宜枣树栽培的地区。要求年平均气温 8.5℃以上，>10℃活动积温 3 000℃以上，光照充足，年日照时数不少于 3 000h，土层深厚，土质沙壤土，无盐渍化，土壤通透性好，pH 值小于 8.5，地下水位 1.5m 以下。

30. 七月鲜

选育单位西北农林科技大学。从陕西省合阳县的农家品种中选育而来。2003 年 1 月通过陕西省林木良种审定委员会审定。果实 8 月中下旬成熟，生育期 85d 左右。果实卵圆形，纵径 5.0cm，横径 3.6cm，平均果重 29.8g，最大 74.1g，果个均匀。果皮薄，深红色，肉质细，味甜，含可溶性固形物 28.9%，可食率 97.8%。树势中庸，树姿开张，树干灰褐色。早果性强，丰产，稳产不易裂果，适宜矮化密植和设施栽培。鲜食。适宜陕西关中地区。

31. 秦宝冬枣

选育单位陕西省西安市林业技术推广中心。从河北省黄骅市引进的冬枣中发现的优良单株，2005 年通过陕西省林木良种审定委员会审定。果实近圆形，果面平整光洁，果皮薄，果肉绿白色；果个较大，果型美观，酸甜可口，细嫩酥脆，营养丰富，品质佳。裂果轻，抗病性较强。鲜食。年降水量 400~600mm，土壤 pH 值 5.5~8.5 的地区均可栽培。

32. 帅枣 1 号

选育单位山西省林业科学研究院。从山西省石楼县的木枣中选育而来，为大果型优良变异。2006 年通过山西省林木品种审定委员会审定。果实 9 月底成熟。果实长圆柱形，纵径 4.5cm，横径 3.5cm，侧径 3.4cm，平均果重 25.2g（比木枣大 68%），最大 47.6g。果肉质地致密，风味酸甜，含可溶性糖 29.3%，可滴定酸 0.53%，维生素 C 523mg/100g，可食率 96.0%。树势中强，树姿直立，枣头数目少，生长势强。二次枝节间长，叶片大，深绿色。枣吊粗壮，生长量大。结果早。制干、鲜食、加工蜜枣。适宜山西省西部黄土丘陵枣树栽培区及生态类似地区。

33. 帅枣 2 号

选育单位山西省林业科学研究院。从山西省石楼县的木枣中选育而来，为大果型优良变异。2006 年通过山西省林木品种审定委员会审定。果实9月底成熟。果实长圆锥形，纵径4.9cm，横径3.7cm，侧径3.0cm，平均果重23.6g，最大49.2g，比木枣大57.3%。果肉质地致密，完熟期含可溶性糖24.6%，可滴定酸0.55%，维生素C 516mg/100g，可食率95.0%。树势强健，树姿直立。枣头多，生长量大。二次枝节间长，叶片大，深绿色。枣吊粗壮，生长量大。结果早，丰产性强。制干、加工蜜枣。适宜种植范围同帅枣1号。

34. 帅枣3号

选育单位山西省林业科学研究院。从山西省石楼县的木枣中选育而成，为大果型优良变异。2006年通过山西省林木品种审定委员会认定。品种特性果实大，短圆锥形，纵径4.4cm，横径3.5cm，侧径3.2cm，平均果重22.8g，最大36.4g，比木枣大52.0%。果肉质地致密，含可溶性糖25.0%，可滴定酸0.51%，维生素C 513mg/100g，可食率95.8%。树体高大，树姿直立，枣头生长势强，二次枝节间长。叶片大，深绿色。枣吊粗壮，生长量大。结果早，丰产性强。制干、加工蜜枣。适宜种植范围同帅枣1号。

35. 泗洪大枣

选育单位江苏省国营泗洪县五里江农场果树良种场。原产于江苏省泗洪县上塘镇，早在明朝洪武初年就被选为稀世贡品。1982年果树资源普查时被再次发现，1995年通过江苏省农作物品种审定委员会审定。果实9月中下旬成熟。果实卵圆形、近圆形或长圆形，纵径5.4~5.7cm，横径4.6~5.9cm，平均果重30g以上，部分可达45~50g，最大107g。成熟期果皮深红色，果肉浅绿色，肉质酥脆，汁液较多，风味甘甜，可溶性固形物含量为33%。丰产稳产，不裂果。适应性强，抗旱、耐涝抗风、耐盐碱，枣疯病、缩果病、炭疽病和裂果较轻。鲜食、加工蜜枣。适宜与泗洪气候相似的地区。

36. 条枣

选育单位山西省永和县林业局。从木枣中选育而来，2003 年通过山西省林木品种审定委员会认定。果实中大，大小较整齐，鲜枣含可溶性糖 28.5%，可滴定酸 0.79%，维生素 C 461mg/100g，制干率 56.0%。树势较强，树体高大。坐果率中等，较丰产。抗干旱、瘠薄。制干。适宜山西永和县及周边气候相似区。

37. 同心圆枣

选育单位宁夏同心县林业局、宁夏林业技术推广总站。原产宁夏同心县王团镇，集中分布在同心县王团镇的大沟沿、黄草岭、倒墩子，石狮镇的沙沟脑子，预旺镇的贺家塬，中宁县贺家口子、杨庄子、上庄子一带，是宁夏特有的极耐干旱的枣树品种。经去劣提纯和优化繁殖栽培，已成为当地的主栽品种。2007 年通过宁夏林木品种审定委员会审定。果实圆柱形，纵径 3.9cm，横径 3.4cm，平均果重 19.7g，最大 34.0g，大小均匀。果皮较厚，为褐红色，果肉呈绿白色，质地疏松，汁液中多，味甘甜。鲜果含可溶性固形物 25.0%，可溶性糖 21.5%，可滴定酸 0.41%，维生素C 365mg/100g，可食率 95.5%，制干率 50.0%。干枣含可溶性糖 52.3%，可滴定酸 0.86%，蛋白质 3.29%，脂肪 0.87%，含有 18 种氨基酸，各种氨基酸总量达 2.94%。早产、稳产、优质。极耐干旱、耐瘠薄，抗风沙，抗寒性强，病虫害极少。鲜食、制干、加工蜜枣。适宜年均温 8℃以上、>10℃年活动积温 2 900℃以上、年日照时数 2 900h 以上、海拔高度 1 800m 以下、土壤 pH 值 8.5 以下的沙壤土、轻壤土、壤土，有灌溉条件的地方。

38. 无核丰

选育单位河北省青县林业局、青县龙港园艺开发中心。从无核小枣中选育而来。2003 年通过河北省林木品种审定委员会审定。

果实长圆形，果形端正，平均果重4.6g，鲜枣含可溶性糖35.6%，维生素C 384mg/100g，可食率100%，制干率65.0%。果核基本退化。裂果轻，抗干旱、耐盐碱能力强。制干、鲜食兼用。适宜河北省枣树适生栽培区。

39. 无核红

选育单位河北沧县金丝小枣良繁场、北京林业大学、河北省林木种苗管理站、沧县农林局。从无核小枣中选育而来。1998年通过河北省林木良种审定委员会良种审定。果实9月上旬开始着色，9月下旬成熟，生育期100d左右。果实圆柱形，平均果重3.1g。果皮薄，鲜红色，肉质细腻致密，味甜。枣果含还原糖14.5%，可滴定酸0.48%，维生素C 363mg/100g，可食率100%，出干率64.1%。果核退化。采前落果少，丰产稳产。适应性较强，耐旱、抗涝、抗盐碱、耐瘠薄。制干、鲜食兼用。适宜河北省枣树栽培区。

40. 武隆猪腰枣

选育人王先兰、罗平、程霞、朱文、罗会、梁刚。为地方品种。2006年通过重庆市林木品种审定委员会审定。果肉质地致密，汁液含糖量高，品质佳。树体高大，生长旺盛。较丰产，单株产鲜果可达10kg。适应性强，耐干旱、耐瘠薄。用途鲜食。适宜在重庆市内海拔1 000m以下的沙壤、黄壤、紫色土、黏壤土地区种植。

41. 献王枣

选育单位河北省献县林业局。从河北省献县河街镇献王陵、张村乡乐寿镇及东部枣区等地的“小大枣”（又称“大小枣”）中选育出来。2005年通过河北省林木品种审定委员会审定。果实9月中下旬成熟（比普通金丝小枣晚10d左右）。果实长圆形，纵径2.9~3.2cm，横径2.1~2.5cm，平均果重9.0g，最大12.0g。果皮深红色，果肉厚，黄白色，质地致密，汁液较多脆甜，鲜枣含可溶性固形物32%左右，可食率90.4%，制干率高，干枣含可溶性糖76.5%。树姿开张，枝条结果后下垂，枝叶较密，树冠呈自然半圆形。早果、极少有裂果。耐干旱、耐盐碱。适合河北省中南部平原壤土、沙壤土地区栽培。

42. 新郑红枣1号

选育单位河南省新郑市枣树科学研究所。从灰枣中选育而来。2006年通过河南省林木品种审定委员会审定。果实9月中旬成熟。果实长卵形，紫红色，平均果重12.6g，大小整齐。制干率43.6%。树势强壮，树姿开张。当年生枣头结果能力强，丰产、稳产。耐干旱，抗盐碱，对土壤条件要求不严，抗缩果病、焦叶病，抗裂果。制干。适宜灰枣适生区。

43. 新郑红枣2号

选育单位河南省新郑市枣树科学研究所。从灰枣中选出的大果、丰产优良类型。2007年通过河南省林木品种审定委员会审定。果实9月中旬成熟。果实长倒卵形，平均果重10.8g（较灰枣增加23.2%），果皮橙红色，肉质致密，汁液中多。树势中强，树姿开张，成枝力强。早实性、丰产性和稳产性均优于灰枣。适应性、抗病性明显优于灰枣。制干。适宜灰枣适生区。

44. 新郑红枣6号

选育单位河南省新郑市枣树科学研究所。从新郑的鸡心枣中选出的丰产类型。2007年通过河南省林木品种审定委员会审定。果实9月中旬成熟。果实鸡心形，平均果重5.3g（较鸡心枣增加7.6%），果皮紫红色，肉质致密，汁液中多。制干率55.3%，较对照增加13.4%。果核纺锤形。树势较旺，树姿直立。适应性广，抗裂果，抗缩对焦叶病表现敏感。制干。适宜鸡心枣适生区。

45. 星光

选育单位河北农业大学。为高抗枣疯病品种。果实大，圆柱形或倒卵圆形，平均果重22.9g。果皮薄，果肉厚，脆熟期果实含可溶性固形物33.1%，可溶性糖28.7%，可滴定酸0.45%，维生素C 432mg/100g，可食率96.3%，制干率56.4%。树体半开张，发枝力中等，枝条粗壮。新枣头结果能力较强，较丰产，遇雨易裂果。对肥水要求较高，花期要求较高温度，坐果适温23~25℃。极抗枣疯病，在太行山枣疯病重发区自然发病率为零，嫁接到重病树上后能够正常结果的达100%。制干。适宜在河北省承德以南地区栽培，太行山区海拔500m以下均可栽培。

46. 行唐长枣

选育单位河北省行唐县林业局。从行唐大枣（婆枣）中选育而来，丰产、稳产。2005年通过河北省林木品种审定委员会审定。果实个大，长柱形，纵径4.0~5.2cm，横径3.0~4.0cm，平均果重22.0g，最大40.0g。果皮薄，深红色，果肉厚，味甜。鲜枣含可溶性糖25.3%，可滴定酸0.57%，维生素C 230mg/100g，可食率92.0%，制干率57.0%。丰产、裂果率低。抗逆性强，抗风、抗旱、抗寒能力较强，抗枣疯病能力较强。制干、鲜食兼用。适宜河北省太行山枣树适生区。

47. 行唐大圆枣

选育单位河北省行唐县林业局。从行唐大枣（婆枣）中选育而来。2005年通过河北省林木品种审定委员会审定。果实个大，卵圆形，纵径4.2~5.0cm，横径3.4~3.8cm，平均果重25.8g，最大45.0g。果皮薄，深红色，果肉厚，味甜。鲜枣含可溶性糖26.7%，可滴定酸0.61%，维生素C 413mg/100g，可食率94.0%，制干率58.4%。早实性强，丰产稳产，裂果率低。抗逆性强，抗旱、抗涝、抗寒能力较强，抗枣疯病能力较强。制干、鲜食兼用。适宜河北省太行山枣树适生区。

48. 行唐墩子枣

选育单位河北省行唐县林业局。从行唐大枣(婆枣)中选育而来。2005 年通过河北省林木品种审定委员会审定。果实个大，倒卵形，纵径 3.8~4.8cm，横径 3.5~4.4cm，平均果重 22.6g，最大 40.6g。果皮薄，深红色，果肉厚，味甜。鲜枣含可溶性糖 25.5%，可滴定酸 0.57%，可食率 96.0%，制干率 57.5%。早实性强，丰产稳产，裂果率低。抗逆性强，抗旱、抗涝、抗寒能力较强，抗枣疯病能力较强。制干、鲜食兼用。适宜河北省太行山枣树适生区。

49. 研金 1 号

选育单位山东省滨州冬枣研究院。从山东无棣县柳堡乡西岳李村的金丝小枣中选育而来。2008 年通过山东省林木品种审定委员会审定。果实长圆形，平均果重 9.9g，最大 20.2g。果皮紫红色，果肉黄白色，风味甘甜微酸。鲜枣含可溶性固形物 37.3%，维生素C 456mg/ 100g,可食率 95.4%,制干率 60.8%。树势健壮,树姿开张，树冠圆头形或圆锥形。丰产稳产。制干。适宜鲁北、鲁西北枣产区。

50. 研金 2 号

选育单位山东省滨州冬枣研究院。从山东无棣县小泊头镇史家村的金丝小枣中选育而来。2008 年通过山东省林木品种审定委员会审定。果实长椭圆形，平均果重 10.2g，最大 19.8g。果皮紫红色，果肉黄白色，风味甘甜微酸。鲜枣含可溶性固形物 37.5%，维生素C 463mg/ 100g，可食率 95.4%. 制干率 61.5%。树势健壮，不易裂果。适宜鲁北、鲁西北枣产区。

51. 阎良脆枣

选育单位西安市阎良区林业科技中心、西北农林科技大学。从西安市阎良区关山镇东丁村一带农家园内发现的，当地人称“疙瘩铃”。2007年1月通过陕西省林木良种审定委员会审定。果实圆柱形，黑红色，平均果重19.0g。果皮中厚，果肉绿色，可食率95%。树姿直立，树冠紧凑，发枝力中等，树冠圆锥形至半圆形。自花授粉，坐果率一般，花量适中，丰产、稳产，果实脆熟期遇雨易裂果。鲜食。适宜陕西关中种植。

52. 阎良相枣

选育单位西北农林科技大学。从当地品种‘临潼迟枣’中选育而来。于2001年通过陕西省林木良种审定委员会审定。果实9月中下旬脆熟，10月上中旬完熟。果实中等大小，扁圆形，平均纵径3.3cm，横径1.9cm，平均果重9.5g，最大15.0g。果皮中厚，赭红色，果肉绿白色，质地致密，汁液中多。含可溶性糖29.2%，可滴定酸0.31%，维生素C 339mg/100g，可食率96%，制干率46%，干枣外形美观，黑红、光亮，饱满而富有弹性，味甜。果核纺锤形，长1.86cm，宽0.75cm，核重0.40g，多含1粒种子。树姿直立，树势强盛，成枝力弱。丰产、稳产。适应性、抗逆性强，极抗裂果，但成熟期怕雾害。制干。适宜年均气温11~13℃、年降水量550~650mm的地区。

53. 悠悠枣

选育单位河北省涿鹿县林业局。从河北省张家口市涿鹿县发现的地方优良鲜食品种。2005年通过河北省林木品种审定委员会审定。一次果9月上中旬成熟，二次果9月下旬至10月初成熟。果实中等大，长椭圆形，两头略尖，一次果平均纵径5.1cm，横径2.4cm，单果重12.3g，最大20.0g，果皮薄，鲜红色，果肉绿白色，果肉细脆，汁液多，具清香味，风味酸甜，含可溶性固形物35%~41%，可食率97.2%。二次果平均纵径3.9cm，横径1.9cm，单果重8.8g，果皮薄，棕红色，果肉绿白色，脆嫩爽口，具清香味，酸甜含可溶性固形物35%~41%，可食率96.2%。果核极小，平均核重0.40g。干性较强，树姿开张。主干灰褐色、纵裂。当年生枣头红褐色，叶片中等大，阔卵圆形，深绿色。自花一次果约占70%，二次果占30%。抗逆性强，抗旱、抗寒、耐瘠薄，裂果率低。鲜食。适于在土壤pH值5.5~8.5、海拔1 000m以下的河川、丘陵、山岖栽植。

54. 雨丰枣

选育单位山西省林业科学研究院。从引进的赞皇大枣中选育而成,抗裂果。2006年通过山西省林木品种审定委员会审定。果实大，长圆形，纵径4.5cm，横径3.4cm，平均果重21.9g，最大36.0g，果肉质地致密酥脆，风味酸甜。完熟期含可溶性糖33.82%，可滴定酸0.40%，维生素C 510mg/100g，可食率95.0%。树冠圆头形，干性强，骨干枝分枝角度大。枣吊粗壮，生长量大。结果早，丰产性强，抗裂果。制干、鲜食兼用。适宜山西省太原以南枣树栽培区。

55. 豫枣1号

选育单位河南省中牟县林业局。从新郑的鸡心枣中选育而来，为具有无刺性状的优异品种。2000年通过河南省林木品种审定委员会审定。果实9—10月成熟。平均果重4.9g，最大7.9g，大小整齐。鲜枣含可溶性糖24.7%，制干率44.0%。树体无刺，方便枣园管理。早果、丰产，定植当年着花株率100%，结果株率30%，定植1年株产鲜枣0.5kg,定植3~4年株产鲜枣5~20kg。适应性强，在壤土、沙壤土生长、结果良好，沙丘上栽培，加强肥水管理，也能正常生长结果、丰产。抗枣疯病。制干。适宜河南沙区、丘陵地及周边地区，也适合新疆、内蒙古沙区。

56. 豫枣2号

选育单位河南省淇县林业局。从地方品种淇县无核枣中选育而来。2001 年通过河南省林木品种审定委员会审定。果实长形，平均单果重 6.5g，最大 10.5g。果肉脆甜，鲜枣含可溶性糖达 36.0%，制干率达 50.0%。果核退化，仅存少许半木栓化种核。丰产。适应性强，耐干旱瘠薄。抗病性强。制干、鲜食兼用。适宜在河南省黄河流域种植。

57. 圆铃 1 号

选育单位山东省果树研究所。从圆铃中选育而来（比普通圆铃增产 30% 左右）。2000 年 4 月通过山东省农作物品种审定委员会审定。果实 9 月上中旬成熟，生育期 95d 左右。果实圆柱形，纵径 4.0~4.5cm，横径 3.3~3.9cm，平均果重 18.0g，最大 21.5g。果皮中厚，紫褐色，果肉厚硬，绿白色，质地致密，汁液少，甜味浓。含可溶性固形物 33.0%，可食率 97.2%，制干率 60.0%。干枣果肉厚，富弹性。果核纺锤形，核内多具种子。树势中等，树姿开张，树冠呈自然圆头形。枣头红棕色或棕褐色，节间长，永久性二次枝 6~8 节。枣股可持续生长结果 6~8 年。枣吊叶 8~12 片。叶片卵圆形或宽披针形，深绿色。花量中等。结果早，丰产，花期能适应相对湿度低于 40% 的干燥天气，坐果低限温度为 22~23℃，成熟期果实遇雨不裂果。鲜食、制干、加工蜜枣。适宜范围同圆铃。

58. 月光

选育单位河北农业大学。在河北省满城县北赵庄发现的优良地方品种。2005 年 12 月通过河北省林木品种审定委员会审定。果实 8 月中下旬成熟，生育期 80d 左右。果实近橄榄形，纵径 4.5cm，横径 2.3cm，单果重 10g 左右。果皮薄，深红色，果肉细脆、汁液多，酸甜适口，风味浓。白熟期即可鲜食，全红果含可溶性固形物 28.5%，可溶性糖 25.4%，可滴定酸 0.26%，维生素C 206mg/100g，可食率 96.8%。果核小。新枣头结果能力强，早果丰产，为极早熟优良鲜食品种。枝条稀疏、托叶刺不发达、便于管理，尤其适合设施栽培，在普通塑料大棚栽植后第二年株产可达700g，果实提前20d上市。适应性强，耐瘠薄，抗寒性突出，抗缩果病能力强，成熟期遇雨有轻微裂果。鲜食。可在河北省承德以南广大地区栽培。

59. 赞宝

选育单位河北农业大学，河北省赞皇县林业局。从赞皇大枣中选出，具有早果、丰产等突出特点。2004年通过河北省林木品种审定委员会审定。果实9月下旬成熟。果实短卵圆形，平均果重20.0g，最大28g，整齐度高。果皮紫红鲜亮，果肉口感酥脆，汁液中等，微酸。鲜枣含可溶性糖31.0%，可滴定酸0.26%，维生素C 410mg/100g，制干率58.1%，干枣含可溶性糖74.5%。早果丰产，嫁接当年和根蘖苗翌年即挂果。树势中强，树姿开张，果吊比可达1.41，但抗枣疯病能力较差。制干、鲜食、加工蜜枣。适宜赞皇大枣适宜栽培区。

60. 赞晶

选育单位河北农业大学、河北省赞皇县林业局。从赞皇大枣中选出，具有果实大、丰产稳产等特点。2004年通过河北省林木品种审定委员会审定。果实9月中旬成熟。果实大，近圆形，平均果重22.3g，最大31.0g。果皮紫红鲜亮，果肉绿白口感酥脆，汁液中等，微酸。鲜枣含可溶性糖28.6%，可滴定酸0.31%，维生素C 415mg/100g，制干率56.3%。干枣含可溶性糖63.4%。树势强健，树姿开张。丰产稳产，果吊比1.26。制干、鲜食兼用。适宜赞皇大枣适宜栽培区。

61. 赞玉

选育单位河北农业大学、河北省赞皇县林业局。从赞皇大枣中选出，具有丰产稳产等特点。2004年通过河北省林木品种审定委员会审定。果实9月下旬成熟。果实长圆形，平均果重20.3g，最大26.5g。果皮褐红，亮度稍差，鲜枣质硬，汁液中等。鲜枣含可溶性糖28.5%，可滴定酸0.23%，维生素C 341mg/100g。制干率62.8%，干枣含可溶性糖76.6%。树势中强，树姿开张。丰产、稳产，果吊比1.33。抗枣疯病能力略差。制干、加工蜜枣。适宜赞皇大枣适宜栽培区。

62. 早脆王

选育单位河北省沧县金丝小枣良繁场。从山东庆云县引入的品种中选出。2001年通过河北省林木品种审定委员会审定，“早脆王”被引入山西，2007年通过山西省林木品种审定委员会审定（审定名称为“早脆王”，申报单位为山西省农业科学院园艺研究所）。果实9月初成熟。果实卵圆形，平均果重30.9g，最大87.0g。果皮鲜红，肉质酥脆，汁多味甜，含可溶性固形物39.6%，可食率96.7%。树势中强，主枝角度开张，易于管理。丰产性强，两年生嫁接树株产5kg左右。抗逆性强，具有较强抗干旱、水涝和盐碱能力，极少裂果和感染锈病。鲜食。适宜河北、山西、山东枣树适生区栽培推广。

63. 早丰脆

选育单位山东省果树研究所。从山东省泰安市徂徕镇徂徕村一农户中家发现的。2006年通过山东省林木品种审定委员会审定。果实8月下旬成熟，生育期85d。果实近圆形，纵径3.0cm，横径2.9cm，平均果重12.1g，最大16.3g，果个大小均匀整齐。果皮薄而脆，果肉质地细腻酥脆，甜味浓，含可溶性固形物31.2%，可食率97%。果核纵径1.35cm，横径0.66cm，平均核重0.33g，核尖较长，核内多有1粒饱满种子。树姿半开张，树冠圆锥形。易成花，结果早。适应性广，抗逆性强，炭疽病、溃疡病、黑斑病病果率低于 5%，轮纹病病果率为 6%。鲜食。适宜山东省枣产区。

64. 早熟梨枣

选育单位河北省沧州市林业科学研究所，中国科学院遗传与发展生物学研究所农业资源研究中心。河北省沧州地区以南皮、献县、沧县等地栽培最多，栽培历史悠久。2005 年通过河北省林木品种审定委员会审定。果实 8 月下旬成熟。果实大，多为梨形，大果为椭圆形，纵径 3.5cm，横径 3.2cm。平均果重 17.8g，最大 27.0g。果皮薄，赭红色，果肉厚，绿白色或乳白色质细松脆，味甜，略具酸味，含可溶性固形物 21.0%，维生素 C 420mg/100g，可食率 95.8%。树势中庸，树姿开张。枣头深褐色。丰产稳产，无大小年结果现象，不裂果。在塑料大棚栽培当年即有少量结果，第二年平均株产 1.7kg，第三年株产 3.9kg，第四年株产 5.0kg，枣吊平均坐果 1.1 个。鲜食。适合河北省中南部栽培。

65. 张相公铃枣

选育单位辽宁省葫芦岛市连山区林业种苗站。在连山区张相公镇发现的优良单株。2007 年通过辽宁省林木品种审定委员会审定。果实圆柱形，平均果重 9.0g。果皮鲜红色，果肉厚，汁液多，含糖量高，可食率达 90% 以上。果核小。丰产。耐贮藏。鲜食。适宜辽宁西部、辽宁南部地区。

66. 中宁圆枣

选育单位宁夏中宁县林业局。宁夏中宁县的乡土枣树品种。栽培历史已有 300 余年，经去劣提纯，繁殖栽培，已成为当地的主栽品种。2007 年通过宁夏林木品种审定委员会审定。果个中大，短圆筒形，平均果重 12.0g，最大 19.0g，大小整齐。果皮薄，深红色，果肉绿白色，质汁液多，味甜微酸。鲜枣含可溶性固性物 28.0%，可溶性糖 25.25%，可滴定酸 0.58%，维生素 C 254mg/100g，可食率 96.9%，制干率 47% 以上。干枣含可溶性糖 58.18%，可滴定酸 0.63% 果核较小，圆锥形，平均纵径 1.76cm，横径 0.55cm，平均核重 0.31g，含仁率 20%。树姿开张，易矮化密植栽培。花量大，花期长。早果、丰产。抗寒性强，耐瘠薄，耐干旱。鲜食。适宜年均温 8℃以上、>10℃年活动积温 2 900℃以上、无霜期 150d 以上、年日照时数 2 900h 以上、土壤 pH 值 8.5 以下、土壤含盐量 0.3% 以下的沙壤土、轻壤土、壤土，有灌溉条件的地区均可种植。宁夏引黄灌区适宜枣树生长的地方均可栽植。目前是宁夏引黄灌区栽植规模较大的枣树品种之一。

67. 鳌王

选育单位河北省行唐县林业局、河北农业大学。从行唐大枣（婆枣）中选出的大果、抗缩果优良品系。2009 年通过河北省石家庄市科技局组织的成果鉴定。果实 10 月下旬完熟。平均果重 25.0g，大果多在 35g 左右，最大 45g。果实含可溶性固形物 37% 左右，可食率 93.1%，制干率 53.4%，品质上等。早丰性强，嫁接苗当年可结果。树势较强，抗缩果病，基本不裂果。制干为主，兼可鲜食、加工蜜枣。适宜种植范围同行唐长枣。

68. 红大一号

选育单位山东省滕州市果树开发中心。从泗洪大枣的根蘖苗中选出。2004 年通过枣庄市科技局组织的技术鉴定并命名。在枣庄，果实 9 月上旬成熟。果实圆筒形，果肩稍窄，较整齐，平均果重 59.6g 最大 120g。果柄较短，约有 2mm。果皮赭红色，肉质酥脆无渣，汁液较多。鲜果含可溶性固形物 37.0%，维生素 C 239.2mg/100g，可食率 97.26%，质上等。核小，长椭圆形，核重 1.63g，内有 1~2 粒种子。较丰产，花期对温度的需求为普通型，抗裂果。适应性强，对土壤要求不严，耐干旱、瘠薄，较抗寒，抗枣疯病。鲜食、加工蜜枣。适宜在黄河以南各枣产区种植。

69. 姜皇庄 1 号

选育单位河北省农林科学院昌黎果树研究所。从沧州地区的金丝小枣中选育而来。1998 年 10 月通过河北省科委组织的鉴定，现已在河北省范围内推广栽培，面积超过 120hm²。果实 10 月上旬成熟。果实较小，椭圆形，果顶圆形，微凹，平均果重 6.1g，最大 9.5g。果皮较薄，红色，肉厚，鲜枣肉质致密而脆，汁液中等偏多。含可溶性固形物 38.4%，维生素 C 478mg/100g，品质极佳，可食率 92.8%，制干率为 64.3%。干枣含可溶性糖 66.5%，核内无种仁。树势中庸，幼树生长旺盛，萌芽力较强。进入经济结果期较早，抗逆性、丰产稳产性及耐贮性均强，无裂果。鲜食、制干兼用。适宜栽培范围同金丝小枣。

70. 颖秀

由行唐县林业局和河北农业大学从“婆枣”中选出的丰产性好的大果型优良品种，2009 年 9 月通过了河北省林木良种审定委员会的审定。树姿开张，树冠圆锥形，骨干枝开张角度 70°~80°。树势中庸，6 年生嫁接树，平均树高 2.7m，东西枝展 2.9m，南北枝展 2.7m，主干和多年生枝灰褐色，拴皮宽条片状，外表粗糙，有纵裂纹，不易剥落。一年生枝灰褐色，大部分枝条表面被覆白色浮皮。针刺短小，特不发达，长 1cm，易脱落。皮孔密，长椭圆形，凸起，开裂。二次枝整个枝面间有不规则白灰色蜡皮，梢端略下垂。自然生长有 5~9 节。有效结果节数 4~8 节，抽生枣吊 2~5 条。枣吊着生叶片 12~23 片，着生花序 10~20 个。叶片长卵圆形，长 4.3cm，宽 2.2cm，绿色，叶面光亮平滑，先端急尖，叶基圆形稍偏斜，锯齿特浅，1cm 内有锯齿 3~4 个。叶柄长 0.5~0.8cm。枣吊不易脱落。

缩果病轻微，裂果较少；果实圆形，平均单果重26.8g，最大单果重51g，果面光滑，皮薄肉厚核小，质地细密酥脆，汁液多，鲜食口感爽脆香甜，可溶性固形物含量33%，可食率95.1%，制干率53.3%，品质上等；果实完熟期10月下旬；连续丰产能力强，嫁接苗当年可结果；为优良的鲜食、制干兼用品种。丰产性强，在无灌溉条件的山地旱薄枣园，4年生园丰枣平均株产5.7kg。5年生平均株产8.9kg，在河北石家庄、行唐，一般4月上旬末中旬初萌动，6月上中旬进入盛花期，10月下旬果实成熟。果实发育期140d左右，属极晚熟类型。落叶期在11月上中旬。耐瘠薄，成熟期遇雨裂果较轻。

71. 颖玉

由行唐县林业局和河北农业大学从“婆枣”中选出的丰产性好的大果型优良品种，2009年9月通过了河北省林木良种审定委员会的审定。树姿半开张，树冠圆头形，骨干枝开张角度40°~50°。主干和多年生枝灰褐色，拴皮宽条片状，外表粗糙，有纵裂纹，不易剥落。一年生枝红褐色，针刺特少，长0.9~1cm，易脱落。皮孔大，灰褐色，椭圆形。二次枝顶端略弯曲，自然生长有7~11节，有效结果节数2~10节，抽生枣吊2~5条。结果枝着生叶片6~12片，着生花序5~11个。叶片长卵圆形，长5.2cm，宽3.2cm，绿色，叶面光泽油亮，叶尖钝尖，先端三角形至圆形，叶基圆形略偏斜，锯齿浅，不规则，1cm内有锯齿2~3个。早丰性强，嫁接苗当年可结果。抗病性强，不得缩果病，基本不裂果，果实长圆形，果个大，平均单果重25g，大果多在35g左右，最大单果重45g，可食率93.1%，制干率53.4%，含可溶性固形物37%左右，品质上等。果实完熟期10月下旬。为优良的加工蜜枣、鲜食、制干红枣兼用品种。

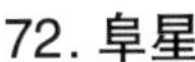

72. 阜星

由河北省林业科学研究院在阜平县婆枣中选育出的抗枣疯病婆枣新品种，2009 年 9 月通过了河北省林木良种审定委员会的审定。树势强健，干性强，发枝力弱。果实圆柱形，平均纵径 3.76cm，横径 2.89cm，平均果重 13.6g，最大果重 23.2g，果个大小均匀。果皮深红褐色，较薄。果肉厚，乳白色，肉质细，汁液多，味浓酸甜。鲜枣可溶性固形物含量 29.2%，可食率 95.5%，制干率 53.4%，制干后的红枣含总糖 73.5%。树体较大，树势较开张，树冠自然半圆形，在一般枣树适生栽培区能正常生长。栽后 3 年开始结果，5 年以后进入丰产期，连续结果能力强。该品种在太行山大枣产区果实生长期 95~110d，10 月上旬成熟。该品种适应性强，耐瘠薄，耐盐碱，抗干旱。抗枣疯病能力强，是比较理想的制干品种。田间栽植宜采用小冠疏层形或开心形。

73. 唐星

由河北省林业科学研究院在唐县婆枣中选育出的抗枣疯病婆枣新品种，2009 年 9 月通过了河北省林木良种审定委员会的审定。树势强健，干性强，发枝力弱。果实圆柱形，平均纵径 3.85cm，横径 2.68cm，平均果重 13.2g，最大果重 20.8g，果个大小均匀。果皮深红褐色，较薄。果肉厚，乳白色，肉质细，汁液多，味浓酸甜。鲜枣可溶性固形物含量 28.7%，可食率 95.6%，制干率 53.1%，制干后的红枣含总糖 72.6%。树体较大，树势较开张，树冠自然半圆形，在一般枣树适生栽培区能正常生长。栽后 3 年开始结果，5 年以后进入丰产期，连续结果能力强。该品种在太行山大枣产区果实生长期 95~110d，10 月上旬成熟。该品种适应性强，耐瘠薄，耐盐碱，抗干旱。抗枣疯病能力强，是比较理想的制干品种。田间栽植宜采用小冠疏层形或开心形。

74. 曙光

由河北省林业科学研究院从太行山婆枣中选育的抗缩果、抗裂果的新品种，2010 年通过了国家林木良种审定委员会的审定。树势中庸，干性较强，发枝力弱。该品种果实圆柱形，平均纵径 4.1cm，横径 3.2cm，平均果重 16.5g，最大果重 23.2g，果个大小均匀。果皮深红褐色，较厚。果肉厚，近白色，肉质细，汁液多，味浓酸甜。鲜枣可溶性固形物含量 29.5%，可食率 97.8%，制干率 55.4%。制干后的红枣含总糖 77%，有机酸 0.31%，维生素 C 含量为 557mg/100g，甜味鲜浓，果肉厚，富有弹性，果皮柔韧，色深红光亮，皱纹细浅。树体较小，树势开张，树冠自然半圆形，在一般枣树适生栽培区能正常生长。进入结果期早，丰产稳产，当年生枝发育的结果枝具有良好的结实能力,野生酸枣嫁接苗当年可见果，枣树高接换头当年可结果，栽后 3~5 年进入丰产期，连续结果能力强。该品种在石家庄地区 4 月上中旬萌芽，5 月下旬始花，6 月上旬盛花，8 月中旬进入白熟期，9 月下旬至 10 月上旬果实成熟，果实生长期 95~110d。具有较强的抗枣缩果病能力，在成熟期无裂果，是比较理想的制干品种。

75. 曙光 2 号

由河北省林业科学研究院从太行山婆枣中选育的抗缩果、抗裂果的新品种，2011 年通过了河北省林木良种审定委员会的审定。树势中庸，干性较强，发枝力弱。果实圆柱形，平均纵径 3.8cm，横径 3.1cm，平均果重 16.8g，果个大小均匀。果皮深红褐色，较厚。果肉厚，近白色，肉质细，汁液多，味浓酸甜。鲜枣可溶性固形物含量 30.5%，可滴定酸 0.39%，维生素 C 含量为 252mg/100g，可食率 97.1%。树体较小，树势开张，树冠自然半圆形，在一般枣树适生栽培区能正常生长。进入结果期早，丰产稳产，当年生枝发育的结果枝具有良好的结果能力，野生酸枣嫁接苗当年可见果，枣树高接换头当年可结果，栽后 3~5 年进入丰产期，连续结果能力强。该品种在石家庄地区果实生长期 95~110d，10 月上旬成熟。该品种适应性强，耐瘠薄，耐盐碱，抗干旱。抗枣缩果病能力强，在成熟期裂果率低，是比较理想的制干品种。

76. 曙光 3 号

由河北省林业科学研究院从太行山婆枣中选育的抗缩果、抗裂果的新品种，2011 年通过了河北省林木良种审定委员会的审定。果实圆形，平均纵径 3.8cm，横径 3.3cm，平均果重 19.3g，最大单果重 30.2 g，果个大小均匀。果皮深红褐色，较厚。果肉厚，近白色，肉质细，汁液多，味浓酸甜。鲜枣可溶性固形物含量 23.1%，可滴定酸 0.25%，可食率 95.4%。适于干制，制干率 58.2%。树体较小，树势开张，树冠自然半圆形，在一般枣树适生栽培区能正常生长。进入结果期早，丰产稳产，当年生枝发育的结果枝具有良好的结果能力，野生酸枣嫁接苗当年可见果，枣树高接换头当年可结果，栽后 3~5 年进入丰产期，连续结果能力强。该品种在石家庄地区 4 月上中旬萌芽，5 月下旬始花，6 月上旬盛花，8 月中旬进入白熟期，10 月上旬果实成熟，果实生长期 100~115d。该品种适应性强，耐瘠薄，耐盐碱，抗干旱。抗枣缩果病能力强，在成熟期裂果率低，是比较理想的大果型制干品种。

第三章　枣育苗技术

第一节　苗圃地选择与规划

苗圃地最好选在近造林地的地方，也就是常说的“就地育苗、就地造林”，可以减少因长途运输致苗木失水降低成活率的因素、并能在苗期就地受到锻炼、适应造林地的环境，提高造林的成活率。为给幼苗创造一个良好的生长条件，苗圃地应选择地势较高、背风向阳、平坦、土壤肥沃、排水良好的沙壤土或轻壤土较好。如必须用砂土或黏土地育苗应通过沙掺翻或黏乐沙改善土壤的理化性能，以提高育苗的成活率。苗圃地还应近水源，有良好的灌溉和排水系统，保证苗圃地旱能灌、涝能排为便于苗木外运，苗圃地还应选在交通方便的地方。

第二节　育苗方法

一、种子育苗

挑选优质品种枣仁，放在25℃的温水中浸泡一昼夜后捞出，用湿布蒙盖，温度保持在24℃左右，当大部分枣仁发芽后即可播种。

播前施足底肥，深耕细耙，开成深10cm的沟，沟内灌水渗完后按株行距20cm×65cm点播，每穴点种3~4粒，然后用细土覆盖将沟平好。正常管理，一周后幼苗拱出地面。

二、扦插育苗

（一）全光照喷雾嫩枝扦插育苗技术

全光照喷雾嫩枝扦插育苗技术是近几年发展最快的育苗技术。它是在全日照条件下，采用自动间歇喷雾的方式来调节空气及插床的温、湿度，进行高效率的规模化扦插育苗技术。这种方法具有扦插生根迅速，育苗周期短，成本较低，苗木成活率高等特点。

1. 建床

苗床应选择在背风向阳、地势较高、用水电方便的地方。床高40cm，可用砖砌成，为了便于排水，砌砖时用泥黏合。床底部铺20cm大石子，中间层铺10cm厚的炉灰渣，上层铺10cm厚的干净河沙或沙壤土作扦插基质。床的形状分圆形和长方形。圆形插床直径12m，所用设备为中国林业科学院生产的双长臂自压旋转扫描喷雾装置，再安装自控仪以便自动间歇喷雾。长方形床宽3m，长度根据需要而定。在插床纵向中线上铺设口径25mm的塑料管，每间隔70cm安装口径4mm的软胶管，胶管长1m。在胶管顶端安装雾化折射喷头和立杆，立杆长36cm，分别插在塑料管的两侧，使喷头的行距和间距都是1.4m，再连接单频道喷雾控制仪。

2. 插穗选择、采集与处理

插条应从枣优良品系的母树上或采穗圃中采集，采集时间应在清晨或傍晚进行，器具可用水桶或内敷塑料布的竹筐等，嫩枝从脱离母体到扦插完毕，要求叶面新鲜、不萎蔫。采集生长健壮、无病虫害的当年生半木质化的枣头或二次枝，由于插条的生根能力一般随着植株年龄增加而降低，因此，插穗一般以优良品系的根孽、幼龄枣当年生枣头或成龄枣靠近根部萌生的当年生枣头为最佳。将采集的枣头在阴凉处截成15~20cm段，4~5节，将基部5cm以内的侧枝和叶片剪去，其余叶片全部保留，上剪口剪成平茬，距芽0.5~1cm，下剪口紧贴二次枝基部剪成马蹄形。将剪好的插穗每30~50株一捆，先用600~800倍液40%的多菌灵溶液浸泡基部5~10分钟进行消毒。捞出后再用1 000mg/L的ABT生根粉溶液速蘸插条基部，可提高生根率。

3. 扦插与管理

扦插时间5月下旬至7月进行，最佳时期为6月上中旬，过早扦插增加管理时间及费用，过晚扦插对苗木生长量、木质化程度及根系发育状况不利，为苗木越冬带来困难，一天内最适宜的扦插时间为10时以前，16时以后。插条应边采集、边剪截、边处理、边扦插不宜久放。扦插深度为3~5cm，每平方米400株左右。扦插完成以后立即启动喷雾装置，喷雾控制仪可根据叶面的干湿自动控制喷雾，光照强度越高，喷雾越频繁，间隔的时间越短。清晨和黄昏光弱喷雾少，晚上自动停止喷雾，这时应启动控制仪的定时喷雾开关，可每半小时喷雾一次，每次喷雾时间为20s左右，保证插条在夜间不失水分。如果启动控制仪的定时喷雾键进行全天喷雾，可根据天气情况人为调整，只要定好时间可自动定时喷雾，一般每天8：00—10：00每10秒钟一次，10：00~16：00时每3~5秒钟一次，16：00后逐渐减少喷雾次数。在管理中，每周在傍晚停喷前喷一次800倍液多菌灵，防止插条腐烂，扦插后15d喷一次0.3%的尿素溶液。

枣扦插育苗插条生根温度在20~28℃，最佳生根温度25℃左右。由于全光照自动喷雾育苗是通过间断喷雾，降低了强日照产生的高温，一般可降低 4~8℃，而使插床表层温度在比较适宜生根的范围内变化。湿度是嫩枝扦插生根的重要因子之一，间歇喷雾能保证插条的正常生理活动而不枯萎，这为插条生根赢得了时间，并且能保持插条周围的空气湿度和插床的含水量。插床具有良好的排水性，使插床基质内含有足够的氧气，以上这些都为插条的生根提供了非常有利的条件。插条叶片光合作用提供的营养物质和生长素，加上外部生长素的使用，能够促进插条基部的生理变化，一般 10d 后插条基部表皮出现瘤状突起，15d 左右生出新根，20d 后达到生根高峰，30d 后基本停止喷水，练苗 5~10d 即可移栽。

（二）塑料薄膜小拱棚嫩枝扦插育苗技术

在不具备全光照自动喷雾设备时可用此法进行嫩枝扦插育苗，先整地建好苗床，选择地势平坦，光照充足，有水源且排水良好的地块建插床，扦插基质可用沙壤土，土壤过黏可掺入适量的干净河沙，增加土壤的透气性。插床宽 1.2~2.0m，长度依地势和育苗量而定，扦插前将畦内土壤打细整平，浇透水，用 0.3%~0.5% 高锰酸钾或 0.1% 多菌灵加 0.2% 辛硫磷消毒灭菌、杀地下害虫。经 24~48h 畦内土壤呈可耕状态时，将 20cm 表土层深翻，把土整细，做成疏松土基质，上面扣 60~80cm 高的小拱棚，小拱棚上面与四周搭建遮阴棚，透光率 20%~30%。插穗的采集、选取、处理及扦插与全光照自动喷雾扦插育苗技术相同。插后立即喷一遍 800 倍液 50% 多菌灵，并及时将小拱棚的棚膜盖严。因为枣最适宜的生根地温是 25℃，所以棚内温度应保持在 28~32℃，相对湿度保持在 85% 以上，如温度过高可向棚外及遮盖物上喷水降温。根据湿度变化情况，每天可向棚内喷水 2~3 次，每周喷一遍 800 倍液 50%

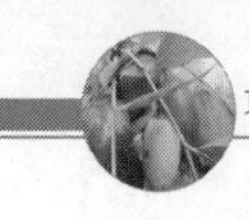

多菌灵 1 次，防止病菌感染。扦插后 1 个月即可放风炼苗。放风时要看根系发育情况，当根系发育良好，且大部分插条有 3~4 条侧根生成时即可进行放风。防风前苗床先浇一次透水，放风要逐步进行，每天喷水一次，炼苗一周后，可先去拱棚塑料薄膜，后去棚上及四周的遮盖物。当小苗适应外部环境后，选择阴雨天进行归圃培育，也可于第二年春季枣树发芽前移栽。

苗木移栽前应对地块进行平整做畦，一般畦宽 2m，每畦开 3 条沟，株距 20cm，将苗木栽植于沟内，扶正并用土压实。为了提高移栽成活率，一周内应向畦内苗木喷水，缩短苗木缓苗期。同时也可将苗木移植到营养钵内，钵规格为 8cm × 8cm，装钵原料可用营养土壤：河沙：腐熟肥 =3 ：3 ：1 的比例配制，并用 0.4% 的高锰酸钾水溶液消毒，然后再放回原插床上适当喷雾，待苗木成活后，即可进行移栽。移栽后灌足水，一般成活率可达到 90%。

三、枣树嫁接育苗

嫁接育苗是植物无性繁殖的重要方法之一，是从某一株上选取枝或芽，接在另一株的适当部位上，使两者结合而成为新植株的一种繁殖方法。接上去的枝叫接穗，接上去的芽叫接芽，承受接穗、接芽的下方带有根系的植株叫砧木。用此法育成的苗木称为嫁接苗。枣的嫁接育苗就是用枣优良品种上发育良好、遗传性状比较稳定的枝、芽作接穗或接芽，接到砧木上，使两者愈合发育成一株独立枣苗的过程。砧木一般选择酸枣实生苗或枣根蘖归圃苗。由于酸枣属野生种，适应性、抗逆性较强，因此，可以提高枣优良品种的适应性和抗逆性。枣嫁接育苗是目前生产上应用比较广泛的一种育苗方法，此法可以保持枣优良品种的特性，达到增产、增收的目的，同时由于接穗的年龄阶段较高，结果期大大提前。

（一）圃地选择及整地

要想培育良种壮苗，苗圃地选择至关重要。苗圃地应选择交通便利，有灌溉条件，排水良好，地势平坦，背风向阳的地块，土壤以沙壤土、壤土为宜，不要选择土质黏重的地块，否则苗木长势弱，出圃时间延长。

育苗前要精细整地。首先要灌水造墒，深耕耙平。每亩施基肥4 000~5 000kg、磷酸二铵25~30kg，均匀撒于地面，然后深耕。其次要做畦，畦宽100cm左右，长度以地势而定，一般不超过50m，以便于灌水。

（二）砧木苗的培育

枣的砧木一般选择本砧即栽培枣和酸枣，在我国枣区本砧一般选用根孽归圃苗，本砧和酸枣砧木的适应性和抗逆性均较强，适合我国大部分枣区栽植，下面介绍这两种砧木的培育方法。

1. 归圃苗砧木的培育

由于枣根蘖苗根系少，栽植成活率低，因此，要把田间散生的根蘖苗收集入圃，继续培养，促进根蘖苗根系生长，提高成活率。具体做法是：栽苗时间在秋季落叶后或春季发芽前均可。按要求进行整地，做成宽2~3m的畦，然后开沟，沟距60~80cm，宽30cm，深25cm，沟内施入复合肥，每亩15kg，并与沟底土壤充分拌匀。选择当年生根蘖苗进行分级、修整根系，大小苗分别栽植，以便于管理。栽植株距25cm。为保证苗木成活，栽后及时封土踏实，并进行平茬，平茬高度以与地面持平为准，紧接着灌足水分，待水渗后及时用地膜进行覆盖以提高成活率。春季发芽后及时去掉地膜。苗木成活后留一个生长健壮的幼苗，其余的萌蘖及时清除。并加强

中耕除草、肥水管理和病虫害防治，一般当年即可生长成合格的砧木苗。

2. 酸枣砧木苗的培育

（1）种子选择　酸枣种子经过采集、堆积、浸泡、去掉果肉获得种核后，种植前有两种处理办法，一是水泡处理法，是用破壳机取出种仁后用温水浸泡种子促其发芽的方法，另一种叫沙藏处理法，也叫低温层积处理法，是用湿沙在冬季处理种子的一种方法，层积处理时间一般在 11—12 月进行，第二年 3—4 月播种。目前生产上用的酸枣种子大部分是经过机械去核后的种仁。由于酸枣种子寿命较短，一般储存一年后发芽率就明显降低。因此，在播种前要对种子进行检验。首先用肉眼观察种子，凡种皮色泽新鲜、光亮、呈棕褐色、籽粒饱满、子叶乳白色、不透明且机械破损率不超过 5% 则为优质新鲜种子，如种皮发暗、子叶发黄、并已见出油，这样的种子是失去生命力的种子；其次用染色法进行检验。方法是先把供试的酸枣种子放入清水中浸泡 24h，使其充分吸足水分，小心剥去种皮，然后放入蓝（红）墨水中浸泡染色 3h，然后用清水漂尽浮色，观察种子及胚的染色情况，凡是种子全部着色或种胚着色的，则表明种子已失去生命力，如仅子叶着色，则表明种子部分失去生命力，如全不着色，则表明是有正常生命力的种子，这是因为死亡细胞的细胞壁已失去半透性，原生质容易着色的缘故。最后，测定种子发芽率。随机抽取部分种子，在清水中浸泡 24h 吸足水分，然后放入培养箱中，注意保湿，在温度 22~25℃的条件进行培养，根据种子实际发芽天数和数量，计算种子发芽率和发芽势，以此判断种子的生命力。

（2）种子处理　酸枣种子在播种前要进行浸种、消毒、催芽、拌种处理，以缩短发芽时间，提高发芽率，减少苗期的病虫害。

浸种：将酸枣种子放入水中浸泡，使其充分吸足水分，浸泡时间为12~24h，以种子吸足水分为标准。

消毒：将浸泡过的种子捞出后放入0.3%~0.5%的高锰酸钾溶液中浸种1~2h，以杀灭病菌。

催芽：将经过浸泡、消毒后的种子，与干净河沙混合，其比例为1∶3，混合后的湿度以手握成团，松手即散为标准。将拌沙的种子放到温室中或堆放在背风向阳处，上面盖一层塑料薄膜增温，温度保持在25℃左右，注意保持湿度，这样经过3~5d，当种子有1/3露白后即可播种。

拌种：为了防止地下害虫的侵害，可用50~100倍液的有机磷农药与麦麸或炒熟的谷子拌匀，再把拌过药的麦麸或炒熟的谷子与催芽的种子混合后一起播入地中。

（3）播种　在河北沧州地区4月中下旬至5月初为宜，近几年生产上常用地膜覆盖育苗，这样播种时间可提早到3月下旬。

播种方法一般采取开沟条播，由于酸枣苗多二次枝和棘刺，为便于田间管理最好采用宽窄行种植，窄行沟距20~30cm，宽行沟距60~70cm；先对育苗地灌透水造墒，每亩施入基肥4 000~5 000kg、磷酸二铵30kg，然后精耕细耙，再用耧根据宽窄行距播种，播种量每亩3~4kg即可，播种深度1.5~2cm，切忌过深，否则影响出苗率。为节省种子和播种均匀，可先用耧开沟，再按株距15cm进行点播，可节省50%的用种量。播后及时将沟覆土填平，然后均匀喷洒一遍25%的除草醚或25%的灭草隆可湿性粉剂50倍液。防止苗期杂草，最后覆膜。不覆膜可顺沟起垄后再喷除草剂。

（4）苗期管理　播种后7~10d苗木可出土。特别注意随时检查苗木出土情况，做到随出苗、随放风，防止灼伤小苗。并尽量延长覆膜时间，以利于增温保墒；对于培垄的，当30%左右的苗木露出原土表面时，选择下午时间及时将土垄耥平“放风”。当苗木长出 4 片叶子时，进行第一次间苗，此次间苗按照去弱留强的原则，将苗木留成单株；当苗高 5~10cm 时，可按株距 15~20cm 进行定苗，一般每亩留苗 8 000~10 000 株即可。幼苗期不要浇水，以防止幼苗徒长，俗称“墩苗”当苗长到 15~20cm 时再浇第一次水，并结合浇水每亩施入尿素 10~15kg，及时进行中耕除草。苗高 30cm 时可进行摘心，以促使苗木加粗生长。同时要加强病虫害的防治。苗期病虫害以食叶害虫为主，可喷 1~2 遍有机磷或菊酯类农药进行防治，只要加强管理，酸枣苗当年粗度可达到 0.4cm 以上，符合嫁接要求。

（三）接穗的采集与处理

采集枣接穗时应在优良品种的采穗圃内进行，未建立采穗圃的要在品质优良、高产、稳产的优良品种的母树上采集。枝接接穗选用生长健壮的 1~3 年生枣头一次枝或 1~2 年生的二次枝，尽量不选用内膛徒长枝，粗度 0.4~0.8cm 为宜。接穗采集时间以在枣发芽前枝条含水量较高时为宜，河北沧州地区一般结合冬剪采集接穗，大约在每年的 3 月初至发芽前进行。枣接穗一般为单芽，长度 5cm 左右，剪口要水平，减小伤口，有利于保水。用于芽接的接穗要随采随接，采下后剪去二次枝及叶片，以减少水分蒸发。调运接穗要用草包或湿麻袋包装，运输途中要注意保湿、保温。

为防止接穗的水分散失，接穗剪好后应尽快进行蜡封处理。蜡封接穗时应注意以下几点：一是石蜡要选用高标号优质石蜡；二是蜡温控制在 90~105℃为宜，为便于掌握温度，最好在水浴锅中加热；三是蘸接穗时速度要快，一般接穗在蜡中的时间不超过 1 秒；四是蘸好的接穗要在常温下充分冷却 3~4h，防止储存过程中因热量未散尽造成接穗腐烂。蜡封好的接穗置于温度 0~5℃，湿度 80%~90% 的冷柜或冷库中存放，存放时间不超过 3 个月。

（四）嫁接方法

枣的嫁接方法很多，目前生产上常用的有劈接、插皮接、腹接等枝接和带木质部芽接等方法，这几种方法操作简便，成活率高。

1. 劈接

是常用的一种枝接方法，该法进行嫁接的时间长，自枣发芽前 15~20d 开始，到枣发芽后均可嫁接，接后苗木不需绑缚，管理方便。嫁接前首先清除砧木周围的杂草、萌蘖等。剪砧部位，根蘖归圃苗砧木在距地面以上 5~7cm 光滑部位剪截成平接口，酸枣砧木在地面以下 3~5cm 处根茎的光滑部位剪截。嫁接时先用嫁接刀从接口断面中间向下纵切或用快剪刀直接剪开，接口长 3cm 左右，接穗用嫁接刀或剪刀削成楔形，一边厚，一边薄，长度 2~3cm。接穗削好后，迅速插入砧木劈口，将接穗较厚的一侧放在外侧，与砧木的形成层对齐，接穗削面露出 3mm 左右，便于愈合。接好以后迅速用塑料薄膜将接口绑扎好，绑扎时一定要绑严，不留一点缝隙，否则影响嫁接成活率。

2. 插皮接

这种方法适用于砧木较粗、接穗较细的情况，多用于枣树高接换优。嫁接时间以枣萌芽以后，砧木离皮时进行，该法操作简便，成活率高，嫁接苗长到 15cm 左右要适时绑缚，以防风折。嫁接时，在砧木的光滑部分剪断砧木，削平截口，再用嫁接刀或剪刀在树皮光滑部位，自剪口向下纵切一刀，深达木质部，长度 1~2cm，并削开皮层；然后在接穗主芽的背面向下削成马耳形削面，长 2~3cm，削面底部越薄越好，再在大切面背面削一个马蹄形的小切面，以便于插入砧木。将削好的接穗，大切面向里顺木质部插入皮层中，并将削面上端露出 2~3mm，利于愈合，然后绑扎好。

3. 腹接

主要用于较粗的砧木。嫁接时先剪断砧木，剪口呈斜面，以利于绑扎，然后在斜面高的一侧向下斜剪，直达木质部，深度不超过砧木粗度的 1/3，防止遇风折断。接穗削成一面长、一面短的楔形，长面长 2.5cm 左右，短面长 1.5~2cm，将长削面向里，短削面向外插入，并将接穗一面的形成层与砧木的形成层对齐，削面上面露出 2~3mm，然后绑扎即可。

4. 芽接

枣常采用“T”字形芽接方法,嫁接时间在沧州地区以 7 月最佳，此时接穗上的芽子已发育成熟，砧木树液流动旺盛，容易剥皮，气温适宜，成活率较高。接芽选用当年生枣头枝上的主芽，枣头采集后马上去掉二次枝，并剪掉主芽上的叶片，保留叶柄，并用湿毛巾包好备用。嫁接时，首先在砧木距地面 5~7cm 处选光滑处，用嫁接刀切“T”字形切口，深达木质部，切口横长 1cm，纵长 1.5cm。取接芽时，用锋利的嫁接刀在接芽上方 0.3~0.5cm 处横切一刀，深达木质部 1/3 处，再在接芽下侧 1.5~2cm 处向上斜削过横切口，取下一个上平下尖并带木质部的盾形芽片，然后用刀尖轻轻将砧木“T”字形切口的交叉处向两侧撬开，而后迅速将芽片插入，并将芽片上端与“T”字形横切口对齐，再由下向上用塑料布绑扎，芽体露于外面。接后一周检查是否成活，如果叶柄呈绿色，一碰即落掉，说明已成活，否则未成活，需补接。

（五）嫁接苗的管理

枣接后能否生长成健壮苗木，与接后管理密切相关。具体管理措施有以下几个方面：一是除萌蘖。枣嫁接后接穗发芽前，由于养分相对集中，容易发生大量萌蘖，要及时剪除以免消耗养分，影响接芽生长，一般每隔 2~3d 除萌一次。二是解绑。苗木嫁接后正是苗木茎干加粗生长的旺盛期，如不及时松绑，会在嫁接部位出现缢痕现象。因此，应在嫁接部位愈合后及时割除绑缚的塑料薄膜。三是立柱缚苗。主要是根据芽接和插皮接苗木，当苗木长到 15cm 时及时绑扶，防止被风刮断。四是及时剪砧。对于利用芽接越冬的芽接苗，在第二年春枣发芽前及时剪去接芽上方的砧木，以便于接芽萌发生长；五是加强肥水管理及中耕除草。当嫁接成活后，为促进苗木生长应及时追肥，每亩可追施尿素 15~20kg，追肥后及时浇水，浇水或雨后及时松土除草，防止杂草丛生。同时雨季要注意排水工作。六是及时防治病虫害。枣嫁接萌芽后发生的病虫害主要是一些食叶害虫，如食芽象甲、枣瘿蚊等，在夏季易发生红蜘蛛和枣锈病，应及时防治。

（六）苗木出圃及包装运输

1. 苗木出圃

苗木出圃时间一般在秋季和春季。秋季以枣落叶后至土壤封冻前为宜，此期宜早不宜晚；春季以土壤解冻后至发芽前进行，此期宜晚不宜早。如在当地栽植，不需远途运输，春季芽体露绿后起苗种植成活率最高，此种方法不宜大面积采用。如苗圃地较干旱，在起苗前一周灌水一次，这样一方面可使根系充分吸足水分，提高成活率；另一方面可以在起苗时根系完整。起苗时要尽量保全根系，不伤枝皮。起苗时用铁锨在距苗木一侧 20cm 处深刨 25~30cm，使土松动，再在另一侧 20cm 处深刨 25~30cm，最后切断主根，轻轻将苗木起出。对于外调的苗木应进行截干处理，截干高度为

1~1.2m，并剪掉二次枝。挑出有病虫害的苗木销毁，防止传染。

2. 包装运输

苗木起苗分级后要及时包装处理，尽量减少根系的暴露时间。首先要及时蘸泥浆，其次要用湿草袋或湿麻袋对根部进行包装，然后运输。此法适用于近距离运输，一般3d内能到达目的地并能及时栽种，如果长途运输或通过火车、邮局进行托运，则应采取保湿托运办法。首先将苗木留40~50cm截干，并剪掉所有二次枝，每20株一捆，以便于包装。然后根系蘸泥浆，在泥浆中掺入一些保水剂效果更好，再用湿草填于根间空隙处，防止根系失水。接着用塑料薄膜将苗木根系及主干全部裹严,最后用麻袋将苗木包严即可。

3. 苗木假植

苗木起后或苗木运输到目的地不能及时栽种时，要及时把苗木进行假植。先挖深1m，宽2m，长度因苗木数量而定的假植坑，假植时把苗木高度的一半以上埋入土中，并及时浇水，防止根系干枯。随栽随取。

四、组织培养育苗

枣组织培养育苗就是利用枣的茎尖和茎段作为外植体，通过无菌操作接种于人工培养基上,在一定的光照和温度条件下进行培养,诱导分化发育成再生植株的过程。近年来，枣组织培养育苗得到了较快的发展，利用组织培养可以培育出无病毒苗木，对提高枣苗木质量和枣的抗逆性等方面具有重大意义。

（一）培养条件

1. 启动培养基

MS培养基+6-BA（6-苄基氨基腺嘌呤）0.5mg/L（单位下同）+

NAA（奈乙酸）0.05。

2. 分化培养基和继代培养基

MS 培养基 +6-BA3.5+NAA0.1，MS 培养基 +6-BA1.5+NAA0.1，上述培养基均添加 3% 蔗糖，0.6% 琼脂。

3. 生根培养基

1/2MS 培养基 +IBA（吲哚丁酸）0.8+NAA0.2，添加 2% 蔗糖，0.6% 琼脂。培养基 pH 值 6.0，培养温度 25~29℃，光照强度 2 000 勒克斯，光照时间 12h/d。

（二）培养过程

1. 启动培养

取优良单株上带主芽的茎段，剪去叶片，留叶柄基部，用毛笔蘸 0.1% 的洗衣粉溶液轻轻刷干净枝条，用自来水冲洗 10min。在超净工作台上，用 70% 的酒精溶液浸 30s，无菌水冲洗 2~3 次，再用 0.1% 的氯化汞溶液进行表面灭菌，最后用无菌水冲洗 5~6 次，将茎段接种在启动培养基上。室外嫩枝的升汞灭菌时间在 4~8min 存活率高，污染率和死亡率低。水培嫩枝的升汞灭菌时间在 2.0~3.5min 之间存活率高，污染率和死亡率低。把灭菌后的带芽茎段接种在启动培养基中，7~9d 后主芽开始萌动，30d 后长成 2cm 左右的嫩梢。

2. 诱导分化培养

从启动培养基上剪切已萌动的嫩梢，转入分化培养基中，6~7d 芽萌动，10d 开始分化不定芽。20d 时调查发现，每个接种的嫩梢可分化出大于 0.5cm 的有效不定芽数达到 3 个左右。继代周期为 30d。

3. 根的诱导和定植

当分化培养的试管苗嫩梢长高至3~4cm时，剪下并转入生根培养基后生根正常，且侧根多，生根率达90%以上。大量元素用1/2MS培养基，蔗糖由3%降至2%时生根率高。NAA0.2和IBA0.8配比的较分别单独使用NAA0.2和IBA0.8的生根好，表面生根快，侧根多，根系发达，嫩梢生长量大。在此范围内，NAA浓度增高，根部愈伤组织增多，根变粗，变脆，在试管苗出瓶移栽时容易断根，不利于提高成活率，IBA浓度增高，根变细，变长，苗木较弱。1个月后把生根的试管苗移到室外，在自然光下封口练苗2~3周，然后将根部的琼脂洗净，移栽到用0.2%的高锰酸钾消毒的蛭石中，栽时浇一次透水，用塑料膜保湿，放于23~30℃的温室中生长，成活率达95%以上。经过2~3周后将苗栽于营养钵中，在遮光50%的阴棚下放置3~5d，于光下生长2周，最后定植于大田，移植成活率96%。

第四章　枣园建园与规划设计

第一节　枣生长的环境条件

一、温度

温度是影响枣树生长发育的主要因素之一．直接影响着枣树花期日均温度稳定在 22℃以上、花后到秋本的日均温下降到 16℃以前果实生长发育期大于 100~120d 的地区，枣树均可正常生长。枣树为喜温树种，其生长发育需要较高的温度，表现为萌芽晚，落叶早，温度偏低坐果少，果实生长缓慢，干物品质差。因此，花期与果实生长期的气温是枣树栽种区域的重要限制因素。枣树对低温、高温的耐受力很强，在 –30℃时能安全越冬，在绝对最高气温 45℃时也能开花结果。枣树的根系活动比地上部早，生长期长。在土壤温度 7.2℃时开始活动，10~20℃时缓慢生长，22~25℃进入旺长期，土温降至 21℃以下生长缓慢直至停长。

二、湿度

枣树对湿度的适应范围较广，在年降水量 100~1 200mm 的区域均有分布，以降水量 400~700mm 较为适宜。枣树抗旱耐涝、在沧州年降水量多于 100mm 的年份也能正常结果，枣园积水 1 个多月也没有因涝致死。

枣树不同物候期对湿度的要求不同。花期要求较高的湿度，授粉受精的适宜湿度是相对湿70%~85%，若此期过干燥，影响花粉发芽和花粉管的伸长，导致授粉授精不良，气温降低、花粉不能正常发芽，坐果率也会降低。果实生长后期要求少雨多晴天，利于糖分的积累及着色。雨量过多、过频，会影响果实的正常发育，加重裂果、浆烂等果实病害。“旱枣涝梨”指的就是果实生长后期雨少易获丰产。

土壤湿度可直接影响树体内水分平衡及器官的生长发育。当30cm土层的含水量为5%时,枣苗出现暂时的萎蔫,3%时永久萎蔫；水分过多，土壤透气不良，会造成烂根甚至死亡。

三、光照

枣树的喜光性很强,光照强度和日照长短直接影响其光合作用,从而影响生长和结果。光照对生长结果的影响在生产中较常见。密闭枣园的枣树，树势弱，枣头、二次枝、枣吊生长不良，无效枝多，内膛枯死枝多，产量低，品质差；边行、边株结果品质好。就一株果树而言，树冠外围、上部结果多，品质好，内膛及下部结果少，品质差。因此，在生产中，除进行合理密植外，还应通过合理的冬、夏修剪，塑造良好的树体结构，改善各部分的光照条件，达到丰产优质。

四、土壤

土壤是枣树生长发育中所需水分、矿质元素的供应地，土壤的质地、土层厚度、透气性、pH值、水、有机质等对枣树的生长发育有直接影响。枣树对土壤要求不严、抗盐碱，耐瘠薄。在土壤pH值5.5~8.2，均能正常生长，土壤含盐量0.4%时也能忍耐，但尤以生长在土层深厚的沙质壤土中的枣树树冠高大。根系深广，生长健壮，丰产性强，产量高而稳定；生长在肥力较低的沙质土或砾质土中，保水保肥性差、树势较弱，产量低；生长在黏重土壤中的枣树，因土壤透气不良，根幅、冠幅小丰产性差。这主要是因为土壤给枣树提供的背养物质和生长环境不同所致。因此，建园尽量选在土层深厚的壤土上，对生长在土质较差条件下的枣树，要加强管理，改土培肥，改善土壤供肥、供水能力和透气性，满足枣树对肥水的需求，达到优质稳产的目的。

我们在栽建枣园时，一般要选择地势开阔、日照充足、土层深厚、肥力较好的土壤。如栽鲜食品种，宜选择在砂性和水肥条件较高的土壤，栽制干用品种则应相对选择相对黏质的土壤，但过于黏重的土壤不适合栽植枣树。

五、风

微风与和风对枣生长有利，可以促进气体交换维持枣林间的二氧化碳与氧气的正常浓度，调节空气的温、湿度，促进蒸腾作用，有利于枣树的生长、开花、授粉与结果。大风与干热风对枣生长发育极为不利，虽然在休眠期枣树的抗风能力很强，但在萌芽期遭遇大风可改变嫩枝的生长状态，抑制正常生长，甚至折断树枝。花期遇大风特别是干热风，可使花、蕾焦枯或不能授粉降低坐果率。果实生长后期和成熟前遇大风，导致落果或降低果品质量。为减少风对枣树生长的不良影响选择园地要避开风口，建园前要规划栽植防护林带，也可采取花期喷水等技术措施改善田间小气候，为枣树生长发育创造一个较适宜的生态环境。

第二节 建园

虽然枣树适应性强，对园地的选择要求不甚严格，但要进行优质高效生产，需要选择地势平坦、日照充足、地下水位低于1.5m，土壤pH值8.5以下，无盐渍化的沙壤土、壤土、风害少排灌条件良好、周围无污染的地域建园，要在枣园的主风方向配置防护林带。在新建枣园之前，应根据当地的自然条件进行统一规划，规划要坚持“科学规划，适地适树”的原则。

一、规划原则

1. 考虑自然条件

在园地选择方面，要充分了解当地气候、土壤、雨量、光照、自然灾害等情况。

2. 考虑建园环境

远离污染源地，尤其做绿色或有机枣生产基地更要重视这一问题。

3. 选择优良品种

根据建园目的、不同用途、不同成熟期，与具有相互授粉作用的品种要相互搭配安排，但选择品种不要太杂，一般主栽品种不要超过3个。

4. 注意规划好作业区

主要包括道路、排灌系统、防护林及枣园建筑物等方面的设计。

5. 考虑生产者的基础条件

包括生产资料、物资、交通、贮运及市场条件等因系。

6. 大穴培肥、改良土壤

大穴培肥，为苗木生长提供良好的土壤肥力条件，是高标准建园、优质丰产的基础。枣树栽培长期以来沿用传统的粗放管理，加之新建基地多为新垦荒地，土壤肥力普遍较差。因此，必须进行大穴培肥，迅速提高土壤肥力、为早果、丰产、优质创造良好的土壤条件。有灌溉条件的采用穴状或沟状培肥。

（1）穴状培肥。穴的规格一般以 100cm×100cm×80cm 为宜，每穴施人腐熟的优质有机肥 25kg 以上。施肥时应在挖穴前顺树行中线各 75cm，将肥料均匀撒于地面。挖坑时应将已撒好肥料的表土集中在行内，心土抛撒在未撒肥料的行间，同填时将行内撒过肥料的表土集中填入挖好的穴内。一是保证肥料可与表土充分混匀；二是集中了行内表土，提高了培肥质量。

回填后，灌水沉实，定植时根据苗木大小挖小穴定植。

（2）沟状培肥。沟宽 1m，沟深不小于 80cm，施肥方法同穴状培肥，每延长米施优质有机肥 25kg。山区以“回字状”整地方式为宜，积水面积不能小于 3m×3m，采用心土培埂、活土还原的方法将表层活土集中在定植穴内，定植穴不能小于 100cm×100cm×80cm，有条件的地方可每穴施入有机肥 25kg，无灌水条件的回填时分层踏实。通过大穴培肥，能起到很好的培肥地力作用，即使 3 年不施基肥，也能保证幼树生长所需的肥力。

7. 建园方式

枣树的建园方式多种多样，传统的建园方式主要是枣粮间作、大冠稀植枣园。最近十几年来，枣树栽培由粮枣间作型和大冠稀植粗放管理型逐步向密植栽培、设施栽培等集约管理过渡。

8. 园地规划

园地规划的内容应主要包括作业区的划分、道路及排灌系统规划、防护林的规划及枣园建筑物的规划等。

二、作业区的划分

1. 作业区划分的依据

作业区划分应依据以下几点。

（1）在同一作业区内土壤及气候条件应基本一致，以保证作业区内农业技术的一致性。

（2）能减少或防止枣园的水土流失。

（3）能减少或防止枣园的风害。

（4）有利于运输及枣园的机械化管理。

2. 作业区的面积

（1）平地类型。土壤气候条件基本一致的情况下，作业区面积 $6.67\sim10.0hm^2$；土壤气候条件不太一致的情况下，作业区面积为 $3.33\sim6.67hm^2$。

（2）丘陵、山地类型。作业区面积一般在 $1.0\sim2.0hm^2$。

（3）低洼盐碱地。作业区以台田为单位划分作业区。

3. 作业区的形状及位置

作业区一般多采用（2∶1）~（5∶1）的长方形。平地类型作业区的长边应与有害风方向垂直，枣树的行向与作业区的长边一致。山地丘陵类型作业区的长边应与等高线平等，作业区不一定规整。

三、道路的规划

在规划各级道路时，应统筹考虑与作业区、防护林、排灌系统、输电线路及机械管理间的相互配合。

1. 道路的分级

中大型枣园，道路的规划一般分为三级：主路（干路）、支路和小路，小型枣园一般分为两级或一级、只设主路和支路。一般视 $10hm^2$ 以上的枣园为大型枣园，$3hm^2$ 以上的枣园为中型枣园。

2. 道路的规格

（1）干路。宽 6~7m，以并排行驶两辆卡车为宜。

（2）支路。宽 4m 左右，并与主路垂直，路面能并排通过两部动力作业机为宜。

（3）小路。宽 1~2m，为人行作业道。

3. 道路的布置

（1）平地枣园。主路可设在两作业区中间；单一作业区的主路可设在北侧防护林的南面一侧或南侧防护林的北面一侧，以减少防护林对枣树的影响；也可依据枣园的实际地理位置确定主路的位置。支路一般与主路垂直，支路的多少依枣园面积大小决定。小路主要依据作业实际需求设定。

（2）山地枣园。道路主要根据地形布置。顺坡路应选坡度较缓处，根据地形特点，迂回盘绕修筑。横向道路应沿等高线，按 3%~5% 的比降，路面内斜 2°~3° 修筑，并在路面内侧修排水沟。支路应尽量等高通过果树行间，并选在小区边缘和山坡两侧沟旁，与防护林结合为宜。修筑梯田的果园，可以利用梯田边埂作为人行小路。丘陵地果园的顺坡主路和支路应尽量选在分水岭上。

四、灌溉系统的规划

枣园灌溉系统的规划要依据灌溉方法而定。常用的灌溉方法有地面灌溉、地下灌溉、喷灌和滴灌。具体采用哪种方式要根据实际情况如水源、经济状况等而定。

1. 地面灌溉系统的规划

枣树地面灌溉的方式有分区灌水（漫灌）、树盘灌水、沟灌等。

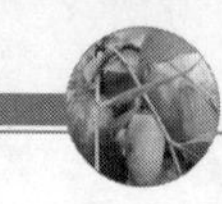

地面灌溉优点是简单易行，投资少；缺点是浪费水资源，灌溉后土壤易板结，占用劳动力，不利于枣园的机械化作业。

灌溉水源多来自井水、渠水、河水等。地面灌溉系统主要是把水从水源引入枣园地面。

（1）灌溉系统构成。主要由干渠、支渠和园内灌水沟三级组成。干渠将水从水源处引入果园，纵贯全园。支渠把水从干渠引入作业区。灌水沟将支渠的水引至枣树行间，用来灌溉树盘。

（2）布置。各级渠道的规划布置应充分考虑枣园的地形情况和水源位置，结合道路、防护林进行设计，在满足灌溉条件的前提下，各级渠道应该相互垂直，尽量缩短渠道的长度，以节约资源、减少水的渗漏和蒸发。

干渠应尽量布置在枣园最高地带。平地枣园可随区间主路计，坡地可把干渠建在坡面上方。支渠可布置在支路的一侧。

（3）设计要求。干渠纵坡水源泥沙大时，取 1/5 000~1/200 无泥沙时取低于 1/5 000 标准。渠道采取半挖半填形式，边坡系数（横距：竖距）黏土渠道取 1~1.25；沙砾石渠道取 1.25~1.5；沙壤土取 1.5~1.75；沙土取 1.75~2.25。

2. 喷灌系统

结合我国的国情，主要采取半固定式喷灌系统的规划。半固定式喷灌系统是喷灌的一种。另外还有固定式喷灌系统和移动式喷灌系统。移动式喷灌系统劳动强度大，道路、渠道占用多；而固定式灌溉系统设备利用率低，单位面积投资大。半固定式由于支管可以轮流使用，提高了设备的利用率、降低了灌溉系统投资，缺点是劳动强度较大。

（1）规划前准备。首先要做好地形、气象、土壤资料的调查。以确定田块高程、水源水位、布管方向、灌水强度等。

（2）布置管道系统。应根据实际情况提出若干布置方案。然后进行技术比较、择优选定。布置管道一般应遵循以下原则：一是干管应沿主坡方向布置，在地形较平班的地区、支管应与干管垂直，并尽量沿等高线布置；二是平坦地区支管的布置应尽量与枣树行向垂直，二级支管做为移动支管，沿行向移动喷灌，二级移动支管一般与主风向垂直；三是水泵站最好设在整个喷灌系统的中心，每根一级支管上都应设有阀门。

3. 滴灌系统

滴管具有节水量大，自动化程度高的特点。滴灌系统的规划布置主要是水源位置、干管、支管和毛管三级管道及滴头的规划和布置。

（1）水源规划布置。平原枣园，水源多为机井，和喷灌、地面灌溉一样，机井、泵站最好设在灌区中心。丘陵山区尽可能在滴灌区上部修蓄水池，这样可以实现自压滴灌而节省能源。

（2）干、支、毛管规划布置。基本同喷灌系统。一级管道双向控制支管，支管垂直于干管树行，毛管沿树行布设，滴头设在树盘或两树中间以节省开支，毛管也可移动式布设。

五、排水系统规划

1. 排水系统构成

由小区集水沟、作业区内的排水支沟和排水灌沟组成。集水沟的作用是将小区内的积水或地下水排放到支沟中去。排水支沟的作用是承接集水沟排放的水，再将其排入排水干沟中。排水沟的作用是把枣园集水通过支沟汇集后排放到枣园以外的河、渠中。排水口有必要时可设扬水站。对平原枣园，排水系统尤为重要。

2. 排水沟规格

各级排水沟纵坡标准：干沟 1/3 000~1/1 000；支沟通

1/3 000~1/1 000；集水沟 1/300 ~1/100。各级排水沟互相垂直，相交处应与水流方向成钝角（120° ~135°）相交，以便出水。排水沟最好用暗沟。

3. 排水沟布置

排水沟在平地枣园一般可布设在干、支路的一侧。山地和丘陵排水系统主要由梯田内侧的竹节沟，栽植小区之间的排水沟以及拦截山洪的环山沟、蓄水池或水塘等组成。山地丘陵排水沟的布设要因地制宜。

六、枣园防护林

防护林对枣园十分重要，它可以调节枣园内的温湿度，减少灾害，还能保持水土。

1. 林带的结构

一般可选择稀疏透风林带，疏透度 35%~50%。

2. 防护林的配置

大型枣园的防护林应设主林带和副林带。主林带的方向与主要风害方向垂直。林带的宽度与长度应与当地最大风速相适应，一般占地面积为 2% 左右。林带在枣园北面时，距果树不低于 15~20m，在枣园南面时，不低于 20~30m，以减小林带树的胁地作用。

林带树种的选择要选对当地的环境条件有较强的适应性，树体高大，生长迅速，树冠紧密且直立，与枣树无共同病虫害的树种。常用的有杨、泡桐、旱柳、椿、松、合欢、苦楝等。

七、枣园建筑物规划

枣园建筑物包括办公室、工具室、农药及化肥仓库、配药池、枣包装车间及贮藏库、车库及机械设备库等。这些建筑物一般都应设立在交通方便的地方。在 2~3 个作业区中间设立休息室及工具库。山区应遵循物资运输由上而下的原则，配药场应设在较高的部位，包装场及枣贮藏库则应设在较低的位置。总之，枣园的规划各部分要合理布局，原则上应尽量减少非生产用地。一般栽植区面积不低于 85%，防护林占地 1%~5%，道路沟渠占地 6%~8%，其他 1%~1.5%。

第五章　枣高效栽培技术

第一节　枣树栽植技术

一、苗木选择

选择苗木纯正、且能适应当地立地条件，最好是当地或类似地区的优良品种。苗木最好自育自栽。采用根系齐全，树体健壮、无介壳虫、枣疯病等为害的苗木。例如，夏季栽植苗木，气候环境相对恶劣，因此，要选择生长势旺盛、健壮，而且根系发达、无病虫害的苗木，其规格和形态还应符合设计要求。

二、苗木的出圃、包装和运输

圃苗应为一级、二级苗木，起苗时要求根系好，不损伤枝皮。根蘖苗要保留一段长 20cm 左右的母根。为了便于包装运输，下部分枝可以剪除，上部分枝和顶芽应保留。出圃苗木应及时包装，按品种、等级分别打捆，每捆 50~100 株，注明品种、等级和株数。5 天内的短途运输，根系要蘸泥浆，并用草帘包裹；6~10d 的中途运输，包内应增加湿草和锯末 1~2kg；10d 以上的远途运输，要在草包内加用塑料袋保湿，枝干用草袋包严，以减少蒸发。长江以北运输以初冬和早春为宜，江南整个休眠期都可运输。运输车辆要加盖篷布，切忌苗木风吹日晒。途中要经常检查，适当浇水，避免忽干忽湿。如在夏季栽植苗木的运输。夏季枣树栽植最关键的环节是苗木运输，运输质量的好与坏直接影响苗木的成活。苗木运输应根据种植量的多少确定。在起运苗木时一定要注意轻拿轻放，不得损伤苗木和造成育苗袋土松散。如果苗木要长途运输，可对树体喷少量的水,并加垫层防止磨损树干。苗木到达栽植现场后应及时栽植，当天不能栽植的苗木应排放整齐并遮阴。

三、苗木假植

苗木运到后如不能及时栽植，需要假植，随栽随取。假植沟深20~30cm，宽1m，以枣苗多少而定。把枣苗成排斜放随即灌足水，使土与苗根密接，防止干枯。

1. 起苗、拉苗

枣树在4月20日左右。起苗要求：不能伤害苗皮，根系完整、主根长25cm以上，侧根长15~20cm，大规格苗木高1.4~1.5m。装车运输前，将枣树苗根系沾泥浆；装车后将根系用湿草帘包裹，用篷布盖严，并注意篷布有无破漏，防止漏风失水。

2. 根系处理

将拉运到目的地的枣树苗卸车后及时剪除伤烂根、病根、过长根，解除嫁接绑缚物，并放入水池中浸泡12~24h，使其吸足水分；同时要在50mg/kgABT生根粉中进行蘸根处理。

3. 树干处理

对进行假植的枣树苗主干用宽12~15cm，厚度0.08cm的地膜缠绕。具体方法：缠膜起始位置多在树干顶部，下部打结捆扎或埋在土中，缠膜一定要缠紧，膜与树干间的空隙越小越好，这样可以避免因温室效应而对树干造成的日灼伤害和增加苗木水分的蒸发，同时也可避免被大风吹烂。实践表明，树干缠膜可以明显减少枣树苗地上部分的水分蒸发，从而提高苗木成活率。

4. 育苗袋育苗

将枣树苗植于 50cm 的育苗袋中。具体做法：在育苗袋中装入少半泥土，摊平放于地上，把苗木放入袋中，用木棍把根系伸展，再把土装满、敦实。装袋环节中要重点保证苗木根系伸展，不窝根，但要注意：育苗袋装土时应选择土质，不可装沙栽植时间过晚时要对树苗喷施化学药剂，控制生长量；栽植后及时灌水，并喷施生根剂，促进发根生长；将栽植好苗木的育苗袋放入开挖好的假植槽内，每排 5~6 个为宜，并预留巷道。然后进行正常的肥、水、病虫害的管理。

四、栽植时期

分春栽和秋栽两个时期。1 月平均气温高于 -8℃的地区，既可春栽，也可秋栽；冬季严寒，1 月平均气温低于 -8℃的地区，只宜春栽。秋栽落叶后及时进行,春栽以萌芽前或萌芽时栽植最好。

五、栽植方法

穴深 60cm，直径 1m。挖穴时，表土、底土分置。土壤板结或碎石砂礓很多时，要扩穴并改填好土；沙滩地土壤也应扩穴客土。栽植前要施足基肥，穴底填棍圈肥、堆肥和表土，土肥要掺匀。栽植时把填入穴的粪土稍踏实，使穴底中部略高于四周，呈丘状，把枣苗放入，使根系舒展，然后在根际填入表土。填土要分层踏实，使根与土密接。无灌溉条件地区，可以早栽。早栽的关键是掌握休眠期土壤较湿的时机，快挖快栽，做到随挖穴随栽植，随填土随踏实。土壤盐分不超过枣树耐盐性（$NaCl$ 0.15%，Na_2SO_4 0.5%，$NaHCO_3$ 0.3%）的盐碱地区栽植，应雨季前挖好栽植穴，借雨水的淋洗，降低穴土盐碱含量，雨季过后填平穴面，防止返碱，休眠期适时栽种。山地栽植可修筑等高梯田、撩壕或挖鱼鳞坑，以减少土壤流失，蓄积雨水，有利成活生长。鱼鳞坑投资少，适用面广，可广泛应用。一般坑长 1.6m，中央宽 1.0m，深 0.7m，枣树栽植在坑的内侧。

六、栽后管理

枣树栽植后要立即灌透水一次。北方春季雨少，春季栽植枣树，有条件地区可每月浇水一次，直到进入雨季；南方可根据情况灌溉。栽植穴的土壤水分要保持在田间持水量 60%~80%。7—8 月，枣苗生长开始转旺，可开沟施入尿素等速效肥料，促进幼树发育。山地应注意修建保水工程，拦蓄雨水。秋季栽植枣树，可在树干基部培土防寒保墒，春栽枣树要中耕松土或覆膜保墒。幼树在雨后或每次灌水后要及时中耕除药防止草荒，加强保墒。例如在夏季栽植的苗木，冬灌前及时清园，清除田间杂草、枯枝、落叶，集中在园外烧毁。冬灌后对枣树主干进行涂白，并投放鼠药，预防鼠、兔为害。第二年 2 月连续喷施 2 遍 30 倍液羟甲基纤维素，以防枝条抽干，间隔期以 15d 为宜。

七、病虫防治

对影响枣幼树正常生长的食芽象甲、大灰象甲、刺蛾、枣瘿蚊以及大青叶蝉等及时防治。食芽象甲在其出土前用辛硫磷拌毒土毒杀，上树后喷辛硫磷 500~800 倍液；早晚利用成虫的假死性捕杀成虫。枣瘿蚊 5 月上中旬及 5 月下旬各喷 1 次辛硫磷 500~800 倍液。大青叶蝉，幼树树干极易遭受大青叶蝉为害。苗木定植后，及时在干上涂白、涂剂或涂黄泥浆防止成虫产卵，成虫期可用农药毒杀。

枣树病虫害防治应坚持预防为主、综合防治”的方针，提倡人工防治、物理防治、生物防治、化学防治等多种方法相结合共同防治枣树病虫为害。

第二节　土肥水管理技术

一、枣树根系

枣树实生根系主根和侧根均强大，其垂直根比水平根发达。水平根一般多分布在表土层 15~30cm 土层中，而垂直根可深达 1~4m。枣树水平根上易发生根蘖，根蘖与根系生长良好，有利于繁殖和栽植。枣树的根系在年周期中与地上部生长相适应，在生长期内出现多次生长高峰，其中，以 7—8 月生长高峰持续期最长，生长量最大；可延续到 9 月下旬，最晚至 11 月底，生长期达 190~240d。枣对土壤适应性强，不论砂土、黏土、低洼盐碱地、山丘地均能适应，高山区也能栽培。对土壤 pH 值要求也不甚严，pH 值 5.5~8.5 均能生长良好。但以土层深厚、肥沃、疏松土壤为好。

枣树的根系活动与土壤的温度、湿度及通气状况、养分状况密切相关。适宜的条件可促进根系的活动。枣树根系在土壤中分布很广，一般能超过树冠的 3~6 倍，但大部分根系集中分布在树冠下较小的范围内。垂直根分布深度达 1~4m，一般是树高的 1/2，吸收根多分布在 0~30cm。根系的生长活动一般早于地上部，以毛细根活动最早。大体在芽萌动的前 10~15d 根系开始活动。此时由于温度低，活动较缓慢、进入萌芽后期，土温上升加快，根系生长加快，一般在华北地区 7 月中旬至 8 月中旬，活动最旺盛，进入 9 月根系生长下降，11 月上中旬以后生长逐步停止。一般大的骨干水平根、垂直根活动较缓慢，生长高峰持续的时间短。

枣的根系抗旱耐涝性比其他果树强，对水分的需求范围较宽。但长时间的干旱缺水或涝灾，也会给树体造成不良影响。

二、土壤管理

新栽植的枣园，要平整好土地。山坡地挖好鱼鳞坑或等高梯田；土壤浅薄的地方，要挖大坑，填客土，加厚土层，树穴内上下土层要倒置。枣粮间作地区，要正确选择合理的间作物，一般春季间作小麦，秋季间作花生、豆类，提倡秋闲或种植豆科作物。土壤瘠薄地 2~3 年种植 1 季绿肥，花期翻压，以提高土壤有机质。间作物要距树干 1~1.5m，保留营养带。生长季节要及时清除杂草，同时除掉枣园内的根蘖苗，以免无谓耗费营养。冬季，枣树营养带要深挖，尤其要在树冠下根群区深翻，以增强土壤的通透性，改良土壤的理化性质，提高地温，中耕蓄水保墒，并挖出越冬害虫，使之在严寒中冻死。丘陵、山地枣区，必须做好水土保持工作，防止土壤冲蚀流失。一是修筑水平梯田。梯田要外高里低，外缘修筑高约 30cm 的边埂，内缘做排水沟。每隔 2~3m 留一横隔，拦蓄雨水，减少径流和淤泥积土。二是在梯田与梯田之间种草护坡。三是在幼龄枣园的鱼鳞坑或梯田边上点种农作物或药用植物，既能保护水土，又可增加收益。

三、施肥

为了保证枣树能正常生长和获得高产，必须对枣园进行一系列的土壤管理与施肥工作，以满足枣树对氮、磷、钾大量元素的要求和对铁、锰、锌、硼等微量元素的需要。只有正确地施肥，才能保证枣树健壮、高产。通过施肥，提高光合强度、改善枝条生命活动，促进花芽分化，提高坐果率，减少生理落果。因此，施肥是枣树稳产、高产不可缺少的农业措施之一。

（一）肥料种类

1. 农家肥

农家肥属于完全肥料，不仅含有枣树所需的大量元素，而且含有枣树不可缺少的微量元素。枣园长期连续施用农家肥，能提高土壤肥力的缓冲性和提高持水性，恢复土壤的团粒结构，提高土壤微生物活性，改良土壤的理化性状，为枣树健壮地生长、正常地发育奠定基础。

2. 化肥

化肥的特点是营养物质单纯，植物吸收快，效果明显，但在施用过多的情况下，能改变土壤的酸碱度，破坏土壤结构，造成土壤板结。实践证明，化肥与农家肥配合施用，才能最大限度地发挥作用。因此，要在各枣区提倡测土施肥，结合枣树生长发育期，有目的地施肥，推广农家肥与化肥配合施用的施肥方法。

（二）施肥时期与数量

基肥

秋冬季（11 月至翌年 3 月的整个枣树休眠期）的施肥以有机肥为主，以增加土壤有机质，改善土壤团粒结构，提高树体抗逆性能。施肥数量因土壤肥力、树冠大小和树势的强弱而有差别，一般每株树施基肥 50~100kg，最好再加上 1~2kg 的钙镁磷肥。

枣园土壤追肥以萌芽期、坐果期、果实膨大期 3 个时期为主，追肥 3 次。萌芽抽枝期追肥，多在 4 月中旬枣芽萌发时进行，每株追入有机肥 25kg、磷酸二氛钾或磷酸二铵 1~2kg，以促进抽枝、展叶和花蕾的形成；坐果期（枣树在 6 月上旬开花坐果）对氮素需求量大，每株应追施尿素 0.5~1kg；果实膨大期多结合间作秋作物时追肥，每株追施厩肥 50kg（混入过磷酸钙 2kg），以增强树势，促使枣果发育。追肥也可采取目标产量配方施肥和叶面喷肥的方法。目标产量施肥适用于成龄枣园，在其综合管理技术措施完善的情况下，可实行目标产量 100kg 施纯氮、五氧化二磷、氧化钾分别为 1.9kg、0.9kg、1.3kg，在萌发期、盛花期、幼果期 3 次等量施入。在枣树生长季节管理过程中，可结合防治病虫害进行叶面喷肥。也可单独进行叶面喷肥，在 4 月中下旬至 8 月中旬，可用 0.3% 磷酸二氢钾溶液和 0.5% 尿素溶液进行叶面追肥 2~3 次。

四、施肥方法

（一）撒施法

主要用于枣和农作物间作的枣园或以农作物为主的枣园中，当给间作作物施基肥或追肥时，同时也给枣树施了肥。

（二）沟状施肥

在枣行树冠投影的两侧，挖深、宽各 40cm、长度不限的通沟，施入肥料后封土，以利于肥料的分解。这种方法多结合断根法繁殖枣苗时应用。

（三）放射沟施肥

在树冠投影内，自内向外呈辐射状挖沟 4~6 条，沟宽 30cm，长约等于树冠的半径，其深度因土质、枣树根系分布情况而定，一

般内端较浅（约 10cm），外端较深（深、宽各 30cm）。这种施肥方法多在丰产园内采用，不论施基肥或追肥，均可应用。

（四）环状沟施肥

在树冠投影外围绕枣树挖环形沟，深、宽各 30cm。这种方法多在丘陵、山地应用，不论施基肥还是追肥均可采用。

（五）根外追肥

又称叶面追肥，既可单独喷液肥，也可结合病虫害防治，把枣树所需的微量元素、大量元素与药液混合给枝叶喷雾。采用后一种方法给枣树追肥，肥料利用率高，肥效快，简便易行，因而为各枣区所普遍采用。

五、浇水

水分既是枣树进行光合作用及吸收作用不可缺少的物质，也是树体的组成部分。当水分满足不了枣树正常生理活动需要时，叶片便呈现萎蔫状态，光合作用受阻，生长停滞。叶片长时间萎蔫，常引起落花落果乃至造成植株死亡。另外，土、肥、水三者的关系十分密切，有了良好的土壤条件，才能充分发挥肥料的效能，而肥料只有在水的作用下，才能被溶解、运转、吸收和利用。所以，施肥必须与浇水相结合，才能收到应有的效果。

有水利条件的枣园，浇水是补充土壤水分不足，保障枣树正常生命活动需要的唯一措施，也是枣树丰产的措施之一。

（一）灌溉时期

枣树虽然是比较耐旱的果树，但结合枣树的生理特点，有 3 个重要的需水时期，即萌芽期、花期和枣果膨大期，灌溉时期不是固定的，要因园而异。

1. 萌芽期

枣树萌芽晚，生长快，需水较多，而此期我国大部分枣区干旱少雨。故在 4 月上中旬枣树萌发时，应浇 1 次透水，对抽枝、展叶和花蕾的形成有促进作用。

2. 开花期

在天气干旱的情况下，应浇 1 次透水，否则会降低花部器官原生质的浓度，影响坐果率。在花期空气干燥时，可向树冠喷清水，如结合叶面喷肥喷施浓度为 1mg/L 的硼肥溶液，可提高坐果率。

3. 幼果迅速膨大期

8 月中旬至 9 月上旬，是枣果直径生长量最大的时期，也是需水的高峰期。此时若土壤水分不足，应浇水 1 次，以保证幼果正常生理活动的需要，减少落果。另外，在其他枣树生长期，如土壤干旱，枣树出现萎蔫时亦应及时浇水。冬季结冻前，为增强树体的抗害能力，使其安全越冬，可浇封冻水 1 次。

（二）浇水方法

1. 畦灌法

在枣园中每棵树打格做畦，四周有畦埂，畦埂高出地面 20~30cm，畦内土壤平整而后通过渠道向畦内浇水，这种方法浇水量大，效果好。

2. 沟灌法

在枣树沟间和行间挖浇水沟，深 30cm，宽 50cm，通过沟内浇水，为了防止水分蒸发，当水渗入后，应及时将沟填平。在水源比较缺乏的地区常采用这种方法，水主要浇在枣树的须根区，可达到省水高效的目的。

3. 滴灌法

滴灌是一种省水、省工、高效的浇水方法。在田间每一行树有一条滴水管道，管道由专用的能防老化的塑料制成。在管道上安装有水滴头，幼树每棵1~2个滴头，大树滴头数量可增加，滴头出水量可自动调节。全园有统一的出水阀门，可以人工控制，也可以自动控制，当打开阀门时全园每一棵树下的滴管都能均匀滴水，慢慢渗透到土中，使土壤达到合适的湿度，可以保持这个合适的湿度，使根系一直处于良好的营养生长状态。滴灌也可结合施肥，可滴入含有矿物质营养的水，一般1个人能管7hm^{2}左右的田地，既省工、又能使枣树生长得更好。目前，有些地方把滴管改成小水流灌溉，即把滴头的流水量加大，1棵树1个出水口，避免滴头堵塞，在短时间内可浇足，达到省工高效。

4. 微喷灌

喷灌是农作物常用的一种灌水方式，但由于高大的果树影响正常的喷灌，所以在果园中适宜用微喷灌。微喷灌的管道和滴管基本一样，但是不用滴水的滴头而是用微喷灌头，喷出来的雾，面积比滴管大，能均匀地使土壤湿润，同时能提高枣园的空气相对湿度，如开花期用微喷灌可提高枣树坐果率。微喷灌是公园、庭院中喷草坪和各种花卉常用的方法，也适合果园应用。

5. 株浇法

在没有灌溉条件或灌溉条件差的情况下，可采用挑水株浇的方法。另外，庭园四旁种植冬枣树也适宜采用这种方法。

第三节　整形修剪技术

一、芽和枝条

（一）枣树芽的类型

枣树的芽，一般分为主芽和副芽两种。主芽又称正芽或冬芽；副芽又称夏芽。主芽和副芽着生在同一节位，形成复芽。

1. 主芽

主芽为鳞芽，外有鳞片，每组有鳞片 3 个，中间的相当于叶、两旁的相当于托叶，每组内各有 1 个副芽（副雏梢）。主芽在形成的当年，一般并不萌发，为晚熟性芽，至翌年春天萌发，成为枣头或枣股，有时也不萌发而成为隐芽。隐芽的寿命很长，可达百年之久，如遭受刺激或损伤，仍可萌发为枣头或枣股，可用于更新。副芽为早熟性芽，形成后便可萌发形成二次枝或枯萎脱落。主芽着生于枣头和枣股的顶端，或侧生于枣头 1 次枝和 2 次枝的叶腋间。因其着生部位不同，生长习性也不一样。着生在枣头顶端的主芽，具有针刺状鳞片。在冬前已分化出主雏梢和副雏梢，翌春萌发时，由主芽分化的主雏梢萌发力强，并能继续 2 次分化新的副雏梢。萌发后的主雏梢长成枣头的主轴；冬前分化的副雏梢，多半长成脱落性枝条；而 2 次分化的副雏梢，长成永久性 2 次枝。在幼龄枣树上，枣头可连续单轴生长 7~8 年，将构成枣树的主干，只有当生长衰退时，其顶芽才形成结果母枝即枣股。形成分歧枣股，枣农称这种枝条为鸡爪子，长势较弱，结实力也差；枣股上也可抽生枣头，但

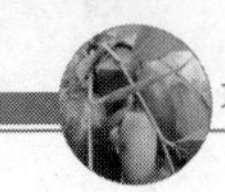

一般长势较弱，利用价值不高。

侧生于枣头上的主芽，当年分化迟缓，鳞片也不是针刺状，通常多不萌发，即或萌发，抽枝也不良，只有当枣树生长缓慢时，才会萌发形成枣股。位于枣股顶端的主芽，通常认为不萌发，但实际上是生长很弱，年生长量只有1~2mm，只有受到刺激时，才能萌发成枣头；枣股的侧生主芽，多呈潜伏状态而不萌发，当枣股衰老时，侧生主芽才会萌发形成枣股。

2. 副芽

侧生于主芽的左或右上方，在形成的当年即可萌发。枣头1次枝基部和2次枝上的副芽，萌发后形成枣吊；枣头1次枝中上部的副芽，萌发后形成永久性2次枝，其上的主芽第二年春天萌发后，形成新的枣股。1次枝上的主芽，第二年多不萌发。枣股上的副芽，萌发后形成枣吊，开花结果，是主要的结果性枝条。枣树的主芽萌发后，形成枣头和枣股；枣树的副芽萌发后，形成2次枝和枣吊。枣的花和花序，也是由副芽分化而成的。

3. 枝芽的相互转化

枣树的芽是由主、副两种芽组成的一个主雏梢和几个复雏梢间的芽，都是主芽。而枣头和枣股这两种枝，都是由主芽萌发形萌发后在形态上有所差异，其功能也不一样。枣头是构成树冠骨架，扩大结果面积；枣股则抽生枣吊，进行光合作用，制造营养，开花结果。但枣股和枣头之间，如因受到刺激或背养条件改变，使其生长势发生变化后，也可使抽生的枝条类型发生变化，如枣股受到刺激、可以抽生枣头。而结果基枝（二次枝）和枣吊，均是由副芽萌发形成的，大多数是由冬前分化的副雏梢所决定。有时副芽也能萌发形成2次枝和枣吊之间的过渡性枝，如分枝枣吊和半木质化的2次枝等，但这些由副芽萌发的枝条，则不能转化，也不易改变其萌发数量。

（二）枣树枝的类型

枣树枝条通常分为枣头、二次枝、枣股和枣吊。按其发生顺序又可分为一次枝、二次枝、三次枝。可是在叫法中，只把枣头叫一次枝。按其作用又可分为发育枝（即生长枝、营养枝、延长枝）、骨干枝（包括主枝、侧枝）、结果基枝（二次枝）、结果母枝（枣股）和结果枝（枣吊）。

1. 枣头

在枣树枝条中处于领导地位的枝条，称为枣头。枣头由主芽萌发生长形成，是形成枣树骨架和结果基枝的基础。通过对枣头培育可形成中心领导干、发育枝、骨干枝，即生长枝、营养枝、延长枝和主枝、侧枝。

（1）骨干枝。骨干枝由主枝和侧枝组成，形成大中型结果枝组，它构成枣树树冠骨架。主枝是指着生在主干上的大枝，形成侧枝和大型结果枝组；侧枝是由主枝上的延长枝（枣头）培育而成，位于主枝中下部，它的多少和分布位置直接关系枣树树形是否合理及丰产性能，以及形成中型结果枝组数量。

（2）发育枝。发育枝包括生长枝、营养枝、延长枝、辅养枝等，它是构成树体骨架、树冠和结果系统的基础，在枣树枝条中处于领导地位，故又称为枣头。枣头是培养中心领导干枣头延区、由于在枣树生长发育进程中是最早发生的枝条，人们常把它称为一次枝。以上所述枝条，由枣头生长而成。虽然作用不同，叫法不一，但都是由主芽萌生枣头，由枣头生长而成。

2. 二次枝

二次枝又称为结果基枝，是枣树枝条的小型结果枝组，多从枣头中上部副芽当年萌发而长成永久性枝条，呈“之”字形弯曲生长，是着生枣股的主要枝条，故称为结果枝。二次枝当年停止生长后，顶端不形成顶芽，以后也不延伸生长，加粗生长也很缓慢，通过修剪可培养成主枝、侧枝和大中型结果枝组。在枣树生长发育过程中是第 2 次萌发生长的枝条，故称为二次枝。二次枝、结果基枝、小型结果枝组均为同一枝条。

3. 枣股

枣股是由枣头（基部）和二次枝上叶腋间主芽萌发而成的短缩枝，是发育枝（枣头）在形态上的压缩，也是枣树枝条由营养生长向生殖生长转化而出现的形态变异。枣股上副芽每年抽生 1~8 个枣吊，开花结果，是枣树结果的重要器官，因而称之为结果母枝。枣股、结果母枝为同一枝条。枣股顶生的主芽，一般多潜伏不发。枣股一般寿命为 6~10 年，以 3~8 年枣股结果能力最強。

4. 枣吊

枣吊又称为结果枝，由枣股上副芽萌发而成，也有少数枣币是由枣头、二次枝叶腋间副芽萌发而成，既是开花结果的枝条，也是进行光合作用的重要器官，一般长 15~30cm，10~15 节。在 1 个枣吊上 4~8 节叶面积最大，3~8 节坐果最多。随着枣吊的生长发育，在其腋间出现花序、开花结果，至秋季随落叶脱落，故又称为脱落枝。所以，枣吊、结果枝、脱落枝、三次枝则为同一枝条。

二、枣树的物候期年生命周期

枣在一年中的物候期，因地区、品种而不同，其主要特点是比般果树开始生长晚，落叶早，枣的生长期一般为 160~185d。

枣为喜温果树，在保定观察，婆枣和小枣一般在 4 月中下旬萌芽。同一品种，年份不同，萌芽期也不同。在同一株上，枣股萌芽最早，枣头顶芽次之，侧芽萌发较晚，相差有 3~5d。老枝萌发较早，说明枣树萌芽与芽体营养状况有关。展叶期在4月中下旬，全树叶片全部展开，历时5~6d。一般在展叶期花在已开始分化，经3~5d即显蕾，5月中下旬至6月初开花、开花期1个月以上，8月下旬开始着色，多数品种于9月下旬采收，10月中下旬落叶。在自然生长条件下，枣树的一生可分为5个时期。

1. 生长期

又称主干延伸期，此期离心生长旺盛，根系迅速扩大，枣头多单轴延伸生长，年轮平均增长量2.6~2.7mm，虽能开花但结果很少，此期短者3~4年，长者达7~8年。

2. 生长结果期

又称树冠形成期，此期生长仍较旺盛，分枝量增多，树冠不断扩大，树体骨架基本形成，并逐渐由营养生长转向生殖生长，但产量不高，此期一般持续15年左右。

3. 结果期

即盛果期，此期根系和树冠的扩大均基本达最大限度，生长变缓，结果量迅速增加，产量达最高峰。后期出现向心更新枣头，此期一般可达50年以上。

4. 结果更新期

此期树冠内部枯死枝条渐多、部分骨干枝开始向心更新、冠逐渐缩小。结实力开始下降，产量降低，一般此期可80年左右。

5. 衰老期

树势衰退，树体残缺不全，树冠根系逐渐回缩，年轮增长甚微，主要由树冠内发生的更新枝结果，产量很低，品质下降。枣树一般在80~100年进入衰老期。

三、枣树各时期修剪技术

枣树的修剪是培养树形的重要手段，及时合理的修剪可使树体枝条摆布均匀，长势均衡，充分利用阳光和水分，达到丰产、稳产、优质的目的。

修剪的基本方法

枣树修剪可分为冬季修剪和夏季修剪两个时期，时期不同采用的修剪方法也不相同，其修剪反应也不一样，两者有机结合，缺一不可。特别是夏季修剪，对提高枣果的产量和质量，生产优质无公害果子尤为重要。

1. 冬季修剪

冬季修剪从枣树落叶后至萌芽前，除严寒期间外均可进行。其任务是应用短截、疏剪、回缩等方法，按照预定目标进行整形，控制树高，培养骨干枝，调整骨干枝角度，培养结果枝组。

疏剪：将密挤枝、交叉枝、重叠枝、枯死枝、病虫枝、细弱枝等多余的枝条从基部疏除，以减少营养消耗，改善通风透光条件。疏剪要求剪口平滑，不留残桩，以利愈合。

短剪：也叫短截，把一年生枣头着生的二次枝剪去一部分。为了培养树形和扩大树冠，剪口下 1~3 个二次枝同时留 1cm 剪掉，以刺激二次枝基部隐芽萌发枣头，如不剪掉二次枝，基部隐芽一般不易萌发，即所谓的一剪子堵，两剪子促。短截程度视枣头生长强弱而不同，一般剪去枝条的 1/2 左右。枣头强不短截，则由顶芽萌发形成单轴延伸，以利于树形的培养。

回缩：也叫缩剪，是把生长衰弱 、枝条冗长下垂、株间枝条生长连接、辅养枝和结果枝组生长影响骨干枝生长的枝条，在适当部位短截回缩，以抬高角度，复壮树势，并剪掉剪口下二次枝，以刺激隐芽萌生枣头。

开张角度：对角度小、生长较直立的枝条，用撑、拉、吊等方法，把枝条角度调整到适当的程度，以缓和树势，改善通风透光条件。

2. 夏季修剪

夏季修剪，即生长期修剪。是指萌芽后至落叶前的整个生长期内所进行的修剪。夏季修剪主要有疏枝、摘心、抹芽、拉枝、环状剥皮和环切等内容。其任务是控制枣头生长，调整骨干枝方向，改善光照条件，调整养分分配，提高坐果率，提高果实品质。

疏枝：疏除膛内过密的多年生枝和骨干枝上萌生的新枣头。俗话说：枝条疏散，红枣满串；枝条拥挤，吊枝空闲。所以凡位置不当、不计划留做更新枝利用的，都要尽量早疏除。

摘心：即剪掉枣头顶端的芽。一般摘掉幼嫩部分 10cm 左右，摘心部位以下，保留 2~3 个二次枝。对幼树中心枝和主、侧枝摘心，能促进新枝萌发；对弱枝 、水平枝 、二次枝上的枣头轻摘心，能促进生长充实；对强旺枝、延长枝 、更新枝的枣头重摘心，能集中养分，促进二次枝和枣吊发育 ，增加枣股数量，提高坐果率。整枝。对偏冠树缺枝或有空间的，可将膛内枝和徒长枝拉出来，填补空间，以调整偏冠，扩大结果部位。对整形期间的幼树，可用木棍支撑、捆绑 ，也可用绳索坠 、拉，使第 1 层主枝开张角保持 60° 左右。

抹芽：将主干和骨干枝上萌生的无用嫩芽抹去，以节省养分，提高坐果率。缓放。对留作主枝及侧枝的延长枝及主果枝，当年枣头不做处理 ，使其继续延长生长扩大树冠，增加结果面积。

在枣树的整形修剪中，冬季修剪和夏季修剪相互配合，相互补充，但不能相互替代。经精细夏季修剪的枣树，冬季修剪时的工作量就可大大减轻，夏季修剪成为枣树现代化管理中一项不可或缺的重要内容。

四、不同树龄的修剪特点

不同树龄的枣树生长情况也不相同，采用的整形修剪手法也不一样。幼树偏重于整形。通过适当的整形修剪、使树冠迅速扩大，建立牢靠的骨架，培养健壮的结果枝组，为结果奠定基础。盛果期树偏重于修剪，通过修剪打开光路，集中养分、提高产量。衰老期树着重于主枝和枝组更新，要重剪、通过重剪使树势恢复，结果延长，达到高产稳产。

（一）幼树的整形修剪

通过定干和短截，促生分枝，培养主侧枝，扩大树冠，加快幼树成形，形成牢固的树体结构。除此之外，要充分利用不作为骨干枝的枣头，将其培养成健壮的结果枝组，尽量多留枝，从而实现幼树的速生及早丰产，对于没有发展空间的枣头要及时疏除。

培养结果枝组的方法是：夏季对枣头摘心和冬季修剪时短截1~2年生枣头。夏季枣头摘心可促进留下的二次枝发育。因此，形成的结果枝组比较强壮，结果能力强。但枣头夏季摘心只能培养小型的结果枝组，如果枣头的生长空间较大，就不能急于摘心，要促进枣头进一步生长，以培养成中型或大型的结果枝组。

（二）生长结果期树的修剪

此期树体骨架已基本形成，树冠继续扩大，仍以营养生长为主，但产量逐年增加。此期修剪任务是调节生长和结果关系，使生长和结果兼顾，并逐渐转向以结果为主。

此期要继续培养各类结果枝组。对无生长空间的结果枝组，花期环割或环剥，促其结果，使长树、结果两不误。在树冠直径没有达到最大之前，通过对骨干枝枝条短截，促发新枝，来继续扩大树冠。当树冠已经达到要求时，对骨干枝的延长枝进行摘心，控制其延长生长，并适时开甲，实现全树结果。

（三）盛果期树的修剪

此期树冠已经形成，生长势减弱，树冠大小基本稳定，结果能力强。后期骨干枝先端逐渐弯曲下垂，交叉枝生长，内膛枝条逐渐枯死，结果部位外移。因此，在修剪上主要注意调节营养生长和生殖生长的关系，维持树势，采用疏除、回缩相结合的办法，打开光路，引光入膛，培养内膛枝，防止内部枝条枯死和结果部位外移。修剪时注意结果枝组的培养和更新，以延长盛果期年限。

调节营养生长和生殖生长的关系。进入盛果期后，保持树势中庸是高产稳产的基础。对于结果少、生长过旺的树，要采用主干和主枝环剥、开张角度等方法，提高坐果率，以果压冠。对于结果较多、枝条下垂、树势偏弱的树，要通过回缩、短截等手段，集中养分，刺激萌发枣头，增加营养生长，复壮树势。对于已经郁闭的枣园，必要时可间伐株或间伐行，不间伐的在完成膛内修剪的同时，通过回缩，在行间强行打开宽 1m 的空间。

培养与更新结果枝组。对于骨干枝上自然萌生的枣头，要根据其空间大小，培养成中小型结果枝组。也可运用修剪手段在有空间的位置刺激萌发枣头，培养结果枝组。枣树的结果枝组寿命长，但结果数年后结实率下降，必须进行更新复壮。一般可利用结果枝组中下部萌生的健壮枣头，通过回缩、短截等手段，使中下部萌生枣头，培养 1~2 年后，从该枣头处剪掉老枝组。

疏除无用枝。枣树的隐芽，处于背上极性位置时，易萌发形成徒长枝，从而扰乱树形，影响通风透光。因此对没有利用价值的徒长枝要疏除。另外，对交叉枝、重叠枝、并生枝、轮生枝、病虫枯死枝进行疏除。层间辅养枝要根据情况逐年疏掉，以打开层间距，引光入膛，改善树体光照条件。

（四）结果更新期树的修剪

此期生长势明显转弱，老枝多，新生枣头少，产量呈逐年下降的趋势。此期修剪主要任务是更新结果枝组，回缩骨干枝前端下垂部分，对于衰老枝重回缩，促发新枣头，抬高枝条角度，恢复树势。此期抽生枣头能力减弱，因此要特别重视对新生枣头的利用，以便更新老的结果枝组。

（五）放任树的修剪

枣树放任树是指管理粗放，从来不修剪或很少修剪而自然生长的树。其总的特点是：树体通风透光不良，骨干枝主次不分明，枝条紊乱，密挤，先端下垂，内部光秃，结果部位外移，花多果少，果实品质差；或者树冠残缺，枝条稀少，产量低。对于放任树的修剪要掌握“随树整形、因树修剪”的原则，做到“有形不死、无形不乱”，不强求树形。

（1）对于枝条过多的放任树，修剪时先疏除上部直立的大枝，降低树高，使树体开心，引光入膛；再剪除多数结果主枝上的直立枝，疏除过密的小枝、无结果能力的枝、病虫枝、重叠枝、平行枝，使主侧枝主从分明；再回缩交叉枝、下垂枝，培养牢固的结果枝组；最后剪除多数枣股上萌发的新枣头，有空间的枣头留 2~6 个二次枝短截，对于过长过细枝轻打头，培养成健壮的结果枝组。经过上述修剪，使树体通风透光、主从分明，呈现大枝亮堂堂、小枝闹泱泱、互不交叉、互不密集、互不重叠、各在预定的空间结果的丰产稳产树形。

（2）对于枝条过少的放任树，修剪时，先回缩光秃大枝，培养侧枝，再短截细弱枝，复壮枝组，再剪除病虫枝、干枯枝、无利用价值的细弱枝,使树体健康结果。对于外围用于骨干延长枝的枣头，尽量保留，如果方向不好可通过拉枝、别枝、撑枝的方法改变方向及角度。对于内膛的枣头可通过短截、摘心的方法培养结果枝组，填补空间。

（六）密植枣树的整形修剪

密植枣树由于单位面积株数多，单株产量与稀植及中密度栽植树不同，所以要求树体矮小，结果早。修剪时不能过分强调单株枝量，要以整行或整块地为一修剪单位，只要是亩枝量达到要求，就促其结果。

1. 整形扩冠期的修剪

修剪原则是“以轻剪为主，促控结合，多留枝，留壮枝”。修剪措施是“一拉、二刻、三短截、四回缩”。

一拉：对于方向及角度不好的枝，不要疏除，采用拉枝的方法使其枝条变向，改变角度，填补空间。

二刻：对于缺枝方向的芽，于芽体萌发时，在芽上 1cm 处刻伤，深达木质部，促使主芽萌发抽生枣头，增加枝叶量。

三短截：对于主干上枝量少，空间大的部分，可将中心枝短截，并对其下的二次枝选留方向好的从基部剪掉，促使枝条上主芽萌发枝条，增加枝量。上年萌发的枝条须增加侧枝、扩展延长枝，留 5~7 个二次枝短截，并将剪口下 2 个二次枝疏除。

四回缩：当树体高度超过行距时，顶端回缩，控制其高度，增强中下部长势；对于交叉，直立没有利用空间的枣头，留 2~4 个二次枝回缩，培养小型结果枝组。

2. 密植枣树盛果期的修剪

修剪任务是打开光路，培养更新结果枝组。

（七）衰老树的修剪

1. 修剪原则

所谓衰老树，一般指栽植后 30~50 年生的枣树。这时的树体表现是树势极度衰弱，枝条生长量小，枣股萌生枣吊的能力差，大部分结果枝组衰老或死亡。开花少、坐果率低、品质差、产量低。故这时期的枣树的修剪重点是锯除主枝，促使隐芽萌发，更新复壮，培养新的结果枝组，稳定产量。

2. 修剪方法

（1）*树冠更新*。只是树冠残缺不全时进行树冠更新。树冠更新有轻、中、重 3 种不同程度的更新修剪。

轻更新。进入衰老期不久，生长势逐渐变弱，萌发新枣头能力下降，二次枝开始死亡，骨干枝有光秃现象，产量呈下降趋势。当全树枣股 1 000~1 500 个、株产 7.5~10kg 时进行。方法是采用轻度回缩的手段，将主侧枝总长的 1/5~1/3 锯掉，刺激下部抽生新生枣头，培养新的结果枝组，增加结果能力。如果回缩部位有良好的分枝，也可以用新枝带头。进行轻更新以后，可继续开甲，维持一定的产量。

中更新。当树体明显变弱，二次枝死亡，骨干枝大部光秃，产量急剧下降，枣股在 500~1 000 个，株产 5~7.5kg 时进行。方法是将骨干枝总长的 1/2 锯除，同时将光秃的结果枝重截，以促生新枝。更新的同时停止开甲并养树 2 年。

重更新。当树体极度衰老，各级枝条死亡，骨干枝回缩干枯严重，有效枣股在500个以下，株产5kg以下时进行重更新。方法是将各级骨干枝的2/3锯除，刺激萌生新枝，重新形成树冠，并停止开甲养树3年。

（2）树干更新。在树冠严重残缺不全、树干没空心时进行。更新方法是在树干健壮处，锯除整个树冠，促使锯口下萌发新枝，培养新的树冠。

（3）根际更新。在树干全部腐朽时采用根际更新。方法是于根际处锯除树体，利用根际发生的根蘖苗培养新的植株。

3. 注意事项

衰老树锯枝后伤口大，易干裂和腐烂，要在锯口涂蜡或绑扎塑料布。衰老树更新要一次完成不宜轮换，否则刺激程度不够，发枝少，枝势弱，树冠形成慢。更新后要利用整形修剪的原则，对新发枝进行短截、摘心、疏枝、抹芽等培养新的主枝和结果枝组。衰老树更新后，树体上下生长比例失调、容易造成少抽枝或枯枝现象，所以，要加强肥水管理，促使新枝尽快生长，及早恢复产量。

第四节　花果管理技术

枣树虽然花期长，花量大，但落花落果严重，坐果率一般只有1%~2%。产生落花落果的原因，笔者认为与胚的发育有关，有的品种胚发育比较好，坐果率就比较高，但很多品种胚发育不良，如沾化冬枣。由于胚能分泌赤霉素等植物激素而促进坐果，所以没有胚的果实很容易在很小时就脱落，形成早期落果。另外，营养生长与生殖生长之间存在矛盾，在坐果时期控制营养生长，有利于提高坐果率。因此，春季抹芽、摘心、“砑枣”“开甲”（环状剥皮）和应用赤霉素及微量元素等都能提高坐果率。

（一）抹芽

待枣芽萌发后，华北地区到5月上旬，对各级骨干枝、结果枝组间萌生的新枣头，如不做延长枝和结果枝组培养的都应从基部抹掉。可节省树体对养分的消耗，增强树势，有利于开花和坐果。抹芽比夏季修剪省工，又可减少因疏枝而形成的伤口。通过抹芽，枣树生长不会乱，主侧枝都能分布均匀，枝条之间保持合理的从属关系。

（二）枣头枝摘心

枣头枝摘心可以控制枣头枝的生长，减少幼嫩枝叶生长对养分的消耗，缓解新梢和花果之间争夺养分的矛盾，对提高坐果率有明显的效果。摘心的方法是：在6月上中旬，枣树大量开花之前，对留作培养结果枝组和利用结果的枣头，根据空间大小、枝条生长势的强弱进行摘心。空间大、枝势强，可培养大型结果枝组，即枣头枝留4~7个二次枝以上进行摘心，二次枝生长到6节左右摘边心；空间小，枝条生长平庸，需培养中小型结果枝组，可在枣头枝上留3~5个二次枝以上进行摘心，二次枝长到3~5节时摘边心。往往各个枣头生长不整齐，则进行2~3次摘心。通过摘心，可促进枣头转变成结果枝，同时减少养分的消耗，有利于提高坐果率。

（三）砑枣

1. 砑枣的作用

砑枣是河南等地枣农常用的方法。树木的输导组织传输水分和养分有不同的途径：一是导管，位于茎的木质部，主要向上运根部吸收的水分和无机盐，把这些原料送到叶片中，通过光合作用，将光能转变为化学能，制造出各种有机化合物；二是筛管，位于韧皮部，能将叶片中制造出的有机化合物送到茎、枝、叶、花、果和根系中，供生命活动和生长发育的需要。

砑枣就是在花期砍伤或切断韧皮部的筛管，可暂时阻止叶片制造的有机营养物质向根系运输，以提高枝、叶、花、果的营养水平，达到提高坐果率的目的。但如果砑枣过重，斧口短期内不能愈合，从而使根系生命活动受到影响，会造成树势早衰，反而对结果不利，所以砑枣强度要适当。

2. 砑枣时期及次数

砑枣在 6 月初至 7 月初的花期进行。砑枣次数，因立地条件、气候、树势、坐果量而定，一般每年进行 3 次。坐果多、气温高、降树势旺者，可砑 4 次，每次间隔 5d 左右。若遇天气严重干旱、大风或连阴天不得砑枣，对幼树、老树和弱树不要砑枣。

3. 砑枣方法

砑枣时左手扶树，右手持斧，按逆时针方向，从树干地径 30cm 处开始，自下而上，斧头垂直砑于树干，深度以达韧皮部不损木质部为宜。斧口排列一般横距 2cm，行距 2.5cm，每次砑 3 行，使其相互交错，如对口易造成窟窿，伤口不易愈合。

（四）开甲

“开甲”也叫环状剥皮，“开甲”和砑枣起同样的作用，即在花期切断韧皮部的筛管，暂时阻止叶片制造的有机营养物质向根系运输，达到提高坐果率的目的。但剥皮如果过宽，伤口不能在短期内愈合，根系长期得不到有机营养物质的供应，则会降低根系吸收水分和养分的功能，会造成树势早衰，反而对结果不利。所以，“开甲”是一项技术性很强的工作，要根据树势强弱、开花结果情况及气候条件灵活掌握。

开甲工具主要是开甲刀和开甲钩子。开甲适宜时期在盛花期，成年结果树以主干为宜，其位置低，韧皮部组织发达，易于剥离，伤口愈合快。主枝等部位韧皮部组织薄，操作不便，伤口愈合慢。一般主干直径小于 10cm，骨干枝尚未形成，不宜“开甲”。但在高肥水条件下，也有的对密植丰产树主干或主枝进行开甲，在丰产的同时，树冠发育良好。

开甲自下而上，每年开甲 1 环，逐年向上，每环相距 5cm，直达主枝分杈处，再从基部向上开甲。甲口一般不重合。开甲时，先用枷树钩子在环割部扒去老树皮，露出白色的韧皮组织，再用开中刀环切两刀（宽 0.5cm），深达木质部，而后取下环切之间的韧及部组织，不得损伤木质部，也可留下一点韧皮组织。

环剥后的伤口有时有害虫为害，可用 25% 久效磷 500~ 800 倍液或 40% 氧化乐果 1 200 倍液涂抹伤口，农药对形成层细胞有杀伤作用，所以喷药后，待伤口干燥后要用塑料条保护伤口，促进切口两端形成层长出愈伤组织（主要是上端），15~20d 后除去塑料条，这时环剥处已愈合。为了确保坐果，再在愈合的伤口处，用刀环切两圈。另外，对枣的幼树，为了基本不影响生长，在生长好的基础上适当结果，可以用主干环切的方法，也能明显地提高坐果率。具体做法是盛花期（6 月中旬），在主干距地面 10~20cm 处，用刀环切 1~2 圈，将韧皮部组织切断，深达木质部，一般旺树要切 2 圈，2 圈的间距 3~5cm。此法也可用于辅养枝或大型结果枝组。这是幼龄的旺树可采用的方法。环切和环剥的原理是一样的，但是环切愈合很快，对枣树的伤害少，所起的作用比环剥小一些。这是幼龄树早期丰产的一项措施。对于高接换种的枣树，第二年树势刚恢复，但又需要提早结果，也可采用环切的方法，以免环剥时损伤树势。

（五）植物激素的利用

能提高坐果率的植物激素有赤霉素（GA_3）、2，4-D 和萘乙酸等，其中，赤霉素应用最为广泛，赤霉素是一类化学物质，其中，常用的是 GA_3 又称九二〇，能促进枣花花粉萌发和受精，又能刺激子房的膨大，使无胚的果实膨大和发育。赤霉素的使用时间以盛花初期为好，一般结果枝上开 5~8 朵花时喷雾 1 次，浓度为 10mg/L。如果喷的次数增加和浓度增高，就会提高坐果率，但常常会使坐果过多，果实个头变小，果形拉长，影响品质，在蕾期喷洒可使花柄增长。赤霉素不能溶解于水中，应用时应先用少量酒精溶解，而后加入一些热水稀释，最后用冷水定容至一定的浓度。如果直接用水稀释，会产生沉淀，喷后没有效果。在高温干燥的情况下要避免中午喷洒，以早晨和傍晚喷赤霉素为好。

植物激素 2,4-D 在花期喷也有明显的效果，浓度很稀，只需 0.1mg/L 即能提高坐果率。2,4-D 也不溶于水，必须先用少量酒精溶解，施用时最好和 0.3% 硼砂结合起来。

（六）花期喷水提高空气相对湿度

枣树花粉萌发需要较高的空气相对湿度，特别是小枣类品种，空气相对湿度低于 60%~70% 时，花粉的萌发率会明显降低。在开花期，我国北方枣区正处于干旱天气，空气相对湿度低，严重影响产量。因此，花期喷水对提高坐果率很重要。喷水的时间以傍晚为最好，上午次之，中午和下午的效果最差。因为傍晚气温低、水分蒸发慢，喷水后树冠内高湿度维持时间较长，而且傍晚花粉已散完，不会因水冲失花粉。而中午和下午气温高、湿度低，喷洒在叶面和花上的清水很快蒸发，维持高湿时间短、作用小，同时会冲掉一部分花粉。喷水在小面积上进行，增产效果比较小，大面积的喷灌或人工降雨，能明显提高空气相对湿度，增产效果大。

（七）放蜂提高授粉率

枣花是虫媒花，有丰富的花蜜。因此，在枣园放蜂对枣花授粉很有好处，特别是有些品种需要异花授粉，放蜂就更显得重要。枣园内放蜂，一般蜂箱应放在枣园或枣行中间，间距不宜超过1 000m。据调查，距蜂群300m以内的枣树较1 000m以外的枣树花后坐果率高1倍以上，生理落果也减少。

（八）叶面喷肥和微量元素的作用

在盛花初期（40%的花开放）叶面喷0.3%的尿素或0.3%的磷酸二氢钾，也可以喷尿素加磷酸二氢钾的混合液，能及时补充树体急需的养分和减少落花落果。花期喷肥可以进行多次，每次相隔5~7d，也可以和植物激素混合喷洒。除氮、磷、钾大量元素外，微量元素也需要及时补充。硼砂是一种硼肥，硼是一种微量元素，与开花坐果有关，在枣花的柱头中含量高，能刺激花粉管的萌发和伸长。因此枣树缺硼严重将会导致“花而不实”，引起严重的落花落果。花期喷洒0.3%的硼砂，对提高坐果率有很好的效果，在土壤缺硼时效果更明显。喷硼和喷激素也可以结合进行。稀土元素在枣树上应用也有不少报道，稀土元素是一类超微量元素，植物需要量很少但能起到明显的作用，市场上可买到的“常乐益植素”是一种稀土元素肥料，据试验能提高坐果率36.3%。

（九）控制采前落果的方法

枣果成熟前，很多品种落果非常严重，如金丝小枣果实生长后期，即从开始着色到采收期，提前落果占产量的30%~40%，严重的可达50%以上。近几年，北京地区种植的郎家园枣，采前落果也极为严重。产生原因与发育后期营养不足有关，连阴雨天气，日照不足容易产生采前落果。为了防止采前落果，要加强树体管理，追肥要减少氮肥的比例，缓和树势，使树体通风透光。通过研究，喷布植物生长调节剂，在防止采前落果方面也有明显的效果。可喷布萘乙酸或对氯苯氧乙酸（防落素）等生长调节剂。其作用是抑制枣果果柄离层的形成,因为采前落果是在果柄处细胞过早形成离层，如果抑制离层的产生就可以有效地防治采前落果。具体方法可在每升水中加20mg的萘乙酸，在采收前1个月喷布，对于落果严重的果园喷后10d再喷1次。要注意萘乙酸不溶于水，要先用少量酒精或酒精度高的白酒溶解，而后用少量温水稀释后再加入冷水稀释至使用的溶液浓度。对氯苯氧乙酸可直接对水使用。喷雾时要求果面和果柄全面喷匀。

第六章　枣主要病虫害及其防治

枣树病虫害种类较多，其中，对枣树产量、品质影响较大的虫害主要有枣红蜘蛛、绿盲蝽象、枣龟蜡蚧、枣粉蚧、食芽象甲、枣瘿蚊、枣尺蠖、枣黏虫、桃小食心虫、皮暗斑螟等，它们的发生既有阶段性，又有交叉性。病害主要有枣锈病、炭疽病、枣疯病、缩果病等。过去对枣树病虫的防治过于依赖农药喷雾，而喷雾防治中90%以上药剂飘洒于空中和土壤，往往引起严重的空气、土壤和水污染，农药残留超标，影响食品安全，导致出口受阻，仅2004年就有高达74亿美元的农产品由于农药残留超标而退货。因此，选用高效低（无）毒低（无）残留药剂以及其他生物制剂对害虫进行防治，通过增加施用有机肥，控制化肥和外源植物激素的施用，最终达到保护枣园生态平衡的目的，生产高品质、无污染枣果。

第一节　常见病害及其防治技术

1. 枣疯病

（1）发病症状

枣树染病后，表现为花柄长度为正常花的3~6倍，萼片、花瓣、雄蕊和雌蕊反常生长，成浅绿色小叶。树势较强的病树，小叶叶腋间还会抽生细矮小枝，形成枝丛。发育枝正副芽和结果母枝，一年多次萌发生长，连续抽生细小黄绿的枝叶，形成稠密的枝丛，冬季不易脱落。全树枝干上原是休眠状态的隐芽大量萌发，抽生黄绿细小的枝丛。有时树下萌生小叶丛枝状的根蘖。枣疯病的发生，一般先在部分枝条和根蘖上表现症状，以后渐次扩展至全树。幼树发病后一般1~2年枯死，大树染病一般3~6年逐渐死亡。

（2）发病规律

枣疯病由植原体（过去称为类菌原体MLO）引起。植原体是介于病毒与细菌之间的一种微生物，有细胞膜，而没有细胞壁，生活于植物体细胞内。植原体病害与病毒病害一样,为系统侵染病害，即病原可以通过输导组织传输到植物体的其他部位。

在自然状态下，枣疯病在植株间的传播主要通过凹缘菱纹叶蝉（Hishimonas sellatue Uhler）、中国拟菱纹叶蝉（Himonoides Chinensis Anufriev）、橙带拟菱纹叶蝉（Hishimonoides aurifaciales Kuoh）等几种昆虫媒介进行。目前，在太行山区，主要的传病媒介是凹缘菱纹叶蝉，由于该叶蝉寄主广泛，可为害侧柏、刺槐、白榆、芝麻、酸枣、桑等多种植物，一年当中，叶蝉不断迁飞于不同植物之间，所以，要控制叶蝉传病有一定难度。另外，通过人工接种和昆虫传病实验证明，枣疯病和桑萎缩病可以互相传播，即枣疯病病原可以引起桑树萎缩病发生，桑萎缩病也同样可以引起枣疯病发生，两者应为同一病原。

（3）防治措施

随时清除病树病枝（包括病酸枣）病蘖，消灭病源，防止蔓延。发现病树、病枝和病蘖要及时清除。

健株育苗。挖取根蘖苗应严格选择，避免从病株上取根蘖苗。嫁接时采用无病的砧木和接穗。选育和采用抗病品种阜星、唐星。利用和保护天敌。控制传病媒介昆虫，降低传播概率。

药物防治。应用四环素族（主要是盐酸土霉素）抗生素进行树干注射方法治疗枣疯病病树，有一定效果，但存在停药后复发和植物毒性问题。

2. 枣锈病

俗称“枣串”“枣雾”，各地枣园均有发生，2006年在河北省各枣区发生比较严重。主要为害枣树叶片，为害严重时造成大量落叶，果实不能正常成熟，树势衰弱，严重降低枣果的产量和品质。

（1）发病症状

主要为害叶片。发病初期，在叶背散生淡绿色小点，后渐变成淡灰褐色，最后病斑变黄褐色，产生突起的夏孢子堆。病斑表皮破裂时，散出黄粉状的夏孢子。叶片正面呈花叶状，渐变灰黄色，最后干枯、脱落，落叶自冠下向上蔓延。为害严重时，果面也会出现病斑和孢子堆。

（2）发病规律

病原为多层锈菌，属真菌。病原菌以夏孢子在病叶、枝干上越冬。翌年夏孢子散出后可借风雨传播。6月下旬至7月上旬，降雨多、温度适宜时，越冬的夏孢子开始萌芽，并侵入叶片。7月中下旬开始发病并少量落叶，8月中下旬开始大量落叶。此病的发生与前期降雨关系密切，雨季早、气温高、湿度大的年份发病早而重。树冠郁闭，通透性差，低洼、间作及密植枣园发病相对较重。

（3）防治措施

加强栽培管理。栽植不宜过密，结合修剪疏除过密枝条使树冠通风透光，雨季及时排除积水，防止果园过于潮湿。降低初侵染源。晚秋和冬季清除落叶，集中深埋。发病较重园可结合早春刮树皮，对树干、枝芽喷施3~5波美度石硫合剂，减少病原菌传播。药剂防治。在7月上旬喷1次200~300倍的波尔多液（即硫酸铜1份，生石灰 2~3 份，水 200~300 份），相隔 20d，再喷一次。或粉锈宁可湿性粉剂 800 倍液。

3. 枣缩果病

又名枣铁皮病、枣黑腐病、枣萎蔫病、枣雾蔫病等，俗称雾抄、雾落头、雾焯头等。近年来，该病遍及全国各大枣区，可造成果实提前脱落，降低产量和品质。

（1）发病症状

枣缩果病病原菌侵入正常果实后，被侵害果实的发病症状有晕环、水渍、着色、萎缩、脱落 5 个阶段。缩果病病菌侵入正常枣果后，首先在果肩等部位出现不规则的浅黄色晕环病斑，边缘较清晰，进而果皮转呈水渍状，土黄色，果实大量脱水，边界不清，以后病斑逐渐扩大，因糖分快速上升，颜色逐渐变深为红褐色。病果出现症状后一般 2~7d 即脱落。不同时期染病的果实，其脱落期相差很大，前期病果多在水渍期脱落，中期病果多在半红时脱落，接近成熟期染病的枣果病斑不太明显，为紫红色，果肉灰黑色，呈软腐状，多在萎缩期末脱落。病斑果肉色黄、发苦，含糖量降低。

（2）发病规律

病因比较复杂，公开报道的有轮纹大茎点菌、噬枣欧文氏菌、橄榄色盾壳霉菌、细交链孢菌、群生小穴壳菌、毁灭茎点霉菌 6 种真菌和 1 种细菌。枣树的树皮、枣头、枣吊、枝条、落叶都是病原菌的越冬场所，但在越冬部位不表现任何症状。病菌主要通过风雨摩擦、刺吸式口器害虫（壁虱、叶蝉、绿盲蝽象等）造成的伤口侵入为害。该病的发生与枣果的生育期天气因素密切相关，一般从枣果梗洼变红（红圈期）到 1/3 变红时（着色期）枣肉含糖量在 18% 以上，气温 23~28℃时是发生盛期，这时如遇阴雨连绵或夜雨昼晴的天气，往往暴发成灾。

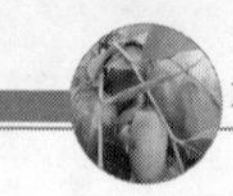

（3）防治措施

选用抗病品种。如曙光、曙光2号、曙光3号等。加强果园管理，控制果实虫害。可用20%灭扫利5 000倍液、20%速灭杀丁2 500倍液等药剂加强对叶蝉、龟蜡蚧、桃小食心虫的防治，减少果面虫口密度。

清理枣园。清除枣园内病虫果和烂果，集中深埋，减少病原。加强树体管理。搞好修剪，使树体通风透光，增施农家肥，增强树势，提高自身抗病能力。若是大龄树，在枣树萌芽前刮除并烧毁老树皮，全树喷一次3~5波美度石硫合剂。

4. 枣炭疽病

俗称烧茄子病，该病在各大枣区均有发生。除为害枣外，还为害苹果、核桃、桃、杏等。果实近成熟期发病，果实感病后常提早脱落，降低品质，经济价值降低。

（1）发病症状

主要侵害果实，也可侵染枣吊、枣叶、枣头及枣股，果实受害后，果肩或果腰最初出现淡黄褐色水渍状斑点，逐渐扩大成形状不规则的黄褐色斑块，中间逐渐凹陷，病斑里面果肉由绿渐变褐色，坏死，呈黑色或黑褐色。果实一般不脱落，但在后期或病斑较多时往往易腐烂而脱落，少数干缩为僵果挂在枝头。叶部受害后变黄绿早期脱落，有的呈黑褐色焦枯状悬挂枝头，枣吊、枣头、枣股受害后不表现症状。

（2）发病规律

病原菌为胶孢炭疽菌，属真菌。病菌以菌丝潜伏于残留的枣吊、枣头、枣股和僵果上越冬。翌年随风雨飞溅传播、昆虫带菌传播，如蝇类、蝽象类、叶蝉类等，从伤口、气孔或直接穿透表皮侵入。7月至采收前均能发病，有潜伏侵染现象，发病早晚及程度与当地降雨早晚和阴雨天持续时间密切相关，降雨早连阴天，空气湿度大，发病早且重，树势弱，发病重。

（3）防治措施

清理枣园。摘除残留枣吊，并进行冬季深翻、掩埋。冬季和早春结合修剪剪除病虫枝及枯枝。

改进枣果加工方法。采用烘干或采用沸水浸烫处理，杀死枣果表面病菌后再晾晒制干。

药剂防治。6月下旬先喷一次70%甲基托布津800倍液、40%新星乳油800倍液等杀菌剂，7月下旬至8月中下旬喷200倍量式波尔多液或77%可杀得400~600倍液，或喷50%多菌灵800倍液，连续3~4次，每次间隔10~15d。9月上中旬停止用药。

5. 枣褐斑病

又名枣黑腐病。为害枣树叶片。该病遍及全国各大枣区，花期感病叶片出现灰褐色或褐色圆形斑点，几个病斑相连，呈不规则状，严重时造成叶片枯黄早落，影响坐果率，幼果早落。

（1）发病症状

主要侵染果实，腐烂早落，一般8—9月近着色时大量发病，病部稍有凹陷或皱褶，病果肉为浅土黄色小斑块，病组织松软呈海绵状坏死，味苦，不堪食用，后期（9月）果肉呈软腐状，严重时全果软腐。主要侵害叶片和枣果。果实受害后，导致枣果腐烂和提前脱落。叶片受害主要在开花前。初期叶片表面产生淡褐色圆形小斑点，扩大后呈褐色至黑褐色病斑，圆形或近圆形。果实大多从白背期开始发病，首先在果实肩部或胴部出现浅黄色不规则病斑，边缘较明显，后斑逐渐扩大，病部凹陷或皱缩，变为红褐色，最后整个病果呈黑褐色，失去光泽。严重时整个果果肉变为褐色、灰黑色甚至黑色腐烂物。病组织呈松软海绵状坏死，味苦。果实发病后一般 2~3d 即脱落。落地病果在潮湿条件下，病斑表面可长出许多黑色小粒点。

（2）发病规律

枣褐斑病是一种真菌性病害。病菌以菌丝、分生孢子器、和分生孢子在病僵果和枯死的枝条上越冬，翌年产生孢子，借风雨传播，6 月下旬侵染、潜伏，8 月下旬至 9 月上旬开始发病。侵入幼果的病菌呈潜伏状态，待果实接近成熟期时才逐渐扩展为害，导致发病。病害发生较重与降雨关系密切。阴雨天气多的年份，病害发生早且重；阴雨连绵时，病害就可能流行。另外，枣园郁闭、通风透光不良，受蟠象、桃小为害造成伤口也可加重病害发生。

（3）防治措施

清洁枣园。落叶后至发芽前，清除落地僵果，结合修剪，剪除树上病枝、枯枝，集中烧毁或深埋。

加强果园管理。合理密植，使果园通风透光，增施有机肥，增强树势，提高抗病力。

药剂防治。发芽前 15d 喷一遍 5 波美度石硫合剂，消灭越冬菌源。发芽后药剂防治分为两个阶段；一是开花前防治叶片受害，二是落后后防治果实受害。前一阶段在开花前喷 1 次药即可。防治果实受害在落花后 10~15d 开始喷药，10~15d1 次，连喷 3~4 次。常用有效药剂有 80% 大生 M-45 可湿粉 600~800 倍液、70% 甲基托布津可湿粉剂 1 000~1 200 倍液、50% 多菌灵可湿粉剂 600~800 倍液、70% 代森锰锌可湿粉剂 800~1 000 倍液等。

6. 枣轮纹烂果病

主要为害脆熟期枣果，该病遍及全国各大枣区。受害部位果肉变褐变软，有酸臭味，重者全果浆烂，最后大量落果。

（1）发病症状

病斑以皮孔为中心，先出现水渍状褐色小斑，而后迅速扩大为黄红色圆形大斑，病部果肉变褐发软浆烂，有酒臭味，但无苦味，重者全果浆烂。病斑上有深浅颜色交错的同心轮纹。

（2）发病规律

以真菌侵染为主，病菌孢子分散于空气、土壤中及枣果表面，病菌借风雨飞溅传播，当果实有创伤、虫伤、挤伤等损伤时，即从伤口侵入。降雨和温度是影响其发生和流行的重要条件，幼果期降雨频繁，发病严重。初侵染幼果不立即发病，病菌潜伏在果皮组织或果实浅层组织中，果实近成熟期或生活力衰退后才发病，潜伏期长。

（3）防治措施

加强综合管理，增强树势，提高抗病力。发病后及时清除病果，深埋，减少菌源。在幼果期和枣果膨大期，喷施50%甲基托布津可湿性粉剂800倍液，每隔10d喷1次，连喷3~4次。

7. 枣焦叶病

该病在我国河南、甘肃、内蒙古、安徽、浙江等省（自治区）均有发生。枣树感病后，首先叶片出现灰色斑，进而转褐色，斑与斑相连导致顶端、外缘向内焦枯。枣吊顶部坏死焦枯；后期病叶发黄早落，幼果瘦小、早落，严重的还导致二次发芽，影响树势和产量。

（1）症状

该病主要在枣叶和枣吊上发生。发病初期枣叶出现灰色斑点，局部叶绿素解体，继而病斑呈褐色，周围淡黄色，15d左右病斑中心出现组织坏死，20~25d后出现淡黄色叶缘，由病斑连成焦叶，最后焦叶呈黑褐色直至坏死。患病枣吊的中后部枣叶由绿色变黄色，未枯即落，枣吊上有间断的皮层变褐坏死，多数由顶端向下枯焦。

（2）病原菌及发病规律

枣焦叶病属半知菌亚门的腔孢纲黑盘孢目的一种真菌，主要以无性孢子在树上越冬。靠风力传播，由气孔或伤口侵染。该病的发生和流行同气温、空气相对湿度密切相关。据观察，在林间 5 月中旬平均气温 21℃、空气相对湿度 61% 时，越冬的病原菌开始为害新生枣吊，多在弱树多年生枣股上出现。这些零星发病即是传病中心，6 月中旬平均气温 25℃左右，林间病叶上升至 1%；7 月气温为 27℃、空气相对湿度 75%~80% 时，是病原菌流行盛期；8 月中旬以后，成龄枣叶感病率下降，但二次萌生的新叶感病率较高。9 月上中旬感病停止。

（3）防治方法

冬季清洁枣园：冬季注意清理枣园，打掉树上宿存的枣吊，收集枯枝落叶，集中焚烧灭菌。枣树萌叶后，除去未发叶的枯枝，以减少病菌传播源。

加强枣园肥水管理：平时要注意加强肥水管理，增强树势，提高树体抗病能力。

喷洒农药：从 6 月上旬开始，每 15d 喷 1 次抗枯宁 500 倍液，或叶枯净 500 倍液，或用可杀得 500 倍液，连喷 3 次，即可控制该病发生。

8. 枣叶斑点病

（1）分布与为害

该病在河南、山东、湖南、浙江等省枣区均有发生。主要为害叶片，枣叶感病后易早落，影响坐果或造成幼果早落。

（2）症状

枣叶斑点病有两种病原菌寄生。病原菌属半知菌亚门，腔孢纲，球壳孢目，球壳孢科，盾壳霉属，有枣叶斑病菌橄榄色盾壳霉和枣

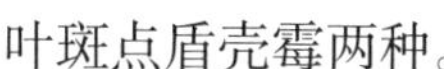

叶斑点盾壳霉两种。

（3）防治方法

搞好枣园清洁：注意保持枣园清洁，尤其在冬季更要搞好枣园清洁，焚烧枯枝落叶，以杀死病原菌。

喷洒农药：萌芽前在发病区喷洒 5 波美度的石硫合剂，可取得较好的防效。5—7 月喷施 50% 多菌灵可湿性粉剂 800 倍液或 50% 甲基硫菌灵 800~1 000 倍液 2~3 次，可有效地控制该病的发生。

9. 枣煤污病

枣煤污病又称枣黑叶病。

（1）分布与为害

煤污病是介壳虫引起的病害，全国各地均有不同程度的发生，主要为害叶片、果实和枝条。枣树染上此病后，新梢萌发少，叶、枝、果被一层乌黑的病菌孢子所覆盖，影响光合作用，因而花量小，花期短；坐果少，落果多；果实瘦小，糖分低，甚至绝收。

（2）症状

枣树被害后，叶片、枝条、果上披满黑色霉菌，整个树冠全部黑色。枣介壳虫密度大时，无规律地集中到枣叶、枣吊和幼果上，排泄物黏在叶、枝、果上，引起霉污菌寄生，首先出现小而圆的黑色煤点，最后叶、枝、果皆成黑色。

（3）病原菌及发病规律

造成煤污病大流行的病原菌是一类煤污菌，属于子囊菌纲的真菌。病原菌主要借风力、昆虫、雨和露水传播，进行重复侵染。煤污病菌在树枝上越冬，翌年 7 月龟蜡蚧若虫孵化时，病害开始侵染新生枣叶，7 月中旬至 8 月中旬为发病盛期。病害的发生与介壳虫的密度、空气相对湿度呈正相关，当介壳虫密度大、空气相对湿度大时，往往导致病害的大流行。

（4）防治方法

适时防治介壳虫，减少传染源是防治该病的关键。枣树上一旦控制了介壳虫，枣煤污病也就不会发生。

10. 枣果青霉病

（1）分布与为害

枣果青霉病属于枣果霉烂病的一种，在我国各大枣区普遍发生，尤以四川、云南、广西、湖南等省（自治区）发生较重。枣果青霉病一般发生在红枣贮藏期。病原菌同柑橘青霉病菌相似。枣果一般多从果洼或果皮有破口的凹陷处感染，感病的枣果，果肉腐烂，组织解体，果胶外溢，果皮发黏，具一种霉味，影响品质和食用。

（2）症状

受害果实变软、果肉变褐、味苦，病果表面生有灰绿色霉层，即为病原菌的分生孢子串的聚集物，边缘白色，即为菌丝层。

（3）防治方法

发生枣果青霉病的原因大部分因为枣果水分偏多，贮藏库内湿度偏高而造成的，所以在防治措施上面要注意红枣和蜜枣制品贮藏时要充分脱水，含水量不能高于30%。控制贮藏库内湿度不得高于80%。注意排湿通风。贮藏前要进行库内消毒，用1%甲醛熏库以杀死病菌。

11. 枣果软腐病

（1）分布与为害

枣果软腐病也属于枣果霉烂病的一种，在我国各大枣区普遍发生，尤以四川、云南、广西、湖南等省、自治区发生较重。病菌广泛存在于土壤、粪肥、枯枝、落叶、落果及空气中，由伤口侵入，为害近成熟及贮藏运输期的果实。病害可以通过病、健果接触蔓延。温暖潮湿利于发病，枣园通风透光不良、低洼积水以及各种原因造成的果实伤口易诱发病害发生。

（2）症状

主要为害果实，枣果实受害后，果肉发软、变褐、有霉酸时引起溃疡或软腐。病果面上长出白色丝状物，后在白色丝状物上长出许多大头针状的小黑点，即为病菌的菌丝体、孢囊梗及孢子囊。初现白色菌丝，后在烂枣表面产生大量黑霉。

（3）防治方法

果实采收时尽量防止损伤，减少病原菌侵入的机会；采收后的枣果要及时晾晒或烘干，以减少霉烂；贮藏前，对全库或装枣的容器用 1% 左右的福尔马林对库内外进行喷洒；剔除伤果、虫果和病果，置于干燥通风、低温处，防止潮湿；对入库的枣果，提前用硫黄对果品熏蒸消毒。一般每平方米用硫黄 4~5g 消毒，消毒后必须封闭 24h 以上。另外，需要注意以下防治要点：一是农业防治。加强枣园管理，合理修剪，及时灌排水，改善通风、透光条件，在果园农事操作及果实采摘等过程中尽量避免损伤果实。二是保持运输、贮藏场所及用具清洁，减少病菌感染；有条件者采用低温贮藏果实。三是药剂防治。采用高效、低毒、低残留的杀虫、杀菌剂防治蛀果害虫和枣病害。

12. 枣白粉病

（1）分布与为害

青枣白粉病是一种严重为害叶片和果实的病害，在攀西青枣种植区一般大田发病率都在 30% 以上，严重时可达 100%。该病的发生大大影响青枣的产量和商品价值，已成为青枣主产区产业发展的限制性因素之一。毛叶枣白粉病在云南的各地枣园均有发生。

（2）症状

叶片受害，先从中下部叶片开始，逐渐向上部叶片蔓延。发病初期在叶背出现白色菌丝，随后白色菌丝和白色粉状物（病菌的分生孢子）可布满叶背，叶片正面出现褪绿色或淡黄褐色不规则病斑。受害叶片后期呈黄褐色，易脱落。发病严重时可为害幼嫩枝条，白色菌丝和白色粉状物布满整个枝条，嫩叶呈黄褐色皱缩，枯死。果实受害以膨大期果实为主，幼果次之，被害果实上先出现白色菌丝，随后扩展，严重时白色菌丝和白色粉状物布满全果。果实受害后果皮变麻，皱缩，呈褐色或黄褐色，易脱落或枯死。花器受害较少。

（3）防治方法

在果实采收后，结合主要更新进行清园工作，以减少病源；结合修剪工作，将过密枝、重地枝、病枝剪除，以利于通风透光；在发病初期进行全园喷药，可用25%粉锈宁2 500倍液、50%粉锈清800倍液、5%百菌清500倍液防治。在晴天傍晚进行，每4~7d喷1次，连续2~3次。

13. 枣疮痂病

（1）分布与为害

枣细菌性疮痂病又叫溃疡病，是一种近几年新流行的细菌性病害。它侵染枣叶子、枣吊、枣头等部位，致使枣吊断裂，落叶、落花，落果。发生严重时，常使花蕾不能形成，叶片大量脱落，直接影响枣的坐果率。

（2）症状

枣吊发病，细菌性疮痂病为害后，有的枣吊发病部位坏死，枣吊则出现断裂现象，引起花蕾脱落。发生严重时花蕾较少其至形不成花蕾，坐果率显著降低，甚至坐不住果。后期则枣吊干枯，枣吊上坐住的果实，由于营养不良，品质受到很大影响。

枣头发病时，枣头弯曲，生长点失去顶端优势，不能形成健壮枣头，对树体发育影响较大。发病后期，随着树体的生长发育，形成干裂的疤痕。

枣叶发病一般从6月开始，病菌初期侵染的部位是叶脉。初侵染时叶脉出现浅褐色病变，并顺叶脉逐步延伸，变为褐色或黑色，伴有菌脓的溢出。菌脓风干后，形成黑色的菌脓斑，酷似真菌的病原物。随着疮痂病的不断侵染蔓延，叶脉坏死，叶面开始出现水渍状，渐渐干枯，形成“缘枯”，并大量脱落，所以又叫“缘枯病”。

（3）防治方法

抓好春季芽前关，做好越冬病虫害防治，压低虫源基数。芽前（3月底至4月上旬）对树体喷布3~5波美度石硫合剂一次；4月下旬对园田环境用霹雳马（40%吡虫啉）8 000倍液加40%星标（氟硅唑）8 000倍液或金库（25%戊唑醇）3 000（青岛星牌生产，对各种真菌性斑点类病害治疗效果好）倍液喷雾，防治早春盲蝽象、蓟马等害虫和越冬病害；根据细菌性疮痂病的发生规律，从发芽开始，结合防使用40%霹雳马8 000倍液或40%壹等勇8 000倍液，加细美800倍液（青岛星牌生产，细菌性病害特效杀菌剂）等进行防治。应根据田间具体情况每间隔5~7d用药1次。

14. 枣树缺镁症

（1）分布与为害

镁元素是枣树体中叶绿素的构成成分，缺镁叶绿素难以生成。镁也是很多酶的活化剂，它能加强酶促反应，促进作物体内的新陈代谢，促进脂肪的合成，参与氮的代谢作用。镁参与了磷酸基的转移作用，在糖代谢中，每一个磷酸化作用的酶都需要有镁的存在才能发挥作用。

（2）症状

缺镁症是树体中镁元素缺少，土壤中镁元素不足或氮元素使用过多，抑制了根系对镁元素的吸收引起的。当枣树缺镁时，叶绿素含量减少，叶片褪绿，光合作用受到影响，作物不能正常生长。枣树的缺镁症先表现在新梢中下部叶片失绿变黄、后变黄白色，后逐渐扩大至全叶，进而形成坏死焦枯斑，但叶脉仍然保持绿色。缺镁严重时，大量叶片黄化脱落，仅留下端的、淡绿色、呈莲座状的叶丛。果实不能正常成熟。

（3）防治方法

基肥和追肥时增施硫酸镁，每亩使用 5~10kg；撒施保得土壤生物菌接种剂，改善土壤结构，提高土壤透气性能，释放被固定的肥料元素，增加土壤中速效养分的含量；叶面喷施 0.3% 硫酸镁 + 1 000 倍果树专用型“天达 2116”水溶液，15d 1 次，连续喷洒 3~4 次。注意事项：镁肥的施用效果与土壤有关，在中性和碱性土壤中，以施用硫酸镁为宜；在一般的酸性土壤中，则以施用碳酸镁为宜；不可与磷肥混用，以免发生反应生成不溶于水的磷酸镁，使枣树根系无法吸收。

15. 枣树缺硼症

（1）分布与为害

当土壤中硼的含量在 0.1mg/kg 以下时、或树体内硼的含量在 2mg/kg 以下时，即表现缺硼。

（2）症状

枣树缺硼时首先是枝稍顶端停止生长，从早春开始发生枯梢，到夏末新梢叶片呈棕色，幼叶畸形，叶片呈扭曲状，叶柄紫色，顶梢叶脉出现黄化，叶尖和边缘出现坏死斑，继而生长点死亡并由顶端向下枯死。第二地下根系不发达。第三花器发育不健全，落花落果严重，表现“花而不实”。第四大量缩果，果实畸形，以幼果最重，严重时尾尖处出现裂果，顶端果肉木栓化，呈褐色斑块状，种子变褐色，果实失去商品价值。

（3）防治方法

结合施肥，成年树每株施硼砂或硼酸 0.1~0.2kg。穴施“保得”土壤生物菌接种剂，改善土壤结构，提高土壤透气性能，释放被固定的肥料元素，增加土壤中速效养分的含量。枣树始花期、盛花期、谢花后各喷施 1 次 0.5% 红糖 +0.2% 硼砂 +1 000 倍果树专用型“天达 2116”液，效果更好。注意事项：施用硼砂时一定要均匀，避免局部硼浓度过大而引起中毒；硼在枣树体内运转力差，应多次喷雾为好，至少保证两次，才能真正起到保花保果的作用。

16. 枣树缺铁症

枣树在生长季节中，由于缺少某种微量元素，或者土壤中某些元素不能被枣树吸收利用时，植株就表现出各种发育不良的现象。缺铁就是常见的一种缺素症。

（1）症状

枣树缺铁症又叫黄叶病，常发生在盐碱地或石灰质过高的地方。以苗木和幼树受害最重。新梢上的叶片变黄或黄白色，而叶脉仍为绿色，严重时，顶端叶片焦枯。

（2）防治方法

增施农家肥，使土壤中铁元素变为可溶性，有利于植株吸收。也可用 3% 硫酸亚铁与饼肥或牛粪混合施用。其具体做法是：将 0.5kg 硫酸亚铁溶于水中，与 5kg 饼肥或 50kg 牛粪混合后施入根部，有效期约半年。在生长期也可以向植株喷洒 4% 硫酸亚铁溶液，均有良好效果。

第二节　常见虫害及其防治技术

1. 枣树红蜘蛛

又叫火龙虫，是为害枣树的重要害螨，为害严重时，可引起枣树提早落叶，降低枣果产量和质量，高温干旱年份发生严重。各地发现为害枣树的红蜘蛛有截形叶螨和朱砂叶螨两种，以截形叶螨为主。

（1）形态特征

截形叶螨体长 0.37~0.44mm，椭圆形，深红色，体侧有黑斑。后半体背表皮呈菱形。朱砂叶螨体长 0.36~0.48mm，椭圆形，体色多变，以橙红，锈红多见，体背两侧各有一块红色长斑，体背有刚毛 22 根，排成 6 横排，雄螨较小，近卵圆形。卵球形，初产无色透明，渐变橙红色，若螨前期近卵圆形，体色浅，后期黄褐色，与成螨相似。

（2）生活史及习性

在河北中部一年发生 13 代（包括越冬卵 1 代），以卵在枣树树干皮缝、地面土壤及草根缝隙中越冬。翌年春季 3 月初越冬卵开始孵化。由于此时枣树尚未发芽，初孵化幼螨需要转移到地面寻找早春萌生的杂草上取食和繁殖。到 4 月中下旬枣树发芽时，部分红蜘蛛向枣树迁移，部分在杂草和间作物上继续繁殖为害，到 6 月中旬小麦收获前后，由于大量杂草寄主老化，已经不适合枣红蜘蛛的取食和繁殖，红蜘蛛大量向枣树上迁移，以后主要在枣树上繁殖，逐渐形成为害，到 10 月中下旬天气变冷，红蜘蛛开始产卵越冬。

（3）防治措施

刮树皮消灭越冬卵。利用枣红蜘蛛以卵在枣树树干皮缝、地面土壤及草根缝隙中越冬的习性，在秋冬季节（越冬卵孵化前）刮树皮并集中烧毁和刮皮后在树干涂白（石灰水）的方法杀死大部分。

清耕、除草。根据枣树红蜘蛛越冬卵孵化后首先在杂草上取食繁殖的习性，早春进行翻地，清除地面杂草，保持越冬卵孵化期间田间没有杂草，使枣红蜘蛛等害虫因找不到食物而死亡，达到控制其种群数量的目的。

利用黏虫胶阻杀。利用枣树红蜘蛛转移的主要途径是沿树干爬行的习性。可在枣树发芽前和枣红蜘蛛即将上树为害前（4月下旬），应用无毒无公害粘虫胶在树干中部涂一闭合胶环，环宽1~2cm，如虫口密度大，2个月左右再涂一次，即可阻止枣红蜘蛛向树上转移为害，防治率达到99.9%以上，节约4~5次用药。保护天敌，利用天敌。枣红蜘蛛天敌种类有中华草蛉、食螨瓢虫和捕食螨类等，其中，尤其以中华草蛉种群数量较多，6月中下旬草蛉开始向枣树上迁移，此后应尽量减少向枣树喷施广谱性杀虫剂。

药物防治。如前几种防治方法未得到及时应用，可采用化学除治方法进行补救，可在枣红蜘蛛发生期可用螨死净、阿维菌素进行防治。

2. 绿盲蝽象

绿盲蝽象又名小臭虫、破头疯，为害枣等多种树木及农作物，是带毒昆虫之一。绿盲蝽象的发生与环境温湿度有密切关系，低温高湿时虫口密度直线上升。该虫害前几年为害不成灾，近几年发生特别严重，已成为枣树的重要害虫。

（1）形态特征

成虫体长约5mm，宽2.2 mm左右，体长卵圆形，呈绿色，头部三角形，黄褐色，触角丝状，4节。前胸背板为深绿色，有许多小黑点。前翅基部为绿色，端部灰色。卵长袋形，稍弯曲，黄绿色。

若虫5龄，各龄形态与成虫相似，呈绿色，复眼桃红色至黄褐色。

（2）生活史及习性

绿盲蝽象在华北地区1年发生4~5代，以卵在冬夏剪口、抹芽的的枯梢顶端（变腐软）、蚱蝉产卵孔的空隙、枣股鳞片、嫁接接口以及枯死的接穗等处越冬，翌年3—4月，平均气温10℃以上，相对湿度达70%左右时，越冬卵开始孵化。气温20~30℃，相对湿度80%~90%的高温高湿气候，容易猖獗发生。第一代发生盛期于5月上旬，为害枣芽；第二代发生盛期为6月中旬，为害枣花及幼果，是为害枣树最重的一代。第三、第四、第五代发生时期分别为7月中旬、8月中旬、9月中旬，世代重叠现象严重。常以若虫和成虫刺吸枣树的幼芽、嫩叶、花蕾及幼果，被害叶芽先呈现失绿斑点，随着叶片的伸展，小点逐渐变为不规则的孔洞，俗称“破叶疯”“破天窗”；花蕾受害后，停止发育，枯死脱落，重者其花几乎全部脱落；幼果受害后，有的出现黑色坏死斑，有的出现隆起的小疱，其果肉组织坏死，大部分停止生长发育而脱落，严重影响产量。枣果被爬行刺吸后易产生缩果病。

（3）防治措施

刮树皮消灭越冬卵。在秋冬季节（越冬卵孵化前）刮树皮并集中烧毁或深埋，消灭越冬虫卵、压低虫口基数。

清除间作枣园绿盲蝽象的寄生植物。有间作习惯的枣园，在选择间作物时应避免选用棉花、玉米、大豆、白菜、油葵等绿盲蝽象的寄生植物,粘虫胶+药物防治。绿盲蝽象若虫无翅完全依靠爬行，绿盲蝽象食性杂，分布广，成虫受惊飞行迅速，一般喷雾防治效果不好，且具有很强的抗药性，目前尚没有特效药进行药物防治。但应用粘虫胶树干涂环与喷雾防治相结合，可以有效控制其为害。方法是：在早春越冬卵孵化期和成虫上树为害期，使用粘虫胶于树干中上部涂一个闭合粘胶环，然后对枣树树冠和周围喷洒 2.5% 溴氰菊酯乳油 3 000 倍液进行喷雾，或使用 10% 的吡虫啉 1 500~2 000 倍液、喷药后，中毒的害虫即坠落地面，待其苏醒后，沿树干爬行上树时，受到粘虫胶环的阻杀，可以达到保护枣树的目的。

3. 枣龟蜡蚧

枣龟蜡蚧，又名日本龟蜡蚧，是国内重要检疫对象之一，近几年已成为枣树的重要害虫。该虫以若虫和成虫刺吸 1~2 年生枝条和叶片的汁液进行为害，并分泌大量排泄物，引起煤污菌寄生。该虫可使枣树早期落叶、幼果脱落、树势衰弱，严重时造成树体整枝或整株死亡。

（1）形态特征

成虫雌体扁椭圆形，长 2.2~4mm，体紫红色。背覆一层白色蜡状物，中央突起，表面有龟甲状纹。雄成虫淡红色，翅透明，具明显两大主脉。卵椭圆形，初产时橙黄色，近孵化是成紫红色。若虫扁平，椭圆形，紫褐色，分泌蜡质。雄虫蛹裸露，短纺锤形。

（2）生活史及习性

枣龟蜡蚧 1 年发生 1 代，以受精雌成虫固定在 1~2 年生枝上越冬；翌春随树液流动，虫体迅速膨大，6 月初开始产卵，卵期 20d 左右；6 月中旬开始孵化，孵化期长达 40d。初孵若虫一般爬至叶面刺吸汁液，也可借风传播蔓延，雌虫喜欢在枝上或叶面，雄虫喜欢在叶柄、叶背的叶脉上为害。其分泌物招致霉菌发生，枝叶染黑。初孵若虫抗药力弱，4~5d 后产生白蜡壳，被蜡后抗药力剧增。

（3）防治措施

刮树皮消灭越冬卵。在秋冬季节可刮除越冬雌成虫，配合枣树修剪，剪除虫枝，集中销毁。打冰凌消灭越冬雌成虫。严冬季节如遇雨雪天气，枣枝上结有较厚的冰凌时，及时敲打树枝震落冰凌，可将越冬虫随冰凌震落。

保护和利用天敌资源。捕食性红点唇瓢虫，长盾金小蜂幼虫可寄生该虫腹下，取食蚧卵。

药物防治。萌芽前喷布3~5波美度的石硫合剂，细致喷匀枝条、树干，进一步消灭枝上越冬虫体。

枣龟蜡蚧的药物防治要掌握好关键期：由于该虫6月中旬卵开始孵化，6月下旬至7月上旬若虫出壳为害并逐步形成蜡壳，因此在孵化期间且蜡壳形成前（6月下旬至7月上旬）是防治的关键时期，以杀死枣龟蜡蚧若虫。由于这时若虫白蜡壳尚未产生，抗药力弱，多数药剂均可防治。可喷布50%西维因500倍液、2.5%溴氰菊酯乳剂2 000~3 000倍溶液、40%速扑杀800倍液、20%杀灭菊酯2 500倍液、10%柴油乳剂和蜡蚧灵500倍液等。

4. 枣粉蚧

枣粉蚧俗名树虱子，是枣树上威胁较严重的害虫之一。以雌成虫、若虫用刺吸式口器为害枣树叶片、枝条、花等。花被害后不能结果，产量下降。叶片被害变黄早落。枣粉蚧分泌的黏性物、排泄物黏附叶片，造成叶面发黑，产生霉污病，枣果受污染表面发粘发黑。同时枣果被爬行刺吸后也易产生缩果病、浆烂病。

（1）形态特征

雌成虫，体长4.5mm，椭圆形。背面鼓起，灰色，被蜡粉，体节侧缘蜡粉稍突出；触角黄褐色。雄成虫体长1.5mm，灰褐色，有双翅，腹端着生2对白蜡丝。卵圆形，黄色，藏于白色蜡丝组成的卵囊中。若虫被蜡粉，初土黄色，中龄灰色。

（2）生活史及习性

该虫在河北1年发生3代，以成虫或若虫在树皮缝中越冬，翌年4月下旬出蛰，枣粉蚧越冬出蛰后，并不从树皮缝中钻出，而是先在皮缝中取食生活，待枣树展叶后陆续向树上转移。枣粉蚧第一代发生期为5月上旬到6月底，第二代发生期为7月初到8月上旬；第三代为越冬代。

（3）防治措施

依据枣粉蚧以若虫在枣树的主干、主枝皮缝内越冬的特性，在冬季及早春把树干及各大主枝上的老皮、翘皮刮净，并把刮下的树皮碎屑集中烧掉。利用粘虫胶阻杀。根据枣粉蚧越冬出蛰后向树上转移为害的习性，可在此虫出蛰前于主枝上涂粘虫胶环，阻止其上树为害，达到保护枣树的目的。

药物防治。枣粉蚧的雌成虫背部有很密的白色蜡粉，药液很难触及体表，故应抓住若虫的发生期进行防治。此虫第1代在6月上旬，第2代在7月中下旬为若虫孵化盛期，此期除治非常关键，药液效力高，杀虫效果好。否则，错过这两个关键期，若虫变成虫，并着生白色蜡粉，给除治带来困难。又因该虫多为傍晚及夜间取食，故喷药应当选在傍晚进行。可用20%速灭杀丁乳油、25%功夫菊酯乳油、天王星乳油等2 000倍稀释液防治。

5. 食芽象甲

食芽象甲，又名小灰象甲、食芽象鼻虫、枣飞象，枣月象、太谷月象、尖嘴猴或土猴等。以成虫为害枣树的嫩芽或幼叶，大量发生时期能将全树的嫩芽吃光，从而削弱树势，推迟生长发育，严重降低枣果的产量和品质。它除为害枣树外，还为害苹果、桑、棉、豆类和玉米等多种植物。另外，它的幼虫在土中还为害植物的地下根系。

（1）形态特征

成虫雄虫长约5mm，土黄色，雌虫长约7mm，土黄色或灰黑色，前翅鞘翅弧形，后翅膜质半透明，能飞。卵：椭圆形，堆生，初产白色，近孵化黑褐色。幼虫体长6~7mm，乳白色。蛹纺锤形，灰白色，长约4mm。

（2）生活史及习性

1年1代，以幼虫在土内越冬。4月中下旬枣树萌芽时成虫出土群集食害嫩芽。成虫具假死性，清晨和晚间不活动，栖息在枣股基部和枝杈处不动，受惊落地假死，白天气温高时，飞翔活动。虫口密度大时，可将枣芽全部吃光，造成二次萌芽并大幅度减产，甚至绝产。

（3）防治措施

消灭春季出土成虫。春季成虫出土前在树干周围挖5cm左右深的环状浅沟，在沟内撒西维因药粉，毒杀出土的成虫。毒环防治。成虫出土前，在树上绑一圈20cm宽的塑料布，中间绑上浸有溴氰菊酯的草绳，将草绳上部的塑料布反卷，在阻止成虫上树。

药物防治。在萌芽初期，喷布2.5%溴氰菊酯乳剂2 000~3 000倍溶液、20%杀灭菊酯2 500倍液进行药物防治。

6. 枣瘿蚊

又名枣蛆，卷叶蛆。分布于河北、陕西、山东、山西、河南等地枣产区。以幼虫吸食枣或酸枣嫩芽和嫩叶的汁液，并刺激叶肉组织，使受害叶向叶面纵卷呈筒状。被害部位由绿色变为紫红色，质硬发脆，后变黑枯萎，1卷叶内常有数头幼虫为害。

（1）形态特征

成虫体橙红色或灰褐色，体长1.5mm。雌虫腹部肥大，雄虫腹较细长。卵长椭圆形，长约0.3mm，淡红色。老熟幼虫2.5~3mm，乳白色，头尾两端细，体肥圆，有明显体节。

（2）生活史及习性

在河北、河南、山东1年5~6代，以幼虫做茧在树下2~5cm

土壤处越冬。翌年枣芽萌动后越冬幼虫到近地面处做茧化蛹。2 周左右羽化为成虫，交尾产卵。幼虫为害嫩芽及幼叶，被害叶缘向上卷曲而不能展开，质硬易脆，幼虫在卷曲叶中取食，5 月上旬为为害盛期，每叶内数条虫同时为害，5 月中下旬被害严重，叶开始焦枯，老熟幼虫随落叶入土化蛹，6 月上旬羽化成虫，成虫羽化后十分活跃，全年有 5 次以上明显的为害高峰。5—6 月为害最重。

（3）防治措施

翻挖树盘消灭越冬成虫或蛹。在老熟幼虫作茧越冬后，羽化前，翻挖树盘，及时锄耙，消灭越冬成虫或蛹。

药物防治。枣芽萌动期，树下地面喷洒 25% 辛硫磷微胶囊剂 200~300 倍液，撒后轻耙，毒杀越冬出土幼虫。发芽展叶期，在树上喷洒 80% 敌敌畏 800 倍液，30% 乙酰甲胺磷 600~800 倍液，50% 二溴磷乳油 600~800 倍液，20% 灭扫利乳油 2 000 倍液。每隔 10 天 1 次，连喷 2~3 次。注意展叶后的用药浓度应降低。

7. 枣尺蠖

又名枣步曲、弓腰虫等，各枣区均普遍发生。以幼虫为害幼芽、叶片、花蕾。严重时可将叶片、花蕾吃光，造成减产或绝产。为害枣、苹果、梨等。

（1）形态特征

雄虫体长 14mm，翅展 25~30mm，灰褐色，腹部较尖细，体上密生灰色鳞毛；雌虫体长 15~16mm，翅退化，灰褐色，腹部肥胖，腹部末端具灰色绒毛一丛。卵椭圆形，初产为灰绿色，数十粒至数百粒聚集成块，后变为灰黄色，孵化前变为黑灰色。幼虫共 5 龄，1 龄幼虫黑色，行动活泼。2 龄绿色，体表有 7 条纵条纹。3 龄灰绿色，有 13 条白色纵条纹。4 龄时纵条纹颜色变为黄白色或灰白色相间色。5 龄灰褐色或青灰色。胸足 3 对，腹足及臀足各 1 对，灰黄色，被黑色小点。蛹纺锤形，枣红色至暗褐色。

（2）生活史及习性

1年1代，以蛹在树下土内7~15cm深处越冬，距树干1米范围最多。成虫产卵多在老树皮缝中。成虫具有趋化性、假死性，昼伏夜出。幼虫具有假死性，受惊吐丝下垂，故称为“吊死鬼”，可利用吐丝本领，在风力的帮助下扩散为害，3龄以后食量大增，日夜啃食枣叶、嫩芽，甚至枣吊和枣花，故属暴食性害虫，4龄、5龄幼虫还串食花蕾，严重时将全树芽、叶、蕾吃光。老熟幼虫食量渐减，停食、栖息，午间静伏，不受惊扰很少爬动。5月中下旬开始入土化蛹，6月上旬为盛期。

（3）防治措施

冬季翻园，挖蛹灭虫。早春成虫羽化前，在树干1米范围内，将10cm左右的表土挖出，拣拾虫蛹并集中消灭，也可将蛹于盆内埋好，待羽化时盖上窗纱，只允许寄生蜂飞出，成虫则闷死。

薄膜毒绳阻杀上树雌成虫和幼虫。在树干中下部绑缚开口向下的喇叭状塑料膜，阻止雌成虫上树。

利用粘虫胶阻杀。利用枣步曲转移的主要途径是沿树干爬行的习性。可在枣树发芽前和枣步曲即将上树为害前（4月下旬），应用无毒无公害粘虫胶在树干中部涂一闭合胶环，环宽1~2cm，可阻止枣步曲向树上转移为害，防治率达到99.9%以上。

人工灭卵。树干上缠塑料薄膜或纸裙后，雌蛾不能上树，多集中在薄膜和纸裙下的树皮缝内产卵，可采用翘开粗皮刮卵或在塑料条下捆草绳两圈诱集雌蛾产卵，并每过半月换一次草绳集中烧毁的方法消灭虫卵。

敲树震虫。利用幼虫假死性，可震落幼虫及时消灭。

喷抗蜕皮激素。用 Bt 乳剂 500~1 000 倍液或 25% 的灭幼脲 3 号 1 500~2 000 倍液在幼虫初发至盛期之间树上喷雾；也可在幼虫发生盛期用拟除虫菊酯类混加 Bt 乳剂或灭幼脲防治。

药物防治。幼虫期喷洒 2.5% 溴氰菊酯乳剂 4 000~6 000 倍液或 20% 杀灭菊酯 10 000 倍液等。

8. 桃小食心虫

又称枣桃小，俗称“钻心虫”“枣蛆”。是为害枣果实的主要害虫，主要以幼虫蛀入果实，在果肉及果核部位穿食，并把虫粪积于果核附近，果实失去食用价值。

（1）形态特征

成虫体灰色，体长 5~8mm。卵椭圆形。幼虫粗胖，老熟时粉红色至深红色。蛹 7mm，淡黄色，茧分夏茧及冬茧，冬茧扁圆形，夏茧纺锤形。

（2）生活史及习性

河北 1 年 1~2 代，以老熟幼虫在树冠下或堆放残次果下的土中吐丝缀合土粒做扁圆形茧越冬，分布于 4~10cm 以上土层中，在树干根径周围 50~70cm 最多。越冬幼虫出土的时间与温度、降水有关。一般情况下，旬平均土温在 19℃以上，土壤含水量在 10% 以上能顺利出土，因此在 6—7 月降雨后 1~2d 会出现出土高峰，整个幼虫出土时间前后持续近 2 个月。越冬幼虫出土后做茧化蛹，14d 左右羽化，成虫一般在 6 月中下旬始见，7 月上旬为盛期，第一、第二代卵期相连。卵期为 7 月上旬至 9 月上旬，8 月中下旬为产卵盛期，卵期 6~8d，这也是防治的关键时期。幼虫孵化后很快蛀果，第 1 代幼虫 7 月上旬开始蛀果，蛀果盛期在 7 月中旬末，第 2 代幼虫蛀果盛期在 8 月下旬至 9 月上旬，幼虫无转果为害习性，虫果成“豆沙馅”。

（3）防治措施

人工防治。在幼虫蛀果为害期间，定期摘除虫果，并拾净虫害落果，可降低虫口密度。

地膜覆盖。春季在老熟幼虫出土前，对树干周围半径100cm以内的地面覆盖地膜，并压紧四周，能控制幼虫出土、化蛹和成虫羽化。

利用性诱剂诱杀雄成虫。利用桃小食心虫性诱剂进行测报和防治。

药物防治。在卵果率达1%或卵孵化初期选用20%果盛1 500~2 000倍液、20%枣虫清1 500~2 000倍液或20%杀灭菊酯乳剂2 000~3 000倍液等药剂喷雾防治。

9. 枣黏虫

又称枣镰翅小卷蛾、枣实蛾、包叶虫、黏叶虫，是枣树重要害虫之一。展叶期幼虫吐丝缠缀嫩叶成包，在中间啃食叶片。花期食害蕾、花，造成枣花枯死，幼果期蛀食幼果，造成大量落果。枣果膨大后，吐丝将叶和果实粘在一起，在下面啃食果皮或蛀果，严重影响产量与质量。该虫发生量大，易蔓延成灾。发生严重时，远看整个枣林漆黑一片，似如火焚，造成绝产。

（1）形态特征

成虫体长5~7mm，翅展13~15mm，灰色或黄褐色。触角丝状，褐黄色，长约3mm。前翅褐黄色，前缘有黑白相间的钩状纹10余条，翅中部有黑褐色纵线纹2条。后翅灰色。卵椭圆形或扁圆形，表面有网状纹。初产时乳白色，后变为淡黄色、黄色、杏黄色，最后变为橘红色至棕红色。幼虫共5龄。初孵幼虫体长1.5mm。头部黑褐色，胴部黄白色，随取食变成绿色。老熟幼虫头部淡褐色，有黑褐色花斑。前胸背板2片。蛹纺锤形，初时绿色，逐渐变为黄褐色，羽化前为深褐色。腹部各节前后缘各有一列锯齿状刺突，尾端有8根臂刺呈长毛状，末端弯曲。

（2）生活史及习性

在河北、山东、山西1年发生3代，河南、江苏1年发生4代，浙江1年发生5代,世代重叠明显。均以蛹在枣树主干的粗皮裂缝、树洞等缝隙越冬。3月中下旬成虫开始羽化。成虫晚间活动，趋光性强。卵散产于光滑小枝，枣股和树干粗皮上。4月中旬至6月下旬出现第一代幼虫，幼虫吐丝粘合1~2个嫩叶，食害叶肉；随着幼虫长大，它缀连的叶片也增大；幼虫老熟时，就在卷叶内化蛹。第一代成虫发生在5月末至6月上旬。第二代幼虫在6月中旬至7月下旬出现，在7月中旬至8月中旬发生第二代成虫。第三代幼虫在7月下旬至9月下旬，9月上中旬老熟幼虫钻入枣树粗皮缝中结茧越冬。

（3）防治措施

刮树皮消灭越冬蛹。冬季或早春刮除老树皮，用泥堵塞树洞，锯除枯桩，消灭越冬虫蛹。

人工摘除虫苞。5月下旬至6月初，对喷药后遗留的虫苞及时摘除。

性引诱剂防治。利用人工合成的枣黏虫性诱剂，在第二、第三代枣黏虫成虫发生期，可消灭大量雄蛾。

利用赤眼蜂或微生物农药防治。在枣黏虫第二、第三代落卵盛期每株枣树释放赤眼蜂3 000~5 000头，卵寄生蜂可达75%左右，幼虫发生期树冠喷施杀螟杆菌等微生物农药200倍液，防治效果可达70%~90%。

药物防治。在发芽展叶期喷洒2.5%溴氰菊酯2 000倍液、25%杀虫星1 000倍液或20%速灭杀丁乳油2 000倍液等。隔2周喷一次。花后如发现第2代幼虫再酌情喷药。

10. 皮暗斑螟

皮暗斑螟最早于1939年中国发现。20世纪80年代末90年代初开始发生，逐渐严重。到目前几乎遍布全国各个地区，为害枣、梨、苹果、杏、杨、柳、枇杷、木麻黄、相思树、母生、柑橘等数十种林果植物，以枣树受害最重。以幼虫为害枣树开甲口和其他伤口，造成甲口不能完全愈合或断离，树势明显减弱，落果，产量和质量降低；重者甲口不能完全愈合或断离，导致整株树死亡。

（1）形态特征

成虫体长6.0~8.0mm，翅展13.0~17.5mm，全体灰色至黑灰色，触角丝状，复眼暗灰色，胸部背面暗灰色，腹面灰色，腹部灰色，前翅暗灰色至黑灰色，有两条镶有黑灰色宽边的白色波状横线，缘毛暗灰色，后翅浅灰色，缘毛浅灰色。卵椭圆形，长0.50~0.55mm，宽0.35~0.40mm，初产乳白色，中期红色，近孵化时变为暗红色至黑红色，卵面具蜂窝状网纹。初孵幼虫头浅褐色，体乳白色。老龄幼虫体长10~16mm，灰褐色、略扁，头褐色，前胸背板黑褐色，臀板暗褐色，腹足5对。蛹初期为淡黄色，中期为褐色，羽化前为黑色。

（2）生活史及习性

1年发生4~5代，以第四代幼虫和第五代幼虫为主交替越冬，有世代重叠现象。该虫以幼虫在为害处附近越冬，翌年3月下旬开始活动，4月初开始化蛹，越冬代成虫4月底开始羽化，5月上旬出现第一代卵和幼虫。第一、第二代幼虫为害枣树甲口最重。第四代部分老熟幼虫不化蛹于9月下旬以后结茧越冬，第五代幼虫于11月中旬进入越冬。幼虫食量较小，无转株为害现象，有相互残食现象。老熟幼虫在为害部附近选一干燥隐蔽处，结白茧化蛹。

（3）防治措施

刮皮喷药削减越冬虫源。在越冬代成虫羽化前，人工刮除被害甲口老皮，连同虫粪、老翘皮集中深埋，并对甲口及主干喷洒80%敌敌畏800倍液。新开甲口保护。枣树开甲后马上涂抹一次甲口愈合保护剂。

性引诱剂防治。利用人工合成的皮暗斑螟性引诱剂来大量诱杀雄虫，相邻诱捕器间距距离20m，可以干扰成虫交配，达到控制此虫的目的。

11.枣豹蠹蛾

又称咖啡豹蠹蛾，豹纹木蠹蛾，咖啡黑点木蠹蛾，截干虫。以幼虫蛀入枣树1~2年生枝条，使树冠不能扩大。小树受害后成为小老树，影响枣树的产量。主要为害枣、核桃、杏、梨、刺槐等。华北地区各枣区均有发生。

（1）形态特征

头部白色，胸腹灰白色。雄蛾体长18~22mm，翅展34~36mm。触角下半部双栉状，端半部线状，臀部末端有尾毛。雌蛾体长18~20mm，翅展34~36mm，触角丝状，胸背有六个黑蓝色斑，纵向排成两行。前翅散生大小不等的黑蓝色斑点，以前缘、外缘、后缘着生的黑色颜色较深，后翅散生黑蓝色斑点。卵初产时淡黄色，上有网状刻纹。幼虫头部黄褐色，体紫红色，前胸背板大，黑色。老熟幼虫体长30~40mm。卵纺锤形，赤褐色，长25~28mm。

（2）生活史及习性

1年1代，以幼虫在受害枝条内越冬。翌年春天枣树枝条萌发后，越冬幼虫沿髓部向上蛀食，每隔一定长度向外咬一排粪孔，将粪便向外排出。受害枝条的幼芽或枣吊等枯萎而亡，导致害虫往往转枝为害。6月上旬老熟幼虫开始在隧道吐丝缠缀并用虫粪堵塞虫道两头，在其中化蛹。6 月底为成虫羽化始期，7 月中旬达到高峰，8 月初为羽化末期。成虫有趋光性。幼虫孵化后，初期啃食枣吊，随着虫龄的增长，为害场所开始向二次枝、一次枝及幼树主干转移。转移时首先啃食皮层，后取食木质部，直达髓心。

（3）防治措施

在小幼虫为害盛期，剪掉被害枝梢、枣吊，集中销毁。成虫始盛期喷洒速灭杀丁、氧化乐果等毒杀成虫。

12. 六星吉丁虫

又称串皮虫，以幼虫蛀食枣树、苹果、柑橘等树木枝干的皮层及木质部，使树势衰弱，枝条死亡。全国各枣区均有发生。

（1）形态特征

成虫体长 9~13mm，黑绿色，有金属光泽。每鞘翅有 3 个小米粒大，具绿色光泽，近圆形的星坑，鞘凹陷。卵椭圆形，乳白色。幼虫黄白色，体长 18mm，胸部第二节膨大且扁，腹节圆筒形。蛹乳白色，羽化前黑绿色。

（2）生活史及习性

1 年 1 代，以幼虫在木质部越冬，幼虫在韧皮部内蛀食，虫道不规则充满褐色虫粪和蛀屑，后蛀入木质部化蛹。5—6 月为成虫羽化期，成虫咬一椭圆形羽化孔，成虫爬出后，具有假死性，成虫产卵于树皮缝中。幼虫孵化后蛀入皮层，在皮下为害，直至越冬。

（3）防治措施

人工除治。发现枯枝、枯株及时处理，消灭幼虫和蛹。在果园寻找幼虫蛀食的隧道，把幼虫挖出，集中处理。从 5 月中旬开始，利用成虫的假死性，每隔 2~3d 早晨摇树振虫进行捕杀。药物防治。在成虫发生期，向树冠喷洒 20% 的谷硫磷乳油 1 200 倍液等，半月喷洒一次，连续喷洒 2~3 次。

13. 桃蛀螟

又名桃蠹、桃斑蛀螟、俗称蛀心虫、食心虫，属鳞翅目，螟蛾科。此分布较广，在中国长江流域及其以南各地区均有分布。以幼虫为害冬枣、桃、李、柿、栗、苹果、梨、石榴、山楂等多种植物果实或种子。果实受害时其中充满虫粪，引起腐烂，严重对产量和品质影响都很大。

（1）形态特征

成虫：黄色或橙黄色，体长 12mm，翅展 22~25mm，前后翅散生多个黑斑，类似豹纹。卵：椭圆形，宽 0.4mm、长 0.6mm，表面粗糙，有细微圆点，初时乳白色，后渐变橘黄至红褐色。幼虫：长成后长 22mm，体色多暗红色，也有淡褐、浅灰、浅灰蓝等色。头、前胸盾片、臀板暗褐色或灰褐色，各体节毛片明显，第 1~8 腹节各有 6 个灰褐色斑点，呈 2 横排列，前 4 个后 2 个。蛹：长 14mm，褐色，外被灰白色椭圆形茧。

（2）生活习性及发生规律

桃蛀螟食性杂，发生期长，有多种寄主的地区常转移为害。在北方 1 年发生 2 代，黄淮地区 3~4 代，长江流域 4~5 代。在山东第 2、第 3 代幼虫为害石榴、枣、冬枣，桃为害最重，第 2 代为害向日葵和玉米及各种果实。以老熟幼虫越冬。翌年 5 月越冬代成虫羽化，白天静伏背阴暗处，夜间趋光 20：00—22：00 交尾产卵。卵主要产在花萼中，1~6 粒不等单粒散产。初孵幼虫多从萼内或复果、贴叶等隐蔽处蛀食钻入果内。幼虫有转主为害特征。幼虫老熟后多在被害果内或果间及树皮缝中结长椭圆形白色丝茧，在茧内化蛹。

（3）防治方法

消灭越冬幼虫。早春刮树皮，堵树洞。及时处理向日葵花盘、玉米、高粱等残株，消灭越冬幼虫，减少虫源。捡拾落果及摘除被害果，集中沤肥，利用黑光灯诱杀成虫。成虫发生期和产卵盛期喷布50%辛硫磷1 000倍液，或用50%敌敌畏乳剂1 200倍液，或用拟除虫菊酯类农药。第1代幼虫孵化初期喷50%杀暝松或40%乐果乳剂1 200倍液，1周后再喷1次，效果良好。用50%辛硫磷或20%中西除虫菊酯或90%敌百虫0.5kg加土温2倍及水10g左右，和成药泥，团成团堵塞萼筒，不仅防治第1代幼虫，还可防治第2、第3代幼虫，有效期70 ~80d。利用桃蛀螟产卵对向日葵花盘有较强趋性的特点，在果园种植一些向日葵，开花后引诱成虫产卵，定期喷药消灭。

14. 枯叶夜蛾

（1）分布与为害

分布于江西、中国台湾、湖北、云南、贵州、河南、安徽、辽宁、内蒙古等省、自治区。为害柑橘、苹果、枣、葡萄、枇杷、杭果、梨、桃、杏、李、柿等植物的果实。成虫以锐利的虹吸式口器穿刺果皮。果面留有针头大的小孔，果肉失水呈海绵状，以手指按压有松软感觉，被害部变色凹陷、随后腐烂脱落。常招致胡蜂等为害，将果实食成空壳。

（2）形态特征

成虫：体长35~38mm，翅展96~106mm，头胸部棕色、腹部杏黄色。触角丝状。前翅枯叶色深棕微绿；顶尖很尖，外缘弧形内斜，后缘中部内凹；从顶角至后缘凹陷处有1条黑褐色斜线；内线黑褐色；翅脉上有许多黑褐色小点；翅基部和中央有暗绿色圆纹。后翅杏黄色，中部有1肾形黑斑。其前端至M2脉；亚端区有牛角形黑纹。卵：扁球形1~1.1mm，高0.85~0.9mm，顶部与底部均较平，乳白色。幼虫：体长57~71mm，前端较尖，第1、第2腹节常弯曲，第8腹节有隆起、把第7~10腹节连成1个峰状。头红褐色无花纹。

体黄褐色或灰褐色，背线、亚背线、气门线、亚腹线及腹线均暗褐色；第 2、第 3 腹节亚背面各有 1 个眼形斑、中间黑色并具有月牙形白纹，其外围黄白色绕有黑色圈、各体节布有许多不规则的白纹，第 6 腹节亚背线与亚腹线间有 1 块不规则的方形白斑、上有许多黄褐色圆圈和斑点。胸足外侧黑褐色，基部较淡内侧有白斑；腹足黄褐色，趾钩单序中带，第 1 对腹足很小，第 2~4 对腹足及臀足趾钩均在 40 个以上。气门长卵形黑色，第 8 腹气门比第 7 节稍大。蛹：长 31~32mm，红褐色至黑褐色。头顶中央略呈 1 尖突，头胸部背腹面有许多较粗而规则的皱褶；腹部背面较光滑，刻点浅而稀。

（3）生活习性及发生规律

在浙江黄岩 1 年发生 2~3 代，以成虫越冬。田间 3—11 月均可发现成虫，但以秋季较多。卵在野外发生较多的时间为 6 月下旬、8 月和 9 月上旬，但由于卵孵化率低，幼虫死亡率高，幼虫的发生量并不多。在广东，成虫为害柑橘的时间为 8 月中旬至 12 月，其中为害早熟温州蜜柑从 8 月中旬开始，8 月下旬至 9 月上旬为害最盛，中熟的甜橙品种从 9 月中旬开始受害，9 月下旬至 10 月下旬受害最盛。成虫多将卵产在叶片背面，常数粒产在一起。

初龄幼虫有吐丝习性，静止时常以腹足着地，全体呈“U”字形或“?”形。已发现的幼虫寄主有木防己、木通、通草和十大功劳等。成虫略具假死习性，白天潜伏，天黑后飞入果园为害果实，喜选择健果为害。柑橘果实被害后，初为小针孔状，并有胶液流出，后扩展为木栓化，水渍状的椭圆形褐斑，最后全果腐烂，发出酒糟味。

（4）防治方法

合理规划苗圃，新建苗圃时，尽可能远离果园；在成虫产卵、幼虫孵化期，加以捕杀。

铲除苗圃周围的木防己、通草等寄主植物；在成虫高发期，根

据成虫具有趋光性，安装黑光灯或频振式杀虫灯进行诱杀；在成虫产卵后，幼虫孵化后，及时喷施杀虫剂进行防治。常用药剂有90% 晶体敌百虫 800~1 000 倍液，4.5% 高效氯氰菊酯乳油 1 500 倍液，防治效果可达到 95% 以上；注意保护利用天敌。

15. 隐头枣叶甲

隐头枣叶甲属鞘翅目、叶甲科，隐头叶甲亚科。

（1）分布与为害

隐头枣叶甲是近年来在河南省新郑地区发现的一种专食枣花明新害虫。该虫为害相当严重，对产量影响很大，在生产中应当引起注意，及时防治。

（2）形态特征

成虫体长 4~5mm，长椭圆形，翅鞘及腹面均为黑色，腿为褐色，雄虫体较小。幼虫及卵没有发现。酸枣隐头叶甲比隐头枣叶甲体型略大，体黑色，翅鞘淡黄棕色且具 4 对黑斑。

（3）生活习性及发生规律

在郑州地区，5 月中下旬，随着枣花的开放，隐头枣叶甲陆续出现，并食害枣花的雌蕊和雄蕊；盛花期为成虫出现高峰，大量取食花蕊及蜜盘，并在树膛内飞舞；谢花后，成虫随即消失。成虫具有假死性，碰触后立即掉下树，落在地上。由于该虫的为害，枣树坐果率直线下降，受害严重的枣树几乎绝收。

（4）防治方法

利用其假死性，在成虫为害期，树下铺上塑料布，摇动树枝，成虫落下后，立即将甲虫收集起来消灭；枣花开放前，成虫还未出土，在树冠下覆盖与树冠同宽的塑料膜，四周用土压紧，防止成虫出土、上树食害枣花，以降低当年的害虫基数，提高枣果产量；如果虫量较大，在枣花开放前，成虫还未出土，在树冠下土表均匀喷布 50% 辛硫磷乳油 300~500 倍液或 2.5% 敌杀死 2 500~3 000 倍液或 40% 乐斯本乳油 1 000~1 500 倍液，浅助表面使药剂与土壤混匀，以杀死出土的成虫，可大大减轻其为害；枣树谢花前，也可在地面再喷 1 次上述任一种药剂，以消灭入土的成虫，降低越冬基数，保证翌年枣花免受其害。

16. 阔胫赤绒金龟

阔胫赤绒金龟，拉丁名：Malandera Vc rtiCalis Fairm，又名阔胚鳃金龟，为鞘翅目，鳃金龟科。

（1）分布与为害

分布于东北、华北、黄淮等产区。主要为害枣、樱桃、李、苹果、梨等果树的芽和叶。为害特点：主要以成虫食害果树的蕾花、嫩芽和叶。

（2）形态特征

成虫体长约 8mm。全体赤褐色有光泽，密生绒毛。鞘翅布满纵列隆起纹。

（3）生活习性及发生规律

1 年发生 1 代，以成虫在土中越冬。6 月在果树根系周围土中产卵。成虫有假死性和趋光性，昼伏夜出，晚上取食为害。天敌有红尾伯劳、灰山椒鸟、黄鹂等益鸟和朝鲜小庭虎甲、深山虎甲、粗尾拟地甲及寄生蜂、寄生蝇、寄生菌等。

（4）防治方法

此虫虫源来自多方面，特别是荒地虫量最多，故应以消灭成虫为主；早、晚张网震落成虫，捕杀之；保护利用天敌；地面施药，控制潜土成虫。于早晨成虫人土后或傍晚成虫出土前，地面 5% 辛硫磷颗粒剂每亩撒施 3kg，或每亩用 50% 辛硫磷乳油 0.3~0.4kg 加细土 30~40kg 拌成的毒土撒施；或用 50% 辛硫磷乳油 500~600 倍

液均匀喷于地面。使用辛硫磷后及时浅耙，提高防效；成虫发生期，喷洒52.25%蜱氯乳油或50%杀螟硫磷乳油、45%马拉硫磷乳油、48%毒死蜱乳油1 500倍液；2.5%溴氰菊酯乳油2 000~3 000倍液、10%醚有脂孔调800~1 000倍液等。

17. 枣豆虫

桃天蛾又名枣天蛾、枣豆虫，属鳞翅目、天蛾科。

（1）分布与为害

桃天蛾分布广泛，全国大部分地区都有发生，寄主较多，除为害枣树外。还可为害桃、杏、李、樱桃、苹果等果树、桃天蛾以幼虫嘴食枣叶为害，常逐枝吃光叶片，严重时可吃尽全树之后转移为害。

（2）形态特征

成虫：体长36~46mm，翅展84~120mm。体、翅灰褐色，复眼黑褐色，触角淡灰褐色，胸背中央有深色纵纹。前翅内横线、双线、中横线和外横线为带状、黑色，近外缘部分均为黑褐色，边缘波状，近后角处有1~2个黑斑。后翅粉红色、近后角处有2个黑斑。卵：椭圆形，绿至灰绿色，光亮，长1.6mm。幼虫：老熟幼虫体长80mm左右，黄绿至绿色，头小，三角形，体表生有黄白色颗粒，胸部两侧有颗粒组成的侧线，腹部每节有黄白色斜条纹。气门椭圆形、围气门片黑色，尾角较长。蛹：长约45mm，黑褐色，臀棘锥状。

（3）生活习性及发生规律

在辽宁1年发生1代，在山东、河南、河北等省1年发生2代，江西、浙江等省1年发生3代。以蛹在5~10cm深处的土壤中越冬。翌年5月中旬至6月中旬越冬代成虫羽化，成虫有趋光性，多在傍晚以后活动。卵散产于枝干的阴暗处或枝干裂缝内，有的产在叶片上。每头雌蛾平均产卵300粒左右，卵期7~10d。第1代幼虫5月下旬至7月发生，6月中旬为害最重，6月下旬开始入土化蛹。7月上中旬出现第1代成虫。7月下旬至8月上旬第2代幼虫开始为害，9月上旬幼虫老熟，入土化蛹。越冬蛹在树冠周围的土壤中最多。

（4）防治方法

灭蛹，冬季耕刨树下土壤，翻出越冬蛹，杀灭之；人工扑杀，为害轻微时，可根据树下虫粪搜寻幼虫，扑杀之。幼虫人土化蛹时地表有较大的孔，两旁泥土松起，可人工挖除老熟幼虫；发生严重时，可在3龄幼虫之前喷洒1 500倍液25%天达灭幼脲3号，或用2 000倍20%天达虫酰肼，或用2 000倍2%阿维菌素药液1~2次，可有效地消灭之；保护天敌，绒茧蜂对第2代幼虫的寄生率很高，1只幼虫可繁殖数十只绒茧蜂，其茧在叶片上呈棉絮状，应注意保护。

18. 绿尾大蚕蛾

绿尾大蚕蛾，属鳞翅目、大蚕蛾科，别名大水青蛾。

（1）分布与为害

分布于我国华北，华东，中南各省、区，国外分布于南亚各国。寄主有枫杨、樟、木槿、乌桕、樱花、海棠、枣树、杏、桤木、枫香、白榆、加杨、垂柳等。幼虫体型大，故食叶量大，为害重，多发生在森林公园和风景园林区内。

（2）形态特征

成虫：雌性体长约38mm，翅展135mm；雌性体长36mm，翅展126mm。体表具浓厚白色绒毛，前胸前端与前翅前缘具一条紫色带，前、后翅粉绿色，中央具一透明眼状斑，后翅臀角延伸呈燕尾状。卵：球形稍扁，直径约2mm，初产为米黄色，孵化前淡黄褐色，卵面具胶质粘连成块。幼虫：一般为5龄，少数6龄。老熟幼虫体长平均73mm。1~2龄幼虫体黑色，3龄幼虫全体橘黄色，毛瘤黑色，4龄体渐呈嫩绿色，化蛹前夕呈暗绿色。气门上线由红、黄两色组成。体各节背面具黄色瘤突，其中，第2、第3胸节和第8腹节上的瘤突较大，瘤上着生褐色刺及白色长毛。尾足特大，臀板暗紫色。蛹：长45~50mm红褐色，额区有一浅白色三角形斑。蛹体外有灰褐色厚茧，茧外黏附寄主的叶片。

（3）生活习性及发生规律

绿尾大蚕蛾在华北1年2代；华中、华东1年2~3代；华南1年3~4代。以老熟幼虫在寄主枝干上或附近杂草从中结苗化蛹越冬。1年发生2代地区，翌年4月中旬至5月上旬羽化，第1代幼虫5月中旬至7月为害，6月底至7月结茧化蛹并羽化为第1代成虫；第2代幼虫7月底至9月为害，9月底老熟幼虫结茧化蛹越冬。1年发生3代地区，各代成虫盛发期分别为：越冬代4月下旬至5月上旬，第1代7月上中旬，第2代8月下旬至9月上旬。各代幼虫为害盛期是：第1代5月中旬至6月上旬，第2代7月中下旬，第3代9月下旬至10月上旬。成虫具趋光性，昼伏夜出。多在中午前后和傍晚羽化，夜间交尾、产卵。卵多产于寄主叶面边缘及叶背、叶尖处，多个卵粒集合成块状，平均每雌产卵量为150粒左右。在3个世代中，以第2、第3代为害较重，尤其第3代为害最重。初孵幼虫群集取食，3龄后幼虫分散为害。1龄、2龄幼虫在叶背啃食叶肉，取食量占全幼虫期食量5.7%；3龄后幼虫多在树枝上，头朝上，以腹足抱握树枝，用胸足将叶片抓住取食，取食量占全幼虫期食量94.3%。低龄幼虫昼夜取食量相差不大，但高龄幼虫夜间取食量明显高于白天。幼虫具避光蜕皮习性，蜕皮多在傍晚和夜间，在阴雨天、白天光线微弱处也有幼虫蜕皮现象。幼虫老熟后先结茧，然后在茧中化蛹，茧外常黏附树叶或草叶，结茧时间多在20：00以后。

（4）防治方法

在各代产卵期和化蛹期，人工摘除着卵叶和茧蛹，减少虫口数量；在成虫发生期，设置黑光灯或高压汞灯诱杀，效果明显；在各代幼虫 2 龄时期，喷施 B1 乳剂（含孢量 120 亿升）100 倍液，防效可达 70%~80%；尽量选择在低龄幼虫期防治。此时虫口密度小，为害小。且虫的抗药性相对较弱。防治时用 45% 丙顶辛硫 15 倍液 + 乐克（5.7% 甲维盐）2 000 倍混合液，40% 啶虫・毒（必治）1 500~2 000 倍液喷杀幼虫，可连用 1~2 次，间隔 7~10d。可轮换用药，以延缓抗性的产生。

19. 樗蚕蛾

樗蚕，又名乌桕樗蚕蛾。

（1）分布与为害

主要分布于东北、山东、江浙、两广等地。它的主要寄主是臭椿，第 2 代幼虫也为害枣树、榆树和杏树。在椿树和枣树生长季节里，可将叶片全部吃光。此外，还为害冬青、法国梧桐、核桃、枫杨、刺槐、花椒、泡桐等。

（2）形态特征

成虫：体长 25~30mm，翅展 110~130mm。樗蚕蛾体青褐色。头部四周、颈板前端、前胸后缘、腹部背面、侧线及末端都为白色。腹部背面各节有白色斑纹 6 对,其中间有断续的白纵线。前翅褐色，前翅顶角后缘呈钝钩状，顶角圆而凸出，粉紫色，具有黑色眼状斑，斑的上边为白色弧形。前后翅中央各有一个较大的新月形斑，新月形斑上缘深褐色，中间半透明，下缘土黄色；外侧具一条纵贯全翅的宽带，宽带中间粉红色、外侧白色、内侧深褐色、基角褐色，其边缘有一条白色曲纹。卵：灰白色或淡黄白色，有少数暗斑点，扁椭圆形，长约 1.5mm。幼虫：幼龄幼虫淡黄色，有黑色斑点。中龄后全体被白粉,青绿色。老熟幼虫体长55~75mm。体粗大,头部、前胸、中胸对称蓝绿色棘状突起，此突起略向后倾斜。亚背线上的比其他两排更大，突起之间有黑色小点。气门筛淡黄色，围气门片黑色。胸足黄色、腹足青绿色，端部黄色。茧：呈口袋状或橄榄形，长约50mm，上端开口，两头小中间粗，用丝缀叶而成，土黄色或灰白色。茧柄长40~130mm，常以一张寄主的叶包着半边茧。蛹：棕褐色，长26~30mm，宽14mm。椭圆形，体上多横皱纹。

（3）生活习性及发生规律

北方年发生1~2代，南方年发生2~3代，以蛹越冬。樗蚕蛾在四川越冬蛹于4月下旬开始羽化为成虫，成虫有趋光性，并有远距离飞行能力,飞行可达3 000m以上。羽化出的成虫当即进行交配。雌蛾性引诱力甚强，未校配过的雌蛾置于室内笼中连续引诱雄蛾，雌蛾剪去双翅后能促进交配，而室内饲养出的蛾子不易交配。成虫寿命5~10d。卵产在寄主的叶背和叶面上，聚集成堆或成块状，每雌产卵300粒左右，卵历期10~15d。初孵幼虫有群集习性，3~4龄后逐渐分散为害。在枝叶上由下而上，昼夜取食，并可迁移。第1代幼虫在5月为害，幼虫历期30d左右。幼虫蜕皮后常将所蜕之皮食尽或仅留少许。幼虫老熟后即在树上缀叶结茧，树上无叶时，则下树在地被物上结褐色粗茧化蛹。第2代茧期50多天，7月底8月初是第1代成虫羽化产卵时间。9—11月为第2代幼虫为害期，以后陆续作茧化蛹越冬，第2代越冬茧，长达5~6个月，蛹藏于厚茧中。越冬代常在柑橘、石榴等枝条密集的灌木丛的细枝上结茧，一株石榴或柑橘树上，严重时常能来到30~40个越冬茧。

（4）防治方法

成虫产卵或幼虫结茧后，可组织人力摘除，也可直接捕杀，摘下的茧可用于巢丝和榨油；成虫有趋光性，掌握好各代成虫的羽化期适时用黑光灯进行诱杀，可收到良好的治虫效果；现已发现梧蚕幼虫的天敌有绒茧蜂和喜马拉雅聚瘤姬蜂、稻包虫黑瘤姬蜂、樗蚕黑点瘤姬蜂 3 种、对这些天敌应很好地加以保护和利用。

20. 枣刺蛾

（1）分布与为害

枣刺蛾 Iragoides ConjunCta（ Walker）是一种食叶性害虫。在阜平县等枣产区发现为害。在平山县、北戴河、迁西县、玉田县等地也有此虫发生。

（2）形态特征

成虫雄蛾翅展 28~31.5mm，触角短双栉状；雌蛾翅展 29~33mm，触角丝状。全体棕褐色。头小，复眼一对，灰褐色。胸背上部鳞毛稍长，中间微显棕红色，两边为褐色。腹部背面各节有似“人”字形的棕红色鳞毛。前翅基部棕褐色，中部黄褐色，近外缘处有两块近似菱形的斑纹彼此连接，靠前缘一块为褐色，靠后缘一块为红褐色，横脉上有一黑点。后翅为黄褐色。卵初产为鲜黄色，质软半透明，略呈椭圆形，扁平，长径 1.2~2.2mm，横径 1.0~1.6mm。幼虫老熟幼虫体长 21mm 左右，头小，褐色，缩于胸前，体为浅黄绿色，背上有绿色的云纹，在胸背前 3 节上有长枝刺 3 对，为红色，体节中部的一对及尾部的两对皆为长枝刺，亦为红色，体的两侧周边各节上有红色短刺毛丛一对。蛹椭圆形，长 11.0~14.5mm，平均 12.5mm。初化蛹为黄色，腹节稍显黄白色，渐变为浅褐色，在外观可见翅芽、触角、腿、头及口器，半透明。羽化前为褐色，翅芽为黑褐色。茧土灰褐色，椭圆形，比较坚实，长 11.0~14.5mm、平均为 12.5mm。

（3）生活习性及发生规律

成虫有趋光性，寿命 1~4d。白天不活动，静伏叶背、有时抓

住枣叶悬系倒乘，或两翅做文撑状，翘起身休、长久不动。晚间活动。追逐交配，成虫每日羽化时间，大都在 17：00 至凌晨 1：00，但以 19：00—20：00 较多、占总羽化虫数的 38.5%。成虫羽化前，蛹的运动活跃，先由头胸背开裂，体节向前做波浪式的蠕动。头部钻出后，蜕出翅膀，拔出足，跃然而出，随即把蛹皮带出茧外约 1/2，同时把茧也带出土表。成虫爬跳活跃，并排泄白色粪便状物，静伏，展翅，经 15 分钟左右，方成自然状态。蛹期 17~31d，平均 21d。一般以 20~26d 者占多数。化蛹时间以每日 18：00—24：00 前占多数，达 34.09%。卵约经 7d 孵化。初孵幼虫爬行缓慢。集聚较短的时间，即分散枣叶背面，初期取食叶肉，留下表皮，虫体稍大即取食全叶。幼虫 8 月下旬老熟，开始下树做茧越冬。

（4）防治方法

冬春季挖取越冬虫茧；捕捉幼虫，摘掉虫叶；在幼虫发生为害期喷布 50% 敌敌畏乳剂 800~1 000 倍液或 90% 敌百虫 600~800 倍液或砷酸铅 200 倍液，杀虫效果都很好。

21. 褐边绿刺蛾

褐边绿刺蛾，别名绿刺蛾。属鳞翅目，刺蛾科。

（1）分布与为害

该虫分布很广，东北、中南、华东、华北地区及四川、云南、陕西等省均有发生。为害枣、苹果、梨、核桃、桑、榆、柳等多种果树和林木，以幼虫蚕食寄主植物的叶片，严重时可将叶肉吃光，仅剩叶柄，造成树势衰弱，影响产量。

（2）形态特征

成虫体长约 16mm，翅展 38~40mm。雄蛾触角栉齿状，形似梳子；雌蛾触角丝状，均为褐色。头顶、胸背绿色，胸背中央有一棕色纵线，腹部灰黄色。前翅绿色，基部行暗褐色大斑。外缘灰黄色、散生暗褐色小点，其内侧有暗褐色波状条带和知横线纹；后翅灰黄色。前后翅缘毛浅棕色。卵扁平，椭圆形、长约 1.55mm，黄白色。老熟幼虫休长 25~28mm，头小，体短而粗、初龄幼虫黄色，稍大后变为黄绿色。从中胸到第八腹节各行 4 个瘤状突起，瘤突上生有黄色刺毛从；腹部末端 4 从球状蓝黑色刺毛。背线绿色，两侧有浓蓝色点线。蛹长约 13mm、椭圆形，黄褐色，外表包有丝茧。茧长约 15mm，椭圆形，暗褐色。极像寄主树皮。

（3）生活习性及发生规律

褐边绿刺蛾在东北及华北北部 1 后发生 1 代，在河南及长江上游 1 年发生 2 代，均以老熟幼虫结茧越冬。结茧的场所：1 年发生 1 代的地区多在树冠下草丛的浅土层内、或在主干基部周围叶下、主侧枝的树皮上结茧。6 月上中旬开始羽化、陆续州化至 7 月中旬。当年生幼虫 6 月下旬开始孵化，8 月下旬至 9 月逐渐进入老熟，因此，8 月幼业为害比较严重。老熟幼虫在 8 月下旬至 9 月下旬陆续下树小找适当场所结茧越冬。1 年发生 2 代的地区，越冬幼虫于翌年 4 月下旬至 5 月上旬化蛹，越冬成虫于 5 月下旬至 6 月上旬出现；第 2 代幼虫于 8 月下旬至 9 月发生，10 月上旬入土结茧越冬。褐边绿刺蛾成虫具有较强的趋光性，夜间交尾，卵产于叶的背面，数十粒聚集成块。每头雌蛾产卵量为 150 粒左右，初孵化的幼虫常 7~8 头群集于一片叶上取食。2~3 龄年逐渐分散为害。幼虫体上的刺毛丛有毒，人体皮肤接触后发生肿胀、奇痛，故称“洋辣子”。

（4）防治方法

冬春季节清除落叶下、树干及主侧枝树皮上的越冬茧，或结合树盘翻土挖除越冬茧，也可在初孵幼虫群集为突期摘叶除虫；该虫发生严重的年份，可于幼虫期喷药防治，用药种类和浓度参照黄刺蛾的防治。

22. 黄刺蛾

黄刺蛾幼虫俗称洋辣子、八角，属鳞翅目，刺蛾科。

（1）分布与为害

黄刺蛾除宁夏、新疆、贵州、西藏等省、自治区。目前尚无为害记录外，几乎遍及我国其他各省、自治区。以幼虫为害枣、核桃、柿、枫杨、苹果、杨等90多种植物，可将叶片吃成很多孔洞、缺刻或仅留叶柄、主脉，影响树势和枣的产量。

（2）形态特征

成虫体长13~16mm，翅展30~34mm。头和胸部黄色、腹部背面黄褐色。前翅内半部黄色，外半部为褐色、有2条暗褐色斜线，在翅尖上汇合于一点，呈倒“V”字形，内面1条伸到中室下角，为黄色与褐色两个区域的分界线。卵扁平、椭圆形、黄绿色，长1.4~1.5mm。老熟幼虫体长19~25mm，头小黄褐色。胸、腹部肥大，黄绿色。身体背面有一大型的前后宽、中间细的紫褐色斑和许多突起枝刺，以腹部第一节的最大，依次为腹部第7节，胸部第3节，腹部第8节；腹部第2~6节的突起枝刺小，其中第2节最小。蛹椭圆形。长13~15mm，黄褐色。茧灰白色，质地坚硬，表面光滑，茧壳上有几道长短不一的褐色纵纹，形似雀蛋。

（3）生活习性及发生规律

在辽宁、陕西、河北省北部1年发生1代，北京、江苏、安徽、河南及河北省中南部等地1年发生2代。以老熟幼虫在小枝的分杈处、主侧枝及树干的粗皮上结茧越冬。1年1代区，成虫于翌年6月中旬出现。产卵于叶背、常数十粒连成一片。卵期7~10d。幼虫于7月中旬至8月下旬发生为害。1年2代区、越冬代成虫于翌年5月下旬至6月上旬开始出现。第1代幼虫于6月中旬孵化为害。7月上旬为为害盛期，第2代幼虫于7月底开始为害。8月上中旬为为害盛期，8 月下旬老熟幼虫在树干上结茧越冬。黄刺蛾茧内上海青蜂的寄生率很高，控制效果显著。

（4）防治方法

被寄生的黄刺蛾茧的上端有一寄生蜂产卵时留下的小孔，容易识别。在冬季或早春，剪下树上的越冬茧，挑出被寄生茧，保存在树荫处的铁纱笼中，让天敌羽化，后能飞回自然界；黄刺蛾发生严重的年份，其幼虫发生期可喷洒 25% 亚胺硫磷乳油 600 倍液，或用 2.5% 溴氰菊酯乳油 6 000 倍液，或用浓度为 0.5 亿芽孢 /ml 的苏云金杆菌菌液。

23. 白眉刺蛾

白眉刺蛾属鳞翅目、刺蛾科。

（1）分布与为害

已知分布于河南、河北、陕西等省。主要寄主有核桃、枣、柿、杏、桃、苹果及杨、柳、榆、桑等林木。幼虫取食叶片，低龄幼虫啃食叶肉，稍大可造成缺刻或孔洞。

（2）形态特征

成虫：体长约 8mm，翅展约 16mm。前翅乳白色，端半部有浅褐色浓淡不匀的云斑，其中以指状褐色斑最明显。幼虫：体长约 7mm，椭圆形，绿色。体背部隆起呈龟甲状。头褐色很小，缩于胸前，体无明显刺毛，体背面有 2 条黄绿色纵带纹，纹上分布有小红点。蛹：长约 4.5mm，近椭圆形。茧：长约 4.5mm，灰褐色，椭圆形。顶部有一褐色圆点，其外为一灰白色环和褐色环。

（3）生活习性及发生规律

1 年发生 2 代，以老熟幼虫在树杈上和叶背面结茧越冬。翌年 4—5 月化蛹，5—6 月成虫出现，7—8 月为幼虫为害期。成虫白天静伏于叶背，夜间活动，有趋光性。卵块产于叶背。卵期约 7d。幼虫

孵出后，开始在叶背取食叶肉，留下半透明的上表皮；然后蚕食叶片，造成缺刻或孔洞。8 月下旬开始幼虫陆续老熟后即寻找适合场所结茧越冬。

（4）防治方法

参考黄刺蛾。

24. 扁刺蛾

扁刺蛾又名黑点枣刺蛾，其幼虫俗称洋辣子，属鳞翅目，刺蛾科。

（1）分布与为害

在东北、华北、华东、中南地区及四川、云南、陕西等省均有分布，黄河故道以南、江浙太湖沿岸及江西中部发生较多、为害枣、苹果、梨、桃、梧桐、枫杨、白杨、泡桐等多种果树和林木，以幼虫取食叶片，发生严重时，可将主叶片吃光，造成减产。

（2）形态特征

雌蛾体长 13~18mm，翅展 28~35mm。体暗灰褐色，腹面及足的颜色更深。前翅灰褐稍带紫色，中室的前方有一明显的暗褐色斜纹，自前缘近顶角处向后缘斜伸；雄蛾中室上角有一黑点（雌蛾不明显）。后翅暗灰褐色。卵扁平光滑，椭圆形，长 1.1mm，初为淡黄绿色，孵化前呈灰褐色。老熟幼虫体长 21~26mm，宽 16mm、体扁、椭圆形，背部稍隆起，形似龟背。全体绿色或黄绿色、背线白色。体两侧各有 10 个瘤状突起，其上生有刺毛，每一体节的背面有 2 根小丛刺毛，第四节背面两侧各有一红点。蛹长 10~15mm，前端肥钝，后端略尖削，近似椭圆形。初为乳白色，近羽化时变为黄褐色。茧长 12~16mm，椭圆形、暗褐色，形似雀蛋。

（3）生活习性及发生规律

扁刺蛾在河北、陕西等省 1 年发生 1 代，长江下游 1 年发生 2 代，少数 3 代。均以老熟幼虫在寄主树干周围土中结茧越冬。在江西 1

年发生 2 代，越冬幼虫 4 月中旬化蛹，5 月中旬至 6 月初成虫羽化。第 1 代幼虫发生期为 5 月下旬至 7 月中旬,盛期为 6 月初至 7 月初；第 2 代幼虫发生期为 7 月下旬至 9 月底，盛期 7 月底至 8 月底。因此，6 月、8 月两个月是全年为害最严重的时期。

（4）防治方法

在幼虫下树结茧之前，疏松树干周围的土壤，以引诱幼虫集中结茧，然后收集虫茧以消灭；在扁刺蛾发生严重的年份，可于幼虫期喷药防治，药剂种类和使用浓度参照黄刺蛾的防治。

第三节　枣园病虫害综合防治技术

病虫害防治是枣树生产中的一个重要环节，是枣树优质丰产的重要保证，在当前农业生态环境日益恶化的条件下，枣树病虫害越来越严重，并有新的种类发生。化学防治以其高效性和及时性在防治病虫害方面曾发挥了重要作用。但由于长期过量使用农药，造成红枣品质和质量下降。在防治喷雾过程中，有 20%~30% 飘散大气中，喷到枣树上的也因枣树叶片稀疏而使环境遭到了严重污染。随着人们生活水平的提高，人们对枣果质量有了更高的要求，食品安全生产促使枣果生产必须走无公害、绿色、有机生产的道路。因此，实施综合防治，推广无公害化生产技术，已成为保证枣果质量的大事。要达到预期防治效果而又无公害，就必须采用“预防为主，综合防治”的技术措施。

自然界中天敌对抑制害虫的种群发展起决定性作用。天敌按取食方式可分为捕食性和寄生性两类。保护枣园原有天敌昆虫、补充天敌昆虫，招引和利用鸟类均可有效地抑制害虫的发生。防治中尽

可能应用农业的、生物的以及物理的防治措施，合理使用化学农药是保护天敌的有效措施。

（一）植物检疫

植物检疫是一个国家或地区的行政机构，法定禁止或限制危险性的病、虫、杂草人为地从一个国家或地区传入或传出，或传入后限制其传播蔓延的系列规章制度。主要是限制和杜绝通过调运繁殖材料、苗木、果实等而传播病虫害和杂草。

（二）农业防治

农业防治就是根据枣树、病虫害、环境条件三者之间的关系，综合运用一系列农业措施，有目的地对果园生态体系进行调节，创造有利于果树生长发育的环境，促进枣树健壮生长，增强对病虫害的抵抗能力；同时，使环境条件不利于病虫害活动，繁衍生存，从而达到控制病虫害的发生和为害。主要措施如下。

1. 选用优良的抗病虫品种及脱毒苗木

因地制宜地选用适合当地气候条件、土壤条件的、抗病性、抗逆性、丰产性强的经检疫脱毒的无病虫为害的健壮苗木，以减少果树病虫害的发生，减轻对农药的依赖，减少化学防治的次数。

2. 建园时要优先考虑病虫害的预防

要选择合理栽植密度和间作物种类；清耕除草、清除转主寄主，减少或铲除果园内外初次和再次侵染来源；搞好果园卫生，清除落叶和杂草、摘除病虫果和虫苞、清除树干粗翘皮，做好四季修剪，减少病虫越冬或栖息场所，进行合理的土壤管理和肥水管理等栽培管理措施，创造一个有利于枣树生长发育，不利于病虫害滋生的环境条件。

（三）化学（药剂）防治

化学防治就是用化学农药防治病虫害的一种手段。具有防治迅速、效果显著、应急性强和使用方便等优点。但长期广泛地使用化学农药会使许多病虫产生不同程度的抗药性，杀伤天敌，打破了自然生态平衡，污染果实及环境。生产无公害枣必须有选择地使用农药、改进用药技术。

1. 严格执行农药品种的使用准则

在无公害果品中，禁止使用高毒、高残留及致病农药，节制地应用中毒低残留农药；优先采用低毒低残留或无污染农药。

提倡采用以下农药：矿物农药如硫制剂、铜制剂、矿物油乳刘（石硫合剂、波尔多液）等；植物源农药如除虫菊素、苦楝老烟碱、大蒜素及天然植物；动物源农药如昆虫信息素、活体制剂、寄生性或捕食性的天敌动物；微生物农药如病毒、细菌、直菌及微生物产物所制成的杀虫剂、杀菌剂。

2. 科学合理的使用农药

要根据病虫害的发生期，发生程度，科学诊断，对症下药，选用适宜的农药品种和剂量；根据病虫害发生规律，选择在害虫对药剂敏感的时期，并选用适当的用药方法；提倡不同农药交替使用，延缓病虫产生抗性；混合用药，病虫兼治，在保证防治效果的前提下，合理用药，严格执行安全用药标准，防治农药残留超标。

（四）生物防治

生物防治就是利用生物或微生物代谢产物防治病虫，是综合防治病虫害持续、有效的措施。

1. 保护和利用天敌

自然界中天敌对抑制害虫的种群发展起决定性作用。天敌按取食方式可分为捕食性和寄生性两类。保护枣园原有天敌昆虫、补充天敌昆虫，招引和利用鸟类均可有效的抑制害虫的发生。防治中尽可能应用农业的、生物的以及物理的防治措施，合理使用化学农药是保护天敌的有效措施。

2、利用细菌、真菌、病毒、线虫等病源微生物制成杀虫剂

微生物制剂如苏云金杆菌、白僵菌制剂等与化学制药相比，约效长，对天敌无害，但防治速度较慢，防治时间应适当提前。

3. 昆虫性信息素的应用

即种用雌蛾腹部末端性外激素腺体分泌的一种气味物质，作为引诱剂，诱杀大量雄蛾，造成雌雄昆虫比例失调，使雌虫不能繁衍后代，以达到消除害虫的目的。

（五）物理防治

物理防治技术是根据果树害虫的生活习性，对物理现象不同反应而采取的机械方法防治害虫。主要有障碍阻隔法、捕杀法、黑光灯诱杀法、性激素诱杀法、温汤浸种法等。

第七章　枣果采收、贮藏与加工

枣的成熟期因品种、树龄、立地条件和气候因素的不同而差异甚大。另外，鲜食品种、制干品种以及不同用途的加工品种，要求枣的成熟度也各不相同，故采收期要按不同的需要来决定。

第一节　枣的成熟过程

根据枣果的发育过程，枣果的成熟过程可分为白熟期、脆熟期和完熟期 3 个阶段。

（一）白熟期

果皮褪绿，呈绿白色，转成乳白色。果实体积和重量不再增加，肉质比较松软，汁少，含糖量低。果皮薄而柔软，煮熟后果皮不易与果肉分离。

（二）脆熟期

白熟以后，果皮自梗洼、果肩开始逐渐着色转红，直至全红。果肉含糖量很快增加，质地变脆，汁液增多，风味增强，肉色仍呈绿色或乳白色。果皮增厚，稍硬，煮熟后容易与果肉分离。

（三）完熟期

脆熟期后，果实继续积累养分，果肉含糖量增加，最后果柄与果实连接的一端开始转黄而脱落。果肉颜色由绿白色转为乳白色，在近核处呈黄褐色，质地从近核处逐渐向外变软，含水量低。以上3个时期果肉中固形物含量不断增加。如鲜食品种冬枣白熟期可溶性固形物含量为23.2%，到脆熟期增加为37.1%，这两个时期含糖量和品质相差很大；制干品种金丝小枣果肉中可溶性固形物在脆熟期为35.3%，到完熟期高达43.9%，含糖量和品质这两个阶段相差也很大。因此，必须根据不同加工要求来决定采收期。

第二节　枣果的采收时期

枣果生食品种在脆熟期采收为最好，此时枣果颜色鲜艳，果汁多，风味好。枣果制干品种以完熟期采收为最好，此时果实充分成熟，色泽浓艳，果形饱满，富有弹性，品质最佳。若采收偏早，则果形干瘪，皮色泛黄，制干率低，品质差。加工品种的采收期按不同的加工方法应有区别，做蜜枣用的以白熟期采收为最好，此时肉质松软，糖煮时容易充分吸收糖分，成品晶亮，食用时没有皮渣。制作乌枣、南枣的则以果皮完全转红的脆熟期为最好，此时果甘甜微酸，松脆多汁，能获得皮纹细、肉质紧的上品。加工醉枣也以脆熟期为最好，不仅能保持最好的品味，而且可防止过熟破伤而引起浆包、烂枣。

第三节　枣果的采收方法

（一）鲜果采摘

为了保证鲜食枣的品质，必须用人工采摘，要求果皮不伤不裂，果肉不刻伤和压伤，要轻拿轻放。有些地区要求采摘带果柄，这样相当费工，但对鲜果品质的提高以及贮藏保鲜影响并不大，故鲜果采摘时可不带果柄。

近几年，有些枣区在枣脆熟期喷乙烯利，促使枣果柄形成离层，便于采收，这种方法对鲜食枣不能采用，因为乙烯利能促使果肉变软，降低了鲜食枣的品质。

在采摘时要分期、分批采摘。因为一个枣园中不同枣树成熟期有一定的差异，同一棵树上的枣果，由于光照条件不同成熟期也会产生差异。要求枣果脆熟期采摘，成熟早的先采摘，成熟晚的后采摘。采摘后放入篮子中，而后集中在果筐中，篮子和果筐的底部和四周都要垫软纸或塑料薄膜，以防刺伤果皮。

（二）震撼法采收

对于制干和加工用的品种，我国大部分枣区采用杆击的方法。在地上铺大块的布或塑料薄膜，用竹竿将枣震落后再集中收拾，或震落地面后捡拾。这种方法要求枣果的成熟度要高，容易脱落。为了减少打枣将损伤枝叶，在打枣时竹竿或木杆应垂直击打大枝，以免打断侧枝和大量击落枣叶。

（三）乙烯利催熟法

在枣果脆熟期喷施200mg/L的乙烯利溶液，以促进枣果果柄提前形成离层，喷后1周，落枣达90%以上，节省了打枣用工，且避免打伤枝叶。但施用催熟剂时，浓度不能过大，喷施要均匀，以免造成提前落叶，影响树体后期营养物质的积累；不利于翌年的萌芽、抽枝、开花和结果。

（四）机械摇动法

法国对于类似枣果一类果实采收时用机械摇动方法，在此作一简单介绍：采收机器前面设一个大夹子，用以夹住树干，通过机械力传动使夹子前后摇动，力量很大，能将树上的果实很快摇落到尼龙网内。这种采收法不仅效率高，一棵树只需3~5min，而且不伤树枝。

第四节　鲜果的贮藏保鲜

（一）低温贮藏

果实的生命活动主要表现为呼吸作用。呼吸作用能消耗枣果内的养分，含糖量、维生素C含量等都会明显下降。呼吸强度和离温度有直接关系，温度越高，呼吸作用越强。在0~30℃，任何果品呼吸强度的增加都和温度呈正相关。另外，温度高不但有利于果实内乙烯的产生，而且可提高酶的活性，乙烯和酶活动能促进果实成熟，使枣果硬度下降，促进贮藏物质降解。因此，低温贮藏抑制果实的呼吸作用是鲜食枣保鲜的主要方法。

果农自造冷库中低温的产生和利用有两个途径。

第一，利用自然冷源，在冬季利用自然低温，挖沟或挖窖，多数挖半地下窖，容易保持低温和提高空气湿度。在贮藏窖内安装通风设备，在需要降温时，排出热空气，吸进冷空气，在需要增温时则排出冷空气吸进热空气，利用昼夜温差进行调节，使温度保持在0℃左右。这种方法只能在气温较低的季节应用。其贮藏方法和技术措施应在使用中不断完善和改进。

第二，利用冷库贮藏，也就是利用机械制冷设备，现在很多农户都有了自家的小冷库。首先冷库需要有长期性的建筑库房，并且具备很好的绝缘墙壁，为了提高隔热性，在建筑上要用加气混凝土和膨胀珍珠岩来作隔热墙。内壁用聚氨酯泡沫塑料作隔热层。机械制冷设备的压缩机的功率有大、有小，大型仓库要用大功率压缩机，小型仓库只需用约 3kW 的小功率压缩机。借助人工制冷的方式将库内的热量，包括从果实内释放出来的热量，通过压缩机转移到库外，以稳定地维持库内的低温状态。

枣的低温贮藏，到底最合适的温度是多少呢？通过冬枣冰点试验看出：在脆熟期采收半红的鲜枣，其冰点在 -2.3℃，到完熟期采收全红的冬枣，其冰点在 -4.8℃。鲜食枣如果在冰点以下的温度贮藏,则果实细胞发生冻害而变质。在不发生细胞冻结的前提下，则贮藏温度越低越好，可抑制鲜枣的呼吸作用，保持枣的营养成分和风味基本不变。

在沾化县有经验的果农，在冷库内放 1 个大缸，缸里装满水，当缸里的水表面结一层薄冰时，这时冷库的温度在 -1℃左右是最合适的贮藏温度。由于冬枣内的糖及可溶性固形物浓度较高，-2℃的低温细胞不会结冰，所以在 0~2℃是比较合适的。群众在冷库内放置水缸的方法有 3 个好处，一是可指示温度；二是可调节温度，因为水结冰时要吸收冷气，化冰时会吸收热气，使温度保持稳定；三是可提高冷库的空气相对湿度，防止鲜枣在贮藏库中失水。除水缸外，也可以用湿布挂在冷库内，调节温度和增加湿度。

用以上小冷库，加上果农随采随入库（最好早晨温度低时入库，并要保证采摘的质量），冬枣可贮藏到春节，仍能保持枣的良好品质。

大型冷库一般由实业公司建立，冷库的温度完全可以自动控制。但在鲜枣入库时要特别注意两个问题：一是从果实采收到入库之间的时间不能过长；二是必须将收购来的鲜枣立即入库预冷，而后在冷库内分级包装，才能达到冷藏的目的。大型冷库除低温外，还可结合进行气调保鲜和减压保鲜。

（二）气调贮藏保鲜

低温虽然是鲜枣贮藏的主要方法，但如果结合气调贮藏则效果更好。果实的呼吸作用是要吸收空气中的氮气，放出二氧化碳，同时分解果实内的营养物质并放出热量。如果空气中减少氧气，增加二氧化碳，或者增加呼吸作用不需要的氮气，则能抑制呼吸作用。

通过试验看出：冬枣贮藏对二氧化碳很敏感，二氧化碳浓度增加，虽然能抑制呼吸作用，但是容易对细胞组织起毒害作用，所以二氧化碳浓度设定在 1%~3% 为宜，在此范围内越低越好。氧气浓度可大大降低，可降至 3%~6%，氧气浓度的设定与温度有关，在设定保鲜温度的范围内，温度较高时，氧气的浓度也应随着调高一些，因为较高的温度会增加果实的耗辄量，若此时氧气浓度过低，会造成果实无氧呼吸，从而造成果实加速衰老和酒化。通过近几年的试验，冬枣贮藏最合适的条件为温度 -2℃、氧气浓度 2%~4%、二氧化碳浓度小于 3%. 此环境下保鲜 100d 的冬枣，好果率可达 96.2%。

（三）减压贮藏保鲜

减压保鲜是近几年很受关注的冬枣保鲜方式。其原理是将鲜枣放人密闭的大容器内，而后抽气减压，降低密闭容器内的空气压力，使得乙烯、乙醇等有害物质容易排出果实体外，同时氧分压也随之降低，氧气的浓度降低，从而抑制了贮藏枣的呼吸作用。研究表明，减压贮藏能有效地保持果实的硬度，口感脆嫩。减压还可以避免维生素 C 含量的降低，在贮藏 96d 后测定减压贮藏的冬枣 100g 果肉中含维生素 C 104.36mg，而对照只含 58.08mg。

此外，减压贮藏还能抑制霉菌孢子的繁殖，防止果实腐烂。但是由于设备和成本原因，目前减压贮藏还没有在生产上大量应用。

（四）鲜枣速冻贮藏

将脆熟期采收的鲜枣，放入 -20℃以下的低温冷冻室进行速冻。温度越低，效果越好。使鲜食枣果细胞迅速冻结，呼吸作用基本停止。保鲜期可达 6 个月以上，好果率达 100%，维生素 C 保存率 70% 以上，糖与酸的含量无明显变化。解冻后需立即食用，虽脆度明显下降，但口感尚好，保持了鲜枣的基本风味。以后可以在大城市建立冷柜保鲜销售系统，特别适宜在夏季食用。

第五节　干枣贮藏

干枣贮藏方法比较多，常用的有袋藏、囤藏、棚藏等。但遇到不良环境条件，容易返潮、霉烂、虫蛀，贮藏期短，或者完全风干，造成瘦小无肉。根据枣的特性，许多科研单位对干枣贮藏技术进行了大量的研究，摸索出一些可行的办法：一是用塑料袋包装贮藏。这种方法能较好地保持红枣品质，而且投资小，技术简单，贮藏时间较长。其具体方法是：用0.07mm厚的聚乙烯薄膜制成每袋装干枣5kg的袋子，装好密封后抽气，置于干燥凉爽的室内。此法贮藏1年后干枣色好味正，好果率在95%以上；二是气调贮藏。这种方法具有费用低、能防虫防霉和保持干枣品质等优点。据石家庄市果品批发部的试验，用塑料帐充氮或用二氧化碳控制帐内含氧量，使含氧量低于8%。这两种方法贮藏红枣142d，红枣仍保持干燥，果皮不返糖，品味正常。有虫的枣放入气帐2d后，害虫会全部死光。

第六节　枣的加工

（一）制干红枣

1. 日晒法

枣果全红时，干物质积累还可持续3~5d。无秋雨的地区，可在枣果全红时推迟4~5d再收。如河北省新河县、山东省乐陵县多是在落叶后采收，这时枣果黑紫色，含糖分高，香味浓。黄河流域多是枣红即收；我国南部地区不到枣红即收，以鲜食或作特殊加工用。采下的枣，放在高粱箔上晾晒，每天翻动4~5次，夜间将箔卷起来，上面盖塑料薄膜，第二天日出再晒，持续10d左右即可晒成。山西、陕西省部分地区，枣晒半干后入室风干，这样晒成的红枣，品质最好，色、香、味俱佳。

2. 汆枣

当采收期遇连阴天，部分枣已裂口时，为防止浆烂，可将枣倒入开水锅内煮一下，枣由硬变软即可出锅。这样一则杀菌，二则排出枣中少量水分。然后将余过的枣倒在箔上晒干或炕干，可保持4~5d 不浆烂。

3. 炕枣

枣果采收中遇阴雨天气采用的方法。炕枣的方法较多。在包产到户的生产管理方式条件下，可采用两种比较简便易行的方法。

（1）明火式炕房

根据房间大小确定火炉多少，一般 $20m^2$ 的房间可生 4~5 个煤火炉，炉口上 1m 左右用高粱箔或其他材料铺成水平面，将枣倒在上面，厚度以 4~5cm 为宜。生火时用薄铁皮在炉口上方 20~30cm 处盖住，以便散热均匀和防止炉口上部的枣炕焦。

（2）T 形沟枣炕

这种炕多设在室外，投资小，较安全。炕的大小根据材料和炕枣的多少而定，一般上大下小，深 1.2~1.5m，炕面须水平，以使热气均匀散发，下边可垒一长方形炉子，炉子上方盖一铁皮，炉上用塑料薄膜覆盖，以保温防潮。这两种方式，炕温变化基本相近，前 6h 为缓慢升温阶段，由常温升至 55℃；6~8h 后为快速升温阶段，炕温保持在 65℃；20~24h 为高温阶段，炕温升至 68~70℃；22~24h 压火控温，使温度降至 40℃左右，出炕。注意在烘炕时，每隔 1h 进行 1 次排气、翻动，以防闷枣。出炕的枣一般含水量约30%，短期内不会浆烂。日出后应立即晾晒，这样一则散发部分水分，二则可改善枣的色泽。

（二）蜜枣

蜜枣是糖渍制干珍品，目前已形成各具特色的加工品种。例如，京式蜜枣，主要产于北京，枣扁圆形，淡黄色，透明，肉质较柔软，含水量 17%~19%；徽式蜜枣，主产于安徽省和江苏省，枣个大、整齐、扁圆形，浅琥珀色，半透明，质地较松软，糖质起沙，含水量低于 13%；桂式蜜枣，主产于广西壮族自治区，枣马鞍形，不整齐，深琥珀色，不透明，含糖量高，质地硬实，含水量 5%~7%。蜜枣原料要求大型枣品种，以长筒形最好。采收适期在白熟期，其制作过程如下。

第一步，切纹。用切纹机在果面上切刻密集而整齐的纵纹，纹距约 2mm，深入果肉约为半径的 1/3。切纹机为管状，铁管中按纹间距离安装 30~50 张刀片，枣通过刀管，就被均匀地刻下刀纹。切纹的目的是便于糖液浸入。

第二步，浸硫。是京式蜜枣的重要工序。将切纹后的枣，没泡在 0.1% 的亚硫酸钠水溶液中，破坏果内的醉素，防止褐变，增进成品色泽，并能保护维生素 C 等容易氧化的营养成分不致破坏。此外，用 0.1% 亚硫酸钠浸泡可短期贮存原料枣，但浸泡时间不宜超过 1 周，以免影响风味。

第三步，水煮。是制作桂式蜜枣的重要工序。将切纹后的枣在开水锅中煮 1.5~2h，使枣排胶、除糖、吸水。煮时火不能过急，以防把枣煮破、煮烂。

第四步，漂洗。切纹后的枣坯用清水洗净滤干，而后浸硫，糖煮。水煮后的桂式蜜枣需用流水漂洗 0.5~1h，以充分洗除胶汁。

第五步，糖煮。京式和徽式蜜枣多用两次糖煮法。第一次用波美比重计测量 15~18 波美度（30%~36%）糖液，在保持开锅剧沸状态中煮 30min。煮后在同样浓度的糖液中冷浸渗糖 24h，然后再放入 28~30 波美度（55% ~60%）糖液中，小火保持缓滚状态，回煮 20~30min，以提高枣坯糖分。桂式蜜枣采用 1 次糖煮，全过程 1.5~2h，分为 3 步：第一步在 30 波美度糖液中煮 20min；第二步在 34~36 波美度糖液中煮 50~60min；第三步在 38~40 波美度糖液中煮 30min，以达到排水、渗糖和浓缩的目的。

第六步，初烘。也称小烘。即在 65~68℃温度下通风烘烤 1 昼夜，以降低枣坯水分，并使果面干燥不黏手，果肉韧性增强，适于整形。

第七步，整形。用手工或机器将枣坯捏成扁薄而不露核的形状。京式和徽式蜜枣压捏成周缘完整无裂口的扁圆形；桂式蜜枣压捏成中间凹下、两端矗起的马鞍形。

第八步，回烘。将整形后的枣坯继续在 65~68℃的条件下通风烘烤 1 昼夜左右，干燥到成品限定的含水量，即完成全部加工程序。也可以在晴朗天气晒干。最后对成品进行分级包装。

（三）无核糖枣

无核糖枣外果皮黑紫红色、具光泽，蜜甜，食之无核，畅销国内外。其制作过程如下。

第一步，选料。选果形相似的优质红枣（瘦小、浆烂、裂口的枣不宜入选）。在我国南部枣区的生食品种，也可用鲜枣为原料。

第二步，去核。用去核机去掉枣核。

第三步，洗泡。将去核枣洗去表皮尘土，泡入净水池中 12~20h（鲜枣免泡），使果皮充分吸水。

第四步，浴煮。用 18 波美度糖液加热煮沸，倒入泡涨的枣，持续沸煮 1h，待外果皮上蜡质受热同果皮分离，连同果胶质浮于液面。煮枣锅液面出现一层白沫时，再加白糖达 24 波美度，略煮一会儿即可出锅。

第五步，糖液浸泡。将锅中枣连同糖液一起放入缸中，在常温下浸泡 1~2d，以利于充分吸收糖分。

第六步，淋去糖液。将浸足糖液的枣，从缸中取出，淋洗除去多余的糖液。

第七步，炕枣。将枣摆于竹管内，先以50℃炕温快速而大量地排去枣中水分；4h后升温至65℃，保持20h，脱去果肉内的水分。炕温升至68℃时，保持2~4h，强行脱去果肉外层组织中的水分，使果皮出现细匀的收缩纹。

第八步，散热。将出炕枣放在干燥的室内，适度通风，一般为12~24h，以排出热蒸汽。

第九步，分级包装。无核糖枣成品含水量17%~19%，含糖量68%~73%。按果型大小、色泽好坏分级包装。

（四）夹心焦枣

夹心焦枣酥甜，芳香，风味独特。其制作过程如下。

第一步，选料。以晒成的大、中型优质红枣为原料。

第二步，去核。用去核机或去核钻沿枣果纵向去掉枣核。

第三步，夹心。根据枣的大小，选合适的五香花生仁塞入去核后的枣中。

第四步，烘烤。将夹心枣倒入特制的烘烤笼内，占总容积的70%~75%；笼的转速为40r/min，30min可烘1笼。

第五步，加光上色。在制成成品前15~20min进行加光上色。其方法是用带有少量枣肉的枣核，按1∶1的比例加水煮沸，取得枣水。每20kg烘后枣加0.5kg这种煮枣水，而后再烘15~20min，枣的外果皮便由无光的褐色变成具有金属光泽的红褐色。如制作糖衣夹心焦枣，在这一过程中不加煮枣水，而是倒入搅拌器中，趁热加入浓缩白糖液，边加边搅拌，至枣上出现雪白的糖霜为止。

第六步，焦化。烘成的夹心焦枣，热时很软，倒在干燥室内的箔上，即自然变硬、酥焦。冬季1h，夏季5~6h即可。

第七步，包装。用塑料袋装，每袋 0.25~0.5kg，再装入硬质纸箱内，可贮放 2 个月。该加工方法最适宜在空气湿度低的 11 月至翌年 4 月进行。

（五）乌枣

乌枣是山东在平、聊城一带的传统枣果制干品。乌枣乌紫发亮，花纹细致，肉质柔韧细密，有熟枣香气。其制作过程如下。

第一步，选料。以果型大而圆，肉厚质细、汁少、干物质多，皮色深红或紫红的品种为最好。采收时期宜在果肉完全转红，无白绿斑块的脆熟期。山东省用圆铃枣熏制，成品优良。

第二步，预煮。将洗净的鲜枣倒入沸水锅中，急煮 58min，软化果皮，使果内水分在烘烤时容易外渗。

第三步，冷浸。将经过预煮的枣趁热投入水温 40~50℃的缸中浸 5~8min。

第四步，筛纹晾坯。冷浸后的枣，在沥水筛中晃动 5~6min，沥去积水，果面经筛面压挤，增添细小皱纹。经过预煮、冷浸、筛线的枣，称做枣坯。

第五步，烘烤。烘烤是乌枣加工的主要工序，可使枣果水分逐渐散失，皮色由红转成乌紫，肉质由柔软变得致密而稍硬，具有独特风味。烘烤有专用的熏窖，似火炕一样，炕下生火，炕面上熏枣。枣坯每次上窖烘烤，经过受热、蒸发、匀温 3 个阶段。受热阶段 1~2h，枣坯由冷渐热，这时炕面温度应控制在 50℃左右，待果面的水气散失后加大火力，使炕面保持 65~70℃，维持 5~6h。这时枣坯外干里湿，中止烘烤 5~6h，使内层水分逐渐外渗，达到里外均匀，再行烘烤。这时已完成蒸发阶段而进入匀温阶段，要上下仔细轻翻，翻后再次生火烘烤第二遍。烤后将匀温的枣坯散开，使余热迅速散失，在秋季较凉爽天气下，最长不超过 3d，而后再上炕烘烤。如此上炕 2~4 次，烘烤 4~8 遍，才成为乌枣成品。乌枣要求肉质硬度里外一致，含水量降至 23% 以下，果肉有弹性而不黏手，果皮乌紫明亮。

（六）南枣

南枣加工方法是浙江义乌枣区创造的。这是适应南方多雨气候条件而采用烘烤和日晒相结合的制干法。南枣外形紫黑油亮，纹理细致，与乌枣十分相似，也是重要的出口制干品种。其制作过程如下。

第一步，选料。加工南枣的原料要求果大、肉厚、质地致密，出干率高的品种，一般用义乌大枣。采收期在全红脆熟期，加工的成品叫“元红”，品质上等。用成熟度差，果皮尚未完全转红的原料加工的成品，称“烫红”，品质较差。

第二步，预煮和熟煮。对未全红的枣先进行预煮，又称“烫红”处理。即将枣投入将沸而未沸的热水锅中片刻，而后覆盖草席，保温 2h，再日晒 12h 左右，皮色转红色而有皱纹即可。全红的枣和“烫红”的枣，在急火中煮 12~15min 熟煮，使肉质变软，出现明显深皱纹后取出。

第三步，烘烤、日晒。熟煮好的枣捞出后铺放在枣床上烘烤或日晒使其干燥。一般先晒 1 天再烘烤 1.5~2h 而后再日晒和烘烤 1 次。如果天气晴朗，烘烤 2 次后不再烘烤，再日晒 10 多天，使之干燥即可。如果天气不好，则烘烤次数要增加。烘烤时要不断翻动，防止烘焦。每次日晒时不要马上摊开暴晒，而要加草席覆盖 0.5~1h，待果面稍硬后再暴晒，以免枣皮揭壳。通过烘晒，达到成品标准后即可装袋。

（七）枣茶

枣茶具有消食、健胃、益气、生津、清热、安神的功效。河北省青县生产的乌龙戏珠枣茶，是以沧州金丝小枣、福建乌龙茶为主要原料；河南省郑州市可利食品厂生产的中华枣茶，主要原料是新郑鸡心枣、宁夏枸杞、福建乌龙茶等。乌龙戏珠枣茶的加工过程如下。

第一步，选料。选优质无病虫的金丝小枣及乌龙茶。

第二步，清洗。洗去枣上的泥土，漂去杂物，洗净后晾晒。

第三步，去核。用去核机将枣核去掉。

第四步，烘枣。在特制烘房内将枣烘干。

第五步，粉碎。在防潮的房间内将烘干的枣粉碎。

第六步，磨茶粉。将烘干的乌龙茶磨成粉末。

第七步，配料。在配料间将选好的原料按一定比例混合，即成龙戏珠枣茶。

第八步，包装。用包茶专用纸装小包装袋（饮用时，每杯 1 袋）。

第八章　新技术研究

第一节　短枝型冬枣新品种选育

冬枣因其皮薄、核小、汁多、肉质细嫩、酥脆、甜味浓等特点深受广大消费者的喜爱，目前已是我国北方栽培面积最大的鲜食枣品种，约占鲜食枣总产量的60%。近年来，由于品种杂乱老化，枣农片面追求产量，栽培过程中滥用农药、激素、化肥等问题，导致果实安全性和品质严重下降，已经动摇了消费者的认知程度。如临猗梨枣在我国大规模发展之后，由于品质下降，目前已基本退出鲜食枣市场，转为加工蜜枣经营。冬枣对肥水需求量大、坐果难、易受病虫为害、主芽萌生枣头能力强，栽培技术复杂，管理费时费工，随着劳动力成本的迅速提高，枣农迫切需要优良的新品种和简易化的丰产栽培技术。

在新品种选育方面，主要趋势是向丰产性能好、抗病能力强、品质好、管理简易、适应性强的方向发展，选育目标是个大、优质、早产、丰产、抗逆性强，芽变选种是今后冬枣新品种选育的重要方向。冬枣栽培历史悠久，分布广泛，在多年的栽培过程中，有一些变异或具有特殊优良性状的品种和单株，能够选育出优质冬枣新品种。

一、选优标准与方法

（一）选优标准

枣果品质优良、丰产性能好、抗逆性强是制定选优标准的先决条件。

1. 果实品质优良

一是果个大，均匀整齐，单果质量 14g 以上。

二是果实含糖量提高 5% 以上，酸甜可口。

三是果形美观。

2. 丰产性能好

一是树体生长健壮，树势中庸。

二是早果早丰，二次枝平均着生枣股数 3.0 个以上，三年生枣股平均抽生枣吊 3 个以上，吊果比 0.8 以上。

三是高产稳产，在正常管理条件下连年结果丰产，无大小年现象。

3. 抗逆性强

耐盐碱，耐旱涝，适栽地广。

4. 栽培管理容易，市场前景广阔

一是修剪量减少，栽培成本降低，管理简易。

二是满足消费者对口感和果个大小的多样化需求，市场前景广阔。

（二）选优方法

根据选优标准，采用查找资料、群众报优进行初选—复选—决选的选优方法。

1. 初选

广泛收集过去记载的冬枣芽变品种，在沧州冬枣主产区，依靠主管部门发动群众报优，发掘收集冬枣芽变材料，科研人员实地调查核实。对发现的优良单株或品种进行编号、登记，定期深入实地调查进行初选，确定初选的优良品系。

2. 复选

对初选的优良资源进一步连续调查观测、取样分析比较，从中选择出表现突出的优良单株或品种，并对其优良单株采用高接繁殖的方法进行对比试验，观察其遗传稳定性。

3. 决选

按照选优标准，对复选优良单株的各种性状进行综合比较、评定，筛选出表现最为突出的优良类型。

二、结果与分析

（一）选优结果与分析

1. 冬枣优系资源的初选

课题组成员结合科技下乡与科研工作，2003 年从沧州冬枣产区发现 3 个冬枣芽变植株并留意观察。①从沧州林业科学研究所冬枣园内发现一株冬枣优树，经与当地栽植的其他冬枣相比，在叶片浓绿程度、生长势等方面有所不同，暂名为“沧冬 1 号”。来源是 2002 年冬季和 2003 年春季大雪造成大量苗木死亡后新萌生的枝条。②从沧县小许庄某冬枣园内发现一个芽变枝条，通过观察发现芽变枝条与该树其他枝条在叶片浓绿程度、生长势等方面有所不同，该树树龄 5 年，树高 2.8m，开心形树形，暂名为“沧冬 2 号”。该枝条为 2002 年冬季和 2003 年春季大雪后新萌生的枝条。③在黄骅旧城一冬枣园内发现一变异枝条，本枝条与该树其他枝条在结果量方面差异明显，该枝条年年大量结果，而其他枝条结果数量很少，开心形树形，来源不详。

2004 年采集几个优株接穗开始对普通冬枣进行改接，并加强了整形修剪、土肥水管理工作，对其植物学特性、生长习性及结果特性进行了观测。其中，“沧冬 1 号”母树由于甲口没有愈合，造成该树死亡，当年从甲口以下萌发的新枝为普通冬枣。

2005—2006 年连续 2 年对上述 3 个优系的结果特性进行了调查，发现“沧冬 1 号”枣果酸甜可口，“沧冬 1 号”“沧冬 2 号”果个较大，两个优系叶片浓绿程度明显比其他冬枣重。经过对比分析，最后确定优良性状表现突出的“沧冬 1 号”“沧冬 2 号”进入复选。

2. 复选

将 2 个优良品系进行对比试验，进一步调查观测，对其果实经济性状、丰产稳产性状及抗逆性状进行综合比较，筛选出表现最为突出的优良类型。

（1）建立高接换头试验园

2007 年 4 月中旬，在沧州市林业科学研究所院内、献县、沧县、泊头分别建立品种对比园进行试验观测和区域化试验。选择年龄、粗度、生长状况以及管理条件基本一致的枣树若干株，将收集到的芽变冬枣接穗，通过高接换头的方法建立抗性品种对比园，对比园试验采用完全随机区组设计，设计 5 个品种（系），单株小区，每个品种嫁接 3 株，共高接换头 15 株。试验各重复及对照各品种号见表 8-1-1。设置 3 个对照，Ck1- 沧冬 1 号母树未变异枝条，Ck2- 沧冬 2 号母树未变异枝条，Ck3- 黄骅冬枣作对照。

表 8–1–1　枣树高接换头试验重复与品种（系）号对照

重　复	品种号				
Ⅰ	Ck1	沧冬 1 号	Ck2	沧冬 2 号	黄骅冬枣
Ⅱ	黄骅冬枣	沧冬 2 号	Ck1	Ck2	沧冬 1 号
Ⅲ	沧冬 1 号	Ck2	黄骅冬枣	Ck1	沧冬 2 号

枣树改接后，及时进行抹芽，当萌生的第一批萌芽长到 1cm 左右时开始，每隔 7d 左右 1 次，共需 6~8 次，直到接芽新梢进入迅速生长期以后为止；在枣树接芽进入生长期以后，由于生长迅速，木质化程度低，容易风折，因此当新梢长到 30cm 高时要立支柱，将幼嫩的新梢绑在支柱上。

（2）不同供试品系丰产、稳产性状比较

为测定各优良品系的丰产、稳产性状，主要对其树势、吊果率、大小年现象等指标进行了调查，其对比分析结果如下（表 8–1–2）。

表 8–1–2　优良品种（系）丰产、稳产性状比较

品　系	树势	三年生枣股抽生枣吊数（个）	吊果率	连续结果能力
沧冬 1 号	中庸	3.4	0.89	强
Ck1	中庸	3.2	0.86	强
沧冬 2 号	中庸	3.3	0.87	强
Ck2	中庸	3.3	0.85	强
黄骅冬枣（Ck3）	中庸	3.4	0.86	强

由表 8–1–2 可见，各优良品种（系）均具有较好的丰产、稳产性状。

（3）不同优良品系果实经济性状比较

优良品系果实的经济性状比较分析结果见表 8–1–3。

表 8-1-3　优良品种（系）果实经济性状比较

品种（系）	单果重（g）	整齐度	可溶性固形物(%)	可滴定酸（%）	可食率（%）	果皮色泽
沧冬 1 号	15.9	均匀	21.4	0.23	96.2	赭红色
Ck1	12.5	均匀	18.7	0.20	96.0	赭红色
沧冬 2 号	16.1	均匀	22.6	0.15	96.3	赭红色
Ck2	12.5	均匀	18.7	0.20	96.0	赭红色
黄骅冬枣（Ck3）	12.8	均匀	18.7	0.20	95.7	赭红色

由表 8-1-3 可知，沧冬 2 号单果重量明显大于其他几个冬枣品种和该品系未变异枝条，沧冬 1 号可滴定酸含量稍高一些，更加酸甜可口。

（4）不同优良品种（系）的抗逆性

经过多年调查发现，几个冬枣优良品种耐盐碱能力，抗裂果能力均较强。

3. 决选——优良品系的综合评定

枣树不同品种（系）在不同性状上的表现并不完全一致，几个品种（系）具有稳产稳产、抗病能力较强。但是沧冬 1 号酸甜可口，沧冬 2 号果个较大，这样能够满足人们对口感和果个大小的多样化需求；多年调查发现，沧冬 1 号、沧冬 2 号发枝力较弱，枝条年生长量较小，二次枝节间较短，均比普通冬枣缩短 15% 以上，栽培管理相对容易，夏季修剪工作量减轻，养分消耗少，更加有利于果实发育。

要综合优良单株的果实经济性状及抗逆状况（B1）、栽培管理难易以及市场前景（B2）、丰产稳产性状（B3）等因素进行评定，可用多层次权重分析法即层次分析法对不同树种进行综合评价。评价结果见表 8-1-4。

表 8-1-4　层次总排序

层次 B 层次 C	B1 0.539 6	B2 0.297 0	B3 0.1634	层次 C 总 排序结果	总排序 顺序号
沧冬 1 号	0.442 4	0.443 7	0.443 7	0.443 0	1
沧冬 2 号	0.260 1	0.261 2	0.261 2	0.260 6	2
Ck2	0.097 4	0.099 3	0.099 3	0.098 3	4
Ck1	0.151 7	0.053 5	0.053 5	0.106 5	3
黄骅冬枣（Ck3）	0.048 6	0.142 3	0.142 3	0.091 6	5

综合各备选枣树品种的抗病性能、丰产性能、果实品质、栽培管理难易、市场需求等因素，沧冬 1 号、沧冬 2 号的综合性能指标明显优于其他品种（系），适于在河北冬枣枣产区栽培应用。

（二）品种审定

1. 现场检测

“沧冬 1 号”“沧冬 2 号” 2011 年 9 月 24 日通过河北省林木品种委员会现场检测。

2. DNA 鉴定结果

样品名称：冬枣 1 号芽变　样品编号：Z20110510

样品数量：1g 样品性状：新鲜叶片

检验项目：冬枣 1 号芽变与冬枣 1 号、冬枣 2 号芽变、冬枣 2 号 DNA 是否有差别

检验依据：DNA 分子标记技术

主要仪器设备：PCR、离心机、凝胶成像系统、微量紫外、电泳仪；dNTP、Taq DNA 聚合酶购自大连宝生物公司；引物合成由上海生工生物工程有限公司合成。

检验条件：分子生物学实验室　检验时间：20110910

采用 RAMP 标记进行品种间的 DNA 多态性比较鉴定。

DNA 提取方法改良 CTAB 法，DNA 样品纯化 2 次，微量紫外检测。

PCR 扩增条件：RAMP 反应程序：95℃预变性 5min，95℃变性 50s → 45℃退火 1min，→ 72℃延伸 1min，36 个循环，72℃延伸 8min 反应结束，12%PAGE 电泳检测，$AgNO_3$ 染色。

（1）结果

通过 12 对引物扩增，所有引物均扩增出明显 DNA 谱带。通过附图 L 中可以看出，冬枣 1 号芽变与冬枣 1 号、冬枣 2 号芽变出现一条不同的条带；附图 K 中可以看出，冬枣 1 号芽变与冬枣 2 号出现一条不同的条带；在其他图中冬枣 1 号芽变与冬枣 1 号、冬枣 2 号、冬枣 2 号芽变 DNA 谱带相同。

（2）结论

冬枣 1 号芽变与冬枣 1 号、冬枣 2 号、冬枣 2 号芽变 DNA 发现一处不同点，可以说明这些品种起源相近。若存在显著的性状变异，可以认定为芽变品种。

3. 品种审定

2011 年 12 月 16 日，“沧冬 1 号”“沧冬 2 号”通过河北省林木品种委员会的新品种审定，定名为“沧冬 1 号”“沧冬 2 号”。

（三）沧冬 1 号、沧冬 2 号品种特性

“沧冬 1 号”“沧冬 2 号”是从沧州冬枣小枣产区地方资源中选育出的优质鲜食枣新品种，主要特征如下。

1.“沧冬 1 号”品种特性

树体中等大，发枝力较弱，枝叶较密。果实圆形，平均单果重 15.9g，赭红色，果点小、白色，果皮薄、果顶凹，梗洼中，果肉黄白，

肉质疏松，汁液多，带酸头，风味极上。枣核扁纺锤形，核纹浅，重量0.6g，鲜枣可溶性固形物含量21.4%，可食率96.2%。

枣头紫褐色，枝面较光滑。皮孔中大，近圆形，微凸，开裂，较稀。针刺退化，最长0.6cm，多当年脱落。二次枝4~14节，平均9.2节，节间较短，平均3.9cm，较普通冬枣5.2cm缩短25.0%，枝形平直。2年生枝灰褐色，多年生枝灰褐色，纵裂，爆皮严重。3年生枣股抽生枣吊数1~6个，平均3.4个。枣吊长7.3~32.8cm，平均17.3cm，着叶5~14片，平均9.4片。叶片宽长，长圆形，深绿色，光泽亮，两侧较平展，开甲后不卷曲，叶长3.8~5.9cm，平均4.9cm；叶宽1.7~3.4cm，平均2.7cm；叶长与叶宽比值1.83。叶尖渐尖，先端钝圆；叶基圆形，叶缘具细锯齿，齿尖圆，1cm叶缘有4、5、6个。花多，枣吊着生花序2~11个，平均7个，每序着生2~10朵，平均5.9朵。成熟花蕾五角形，角棱圆，浅绿色。花较小，花径5.0~5.8mm，初开时蜜盘黄色。

枣树高接换头当年就能结果，第二年大量结果，第三年开始进入盛果期，产量中等，比较稳定。在沧州地区，6月初始花，从9月下旬（白熟期）至10月中旬（完熟期）可陆续采收。果实发育期125~130d。

该品种适应性较强，丰产稳产。果实成熟晚，果实酸甜可口，品质极上，为优良的鲜食晚熟品种。

2．“沧冬2号”品种特性

树体中等大，发枝力较弱，枝叶较密。平均单果重16.1g，最大果重25.1g，果实圆形，赭红色，果点小、白色，果皮薄、果顶凹，梗洼中，果肉黄白，肉质疏松，汁液多，带酸头，风味极上。枣核扁纺锤形，核纹浅，重量0.59g，鲜枣可溶性固形物含量22.6%，可食率96.3%。

枣头紫褐色，枝面较光滑。皮孔中大，近圆形，微凸，开裂，较稀。针刺退化，最长 0.6cm，多当年脱落。二次枝 4~14 节，平均 9.2 节，节间较短，平均 4.4cm，较普通冬枣 5.2cm 缩短 15.4%，枝形平直。2 年生枝红褐色，多年生枝灰褐色，纵裂，爆皮严重。3 年生枣股抽生枣吊数 1~6 个，平均 3.3 个。枣吊长 5.5~22.4cm，平均 16.0cm，着叶 6~14 片，平均 9.8 片。叶长圆形，宽长，深绿色，光泽亮，两侧较平展，开甲后不卷曲，叶长 3.1~7.0cm，平均 4.5cm；叶宽 1.7~3.8cm，平均 2.9cm；叶长与叶宽比值 1.58。叶尖渐尖，先端钝圆；叶基圆形，叶缘具细锯齿，齿尖圆，1cm 叶缘有 3、4、5 个。花多，枣吊着生花序 2~11 个，平均 7 个，每序着生 2~11 朵，平均 6.0 朵。成熟花蕾五角形，角棱圆，浅绿色。花较小，花径 5.0~5.8mm，初开时蜜盘黄色。

枣树高接换头当年就能结果，第二年大量结果，第三年开始进入盛果期，产量中等，比较稳定。在沧州地区，6 月初始花，从 9 月下旬（白熟期）至 10 月中旬（完熟期）可陆续采收。果实发育期 125~130d。

该品种适应性较强，丰产稳产。果实成熟晚，果个大，品质极上，为优良的鲜食晚熟品种。

（四）区域试验与示范

将综合评定结果最优的“沧冬 1 号”“沧冬 2 号”进行高接换头，建立抗性新品种系示范园。2007 年采集“沧冬 1 号”“沧冬 2 号”枣树接穗，采用高接换头的方法，在沧县、青县、献县建立品种区域试验园 3 个。经过几年的精心管理工作，探讨了“沧冬 1 号”“沧冬 2 号”早果优质丰产栽培技术，调查了 5~10 年生的金丝小枣树改接后第 2~4 年株产鲜枣产量（表 8-1-5）。为大面积开发利用该优良品系提供了技术保障。

表 8-1-5 “沧冬 1 号”“沧冬 2 号”示范园的单株产量 （kg）

品种与年限	2 年	3 年	4 年
沧冬 1 号	4.8	7.5	12.2
沧冬 2 号	4.5	7.3	11.9

（五）冬枣优良新品系的繁育

为加快冬枣优良品种的快速繁育，本着边选优、边繁殖、边示范的原则，采用嫁接繁殖的方法，对筛选出的短枝型冬枣“沧冬 1 号”“沧冬 2 号”优良品种进行了快速繁育。先后在献县韩村镇、沧县寺庄、沧州市林业科学研究所等的建立了面积为 50 亩的采穗圃，为今后示范推广该优良品种提供了物质基础。

（六）栽培管理技术

1. 建园技术

（1）直接栽植抗性苗木建园

苗木准备：选用 1~2 年生，基径 1.0cm 以上，无病虫害和机械损伤，根系完整，生长健壮的嫁接苗。苗木运输前要先灌浆以保持苗木根系的湿润。

栽植时间：春季萌芽前。

定点挖穴：栽植之前，先选好定植点，挖长、宽、深各 50cm 的坑。

栽植技术：栽植前，将表土与腐熟的有机肥料混匀，取其一半填入坑中，踏实，使中央成丘状，将枣苗放在丘顶，使根系在丘面分散开，再填入剩余的表土，最后填入心土，填满坑后，将苗木稍稍向上提动，使根系舒展并与土壤密接，用脚踏实。枣苗栽植深度以原根颈为准，使原根颈与地面相平，或使根颈高出地面 3~5cm，灌水后根颈下沉与地面持平，栽后要立即灌透水一次。栽后一个月内保持苗木根系湿润，可在栽后 10d、20d 各再浇一次透水，提高造林成活率。栽好灌透水后覆膜保墒，可以少浇一次水，同时可以提高地温。栽植时可使用保水剂和生根粉来提高造林成活率。具体方法是在每株树下用 20~25g 的保水剂与表土混合均匀，填埋在根系附近，然后浇水即可；或将 ABT 生根粉 3 号稀释为 50PPM 浸根，可以促进生根和地上部的生长。

栽后修剪：枣树栽植后要及时修剪，减少水分散失。将顶部以下的两个二次枝剪去，促进其主芽萌发，并剪去折断的、受伤的二次枝。高度超过 1.5m 的苗木，将 1.5m 以上部分剪除。

栽后管理：栽后在合适的时候要检查成活率，死亡的苗木要及时补栽。苗木成活后，要加强肥水管理，每年追施氮肥 1~2 次，每株可施尿素 50~100g。根据墒情及时灌水，苗木成活后，如有灌水条件，最好再增加 2~3 次。要及时松土保墒，除灭杂草，进行病虫预测预报并及时防治。

（2）采用高接换头方法建园

高接时间：在树体树液流动后的 4 月中下旬开始进行。

高接方法：按照原有的树体结构，下部各主枝留 40~60cm，中心干留 50~60cm，将上部去除，下部的侧枝及粗壮的 2 次枝有空间生长的留 10~15cm 剪除，每株树有嫁接口 8~11 个。改接时，粗的主枝采用插皮接，砧粗 2cm 以上的用 2~3 个接穗，2cm 以下的 1 个接穗，以利接口愈合，并可防止由于风折等原因而造成的缺枝。下部 1cm 以下的枝条可利用粗的枣头接穗进行腹接或劈接，每株大树可用接穗 10~15 个。

接后管理：嫁接后要及时除萌，即将接穗以下所有的萌蘖全部除掉。一般 7~10d 一次，连续除萌 3~5 次。接芽新梢长达 30cm 左右时，及时用竹竿绑缚，以防风折，同时解除塑料绑条，以免影响嫁接部位的加粗生长。接芽成活展叶后，要注意防治芽期害虫，如枣尺蠖、食芽蟓甲、枣瘿蚊、绿盲蝽象等，同时要及时在嫁接口涂抹粘虫胶，防止甲口虫为害嫁接口。

2. 整形修剪

“沧冬 1 号”“沧冬 2 号”适宜的树形主要为开心形、小冠疏层形。

（1）开心形

树体主要结构特点：开心树形由树干、主枝、结果基枝组成。树干高 70cm 左右，全树一般留 4~5 个主枝，主枝着生于树干的延伸部，主枝长度视果园的密度确定。

整形原则：主枝与树干夹角 50° 左右，相邻主枝间水平夹角 90° 左右，向周围 4 个方向伸展。结果基枝着生于树干上、主枝或大结果基枝上，其水平角度要大于同级次主枝或结果基枝，长度视树冠空间大小、着生位置确定，生长势要弱于同级次的主枝或结果基枝。

（2）小冠疏层形

这种树形中等密度的枣园采用。

树体主要结构特点是：树高 2.5cm 左右，全树主枝 5~6 个，分 3 层着生在中心干上，第一层 3 个，第二层 1~2 个，第三层 1 个。主枝上不设侧枝，直接培养大中小型枝组。

整形原则：在植株距地面 30~40cm 处，选留 3 个生长均匀、方位好、角度适宜（基角 45° ~60° ）、层内距 10~20cm 处的 1~3 年生枝条培养第一层主枝、长度 1m 左右。第一层主枝选好后，再进行第二、第三层主枝的选留，层间距 50~60cm。各主枝上结果枝组的搭配：第一层以大型枝组（长度 80~100cm）为主，第二、第三层以中小型枝组（30~80cm）为主。树冠达到高度要求后，及早回缩顶部。各主枝上枝组的数量以不交叉、不重叠、互不影响通风透光为原则。

3. 肥水管理措施

（1）秋施基肥

在枣果采收后施入，基肥以圈肥、厩肥、绿肥及人粪尿等有机肥为主。

（2）花期追肥

在 5 月底进行，进行平衡施肥，树势过旺，控制氮肥使用量。

（3）幼果期追肥

在 7 月上旬进行，以氮、磷、钾三元复合肥为宜。

（4）果实膨大期追肥

在 8 月上中旬进行，以磷、钾肥为主，可有效促进果实膨大和糖分积累。

（5）灌水

为保证枣树生长发育对水的需要，在枣树发芽、开花、幼果期及秋施基肥后及时浇水灌溉。

4. 花期管理

“沧冬 1 号”“沧冬 2 号”花量大，自然坐果率比较低，开甲可有效提高坐果率，当开花量达到 30%~50% 时即可开甲，由于这两个冬枣新品种发枝力较弱，枝条年生长量较小，在开甲时的宽度应该比普通冬枣窄 20%~30%，否则甲口不容易愈合。

枣树花期开甲可以明显提高枣树坐果率，提高枣树经济效益，但是枣树开甲后使枣树产生伤口，伤口和愈伤组织的产生，为皮暗斑螟的暴发为害提供了条件。因此，冬枣开甲后应注意保护甲口，避免甲口虫为害，可在开甲当天涂抹一次果树伤口愈合保护剂，20d 后再涂抹一次即可。

由于枣树花期几乎与干热天气同步，近年来枣树开花坐果期经常出现连续高温天气，造成坐果率大为降低，2010 年河北省沧州枣区由于干热风造成坐果率较常年降低 30% 以上，严重地块绝收，这一时期使用枣树保花坐果剂（本项目组国家发明专利产品，专利号：ZL200910227817.1）可以有效减轻干热风的为害，提高枣树坐果率。

5. 病虫害防治

目前在沧州枣树生产中为害严重的病虫害主要有枣红蜘蛛、枣粉蚧、绿盲蝽象、龟蜡蚧及枣锈病、枣缩果病等。过去对枣树病虫的防治过于依赖农药喷雾，而喷雾防治中 90% 以上药剂飘洒于空中和土壤，往往引起严重的空气、土壤和水污染，农药残留超标，影响食品安全。本项目选用高效低（无）毒低（无）残留药剂以及其他生物制剂对害虫进行防治，达到保护枣园生态平衡，生产高品质、无污染枣果的目的。

（1）人工防治

冬季及早春深翻树盘，刮除老树皮并进行树干涂白，剪除病虫枝、枯死枝、损伤枝，拣拾虫茧、虫蛹，清扫枣园内枯枝落叶，集中烧毁，消灭越冬的病虫。

（2）生物防治

保护和利用天敌，发挥益虫的自然控制作用。如可利用草青蛉等天敌控制蚜虫、红蜘蛛、枣尺蠖，或在鳞翅目害虫产卵期放赤眼蜂来控制。用桃小食心虫性引诱剂诱集到桃小食心虫雄成虫、用皮暗斑螟性引诱剂诱集皮暗斑螟雄成虫，使其不能进行交配产卵而达到降低其虫口密度的目的。

（3）物理防治

用黑光灯或用性诱剂进行诱集有趋化性的害虫。

可用利用无公害粘虫胶围环防治枣红蜘蛛、枣尺蠖、枣粉蚧、食芽象甲等具有爬行生活习性的害虫；利用无公害粘虫胶＋吡虫啉或溴氰菊酯乳油防治绿盲蝽象等防治困难的害虫。

（4）化学防治

要选用对人、畜无毒，对天敌无害或影响轻微的植物源农药如烟碱、苦参碱等；矿物性农药如波尔多液、石硫合剂等；抗生素类农药如阿维菌素、昆虫抑制剂如农梦特、灭幼脲系列、抑太保等；必要时也可选用高效低毒农药如吡虫啉、溴氰菊酯等，严格执行安全期施药，在摘果前 1 个月禁止施用农药。

三、结论与讨论

（1）选育出适合沧州枣区栽培的品种

“沧冬 1 号”“沧冬 2 号”两个短枝型冬枣芽变新品种，综合品质优于现主栽品种‘黄骅冬枣’，丰富了冬枣品种，满足了消费者对口感和果个大小的多样化需求。

（2）“沧冬 1 号”

果实圆形，鲜枣平均单果重 15.9g，果皮红褐色，风味浓，可食率 96.2%，可溶性固形物含量 21.4%。“沧冬 2 号”果实圆形，鲜枣平均单果重 16.1g，果皮红褐色，风味浓，可食率 96.3%，可溶性固形物含量 22.6%。

（3）创建了冬枣花期管理关键技术

花期开甲宽度比常规冬枣窄 20%~30%，一年涂抹 1 次枣树伤口愈合保护剂可使甲口完全愈合率达 98% 以上，使用枣树保花坐果剂可以有效减轻花期干热风的为害，促进坐果。

（4）“沧冬1号”“沧冬2号”

丰产稳产，抗逆性强，果个均匀，早果性强，其主芽萌生枣头能力差，节间长度比主栽冬枣缩短15%以上，夏季修剪量轻，养分消耗少，有利于果实发育；管理简易，是果树省力化栽培的优良品种。

第二节　日光温室冬枣优质高效促成栽培技术

冬枣以其外观美丽、肉质脆甜、营养丰富、适口性强等特点备受人们青睐，被誉为枣中“珍品”等美称。但是冬枣在露地成熟期晚、上市晚、市场供应期短，远远满足不了市场需求。为解决冬枣这一稀优果品成熟晚、上市晚、市场供应期短的难题，人们于2007年开始进行了自然日光温室冬枣促成栽培研究，取得了显著效果。

一、试验地点

试验园设在青县曹寺乡西蒿坡村，青县刘立明鲜食枣种植专业合作社试验基地。该试验地占地面积5 200m²，共设计建造日光温室5栋，温室实际种植面积2 296m²。

为降低成本，简化操作，采取先建园、后建温室的技术路线，即按设计要求先定植苗木建园，待培养好树形成园后再建造日光温室。

二、材料和方法

（一）苗木和日光温室主体结构

1. 冬枣苗木

选择基径粗度1~1.5cm，根系完整、发达、健壮无病虫的2年生苗木。

2. 日光温室主体结构

墙体就地取土，建造1m厚的土墙，后坡为一层5cm厚草苫，加一层塑料。温室骨架采用无立柱钢梁，温室膜选用高透光、高保温、消雾、无滴、去尘，天津二塑生产的EVA日光温室膜。膜上覆盖物选择5cm厚的草苫，草苫卷放采用单壁卷帘升降机。

（二）日光温室的布局、建园

1. 温室布局

依据试验地东西长度和南北宽度，共设计建造5栋日光温室，温室南北排列，温室南北间距为5m，温室东西走向，方向朝南偏西4°。温室东西室外长度70m，温室南北室外跨度8m，温室脊高3.1m，后墙高2.1m，后坡长度1.2m，后坡仰角60°。温室钢梁间距1.2m，温室棚面设两道通风口，上通风口距后坡上端1m，下通风口在距南底脚上弧面长1.25m处。温室东西室内长度68m，室内南北跨度7m。单栋温室占地560m^2，室内种植面积476m^2。第5栋温室东西室外长58m，室内长56m，温室占地462m^2，室内种植面积392m^2，5栋温室实际种植面积2 296m^2。2008年11月完成了全部温室建造，并投入使用。

2. 建园

2007年4月10日完成建园，室内冬枣种植株行距1m×2m，南北行向，每行种植6株，每个温室种植33行，每个温室栽植198株。冬枣东、西两个边行分别距温室东西山墙2m，每行南、北两个边株分别距南底脚和北温室内墙1m。

3. 调查

观察、统计和测定日光温室冬枣不同生长季节所需的温度、湿度、物候期以及高效促成栽培的成熟期、产量等指标。

三、试验结果

（一）日光温室冬枣优质高效栽培扣膜升温催芽时间

观察冬枣的自然休眠结束期，研究日光温室冬枣扣膜开始升温的时间至关重要，若扣膜时间过早，冬枣生理休眠的需冷量不足，将导致萌芽、开花参差不齐，花期延长，严重时引起花蕾败育脱落从而影响产量；若扣膜升温时间过晚，则推迟萌芽时间，与自然界中的成熟时差缩短，达不到尽早上市的目的，降低经济效益。

最适宜的扣膜升温时间是冬枣经过一定时间的自然低温锻炼，满足了所需低温量后，及时扣膜升温为宜。本项目采取不同时间扣膜升温催芽，观测萌芽时期及所需天数（表 8-2-1）。

表 8-2-1　日光温室冬枣高效栽培不同升温时间与萌芽、开花的关系

升温时间 / 年月日	萌芽时间 / 年月日	盛花时间 / 年月日	萌芽时地温 /℃	升温至萌芽时天数 /d	萌芽至开花天数 /d
2008/12/20	2009/2/2	2009/4/13	13.30	44.00	70.00
2009/12/31	2010/2/4	2010/4/19	13.00	35.00	74.00
2010/12/20	2011/2/1	2011/4/12	13.20	43.00	70.00

日光温室冬枣升温时间不同，萌芽时间基本相同，只有当地温达到 13℃时才能萌芽，且萌芽整齐，萌芽后均能满足冬枣各个生育期温度要求，达到正常开花。如果升温过早，由于外界温度持续降低，室内升温速度慢，地温上升更慢，因此日光温室冬枣的扣膜升温催芽时间在 12 月下旬比较合适（扣膜和加盖草苫同时进行），也就是在日光温室冬枣落叶后的 40d 左右，此时在此后的冬枣各

个发育阶段能够满足正常生长开花的温度要求。

（二）日光温室冬枣的物候期

经过4年连续观测，日光温室和露地栽培冬枣的物候期见表8-2-2。

表8-2-2 日光温室的物候期

年度	栽培方式	萌芽期	初花期	盛花期	果实初采期
2009	温室	2月2日	3月25日	4月13日	8月25日
2009	露地	4月13日	6月2日	6月12日	10月4日
2010	温室	2月4日	3月30日	4月19日	8月15日
2010	露地	4月19日	6月2日	6月11日	9月30日
2011	温室	2月1日	3月25日	4月12日	8月5日
2011	露地	4月15日	6月1日	6月13日	10月4日
2012	温室	2月1日	3月25日	4月12日	7月24日
2012	露地	4月12日	6月2日	6月12日	9月29日

注：2009年日光温室只进行一次开甲。2010—2012年均进行了第二次开甲，间隔期60d。研究表明，日光温室能使冬枣的物候期显著提前，物候期比露地萌芽期提前70~74d，盛花期提前53~62d，果实采摘期提前40~67d。

（三）日光温室冬枣不同发育时期温度、湿度适宜指标

冬枣在各个不同的生长发育期需要不同的适宜温度、湿度条件来满足，否则会影响冬枣的正常生长、结果，进而影响产量和质量。日光温室有明显的增温作用和增湿功能，因此，日光温室栽培中温湿度的调控至关重要，它关系日光温室促成栽培的成功与否。

本项目定时观测日光温室内（8：00、14：00、20：00）温度、湿度和地温（20cm）的变化，采用开关通风口及控制通风口开关大小程度，覆盖草苫、地面浇水、室内喷雾、地面覆盖地膜、缓慢升温等措施调节日光温室内的空气温、湿度和地温。在参照自然界

中冬枣不同时期自然界的实际温、湿度情况下，确定日光温室冬枣不同时期的适宜温、湿度指标（表 8-2-3）。

表 8-2-3　日光温室冬枣不同时期的适宜温、湿度指标

发育时期	棚内白天温度 /0℃	棚内晚上温度 /0℃	时间/ 天	相对湿度/%
自然休眠期	<15℃	0~5 ℃	40	温室封膜后及时浇一次水
升温催芽期　第一阶段	<20℃	3~5℃	10	60~80
升温催芽期　第二阶段	<25℃	5~7℃	10	
升温催芽期　第三阶段	<30℃	5~8 ℃	10	
枣吊花蕾生长分化期 第一阶段（高温促发）	<35℃	11~12℃	7 月 8 日	40~70
第二阶段（降温保持正常生长分化）	<30℃	9~10℃	52~53	
开花坐果期 第一阶段（高温促花）	<40℃	15~18℃	7 月 10 日	70~80（白天）
第二阶段（保温坐果）	30~35℃	>17℃	20	100(晚上)
幼果生长发育期	30~35℃	15~20℃	疏果后浇水一次，白熟期浇水一次	
果实白熟期、采摘期	30~35℃	棚外温度		

注：升温催芽期 20cm 处地温应在 13℃以上。

1. 自然休眠期（落叶后）温度、湿度

10 月中旬后，随着大气温度逐渐降低，露地冬枣在 10 月底树叶落净，温室冬枣由于小气候影响，于 11 月上旬树叶落净，冬枣开始进入低温生理休眠期。此期的主要任务是满足冬枣低温需求和保持地下土壤水分。

（1）温度控制

此期温度控制指标为白天最高温度控制在 15℃以下，不能高于 15℃，夜间保持 0~5℃，经过 10~15d 后，随着大气温度的进一步降低，夜间室内温度达到 0℃时应及时膜上加盖草苫进行保温，草苫白天升起，夜间放下，温度的控制同样是白天不能高于 15℃，夜间保持 0℃以上。

（2）湿度控制

温室封膜后及时浇一次水，保证树、菜对水分的需求，同时浇水也可以提高地温。

2. 升温催芽期温度、湿度调控

冬枣落叶后经过 40d 左右的低温休眠自然休眠结束，开始进入升温催芽期，时间在 12 月 20 日左右，此期到枣股显绿为止。升温催芽期白天卷帘采光增温，晚上盖帘保温。此期的主要任务是缓慢升温，提高地温，防止气温过高过快，而地温上不来，造成树体地上地下不协调，出现萌芽不齐，花芽分化不良，同时又不能使气温过低，推迟萌芽。

（1）温度控制

升温催芽期时长 30d 左右，温度控制分为三个阶段，第一阶段 10d 左右，白天最高温度控制在 20℃以下，不超过 20℃，晚上保持 3~5℃；第二阶段 10d 左右，白天最高温度控制在 25℃以下，不超过 25℃，晚上保持 5~7℃；第三阶段 10d 左右，白天最高温度控制在 30℃以下，不超过 30℃，晚上保持 5~8℃。这段时间尽快提高地温是关键，只有地温达到 13℃时，根系才能活动旺盛，促使枣股正常萌芽，地温达到 13℃维持 3~5d 芽子全部萌发，地温在 11℃左右时 20d 芽子萌而不发。

（2）湿度控制

相对湿度不低于 61%。

3. 枣吊花蕾生长分化期（枣吊萌发至初花）温度、湿度调控

冬枣经过1个月左右的升温地温升至13℃左右时，根系开始旺盛活动，地上枣股显绿萌发，枣吊开始生长，花蕾随枣吊延长，逐节逐级分化，大约需要2个月的生长发育，开始现花。这一时期的主要任务是促使快发芽、齐发芽，保证枣吊正常生长，花蕾正常分化，花蕾充实饱满，防止枣吊徒长旺长，节间变长，枣吊变细，花蕾分化不良。

（1）温度控制

这一时期温度控制分为两个阶段，第一阶段为高温促发阶段，促使快发芽、发芽整齐，7~8d的时间。从枣股显绿开始进行高温催芽，白天温度提升并控制在35℃以下，不超过35℃，夜间11~12℃，直至树冠上中下芽全部发齐并长至1~2cm时止，这段时间如果不升高温度，维持30℃以下，枣股萌芽不整齐，树冠上部发芽快，下部发芽慢甚至不发芽；第二阶段为降温保持正常生长分化阶段。经过高温促发，树冠上中下枣股全部萌发整齐后，白天最高温度降至30℃以下，不超过30℃，夜间9~10℃，这样保证枣吊正常生长，不至于徒长旺长，保持节间短，花蕾分化充实饱满，待外界夜间温度不低于0℃时晚上可以间隔几天进行一次不盖草苫，锻炼枣吊和花蕾。

（2）湿度控制

此期相对湿度不低于40%。

4. 开花坐果期温度、湿度调控

经过近两个月的枣吊生长、花蕾分化发育，花蕾开始开放，开始进入开花坐果期，这时在3月底4月初。此期的主要任务是维持较高温度、湿度，保证花蕾正常开放坐果。这一时期的温湿度控制尤为关键。

（1）温度控制

这一时期的温度控制分为两个阶段：第一阶段为高温促花阶段（初花至盛花期），7~10d 时间，白天温室内气温升高控制在 40℃以下，不能高于 40℃，夜间 15~18℃，这样花蕾开裂好，花蜜多而香，花蕾开放整齐，若控制在 35℃左右花蕾开裂不好，花蜜少且香味淡，花蕾开放不整齐；第二阶段为保温坐果阶段（从盛花至幼果显现），这段时间大约 20d，经过高温促花，冬枣进入盛花期后白天最高温度降低 35℃以下，维持 30~35℃，夜间温度保持在 17℃以上。

（2）湿度控制

由于冬枣开花坐果需要较高温度和湿度，因此，开花前需浇一次中等量水，提高湿度。湿度白天控制在 70%~80%、夜间控制在 100%。

5. 果实生长发育期温度、湿度调控

坐果后至果实白熟期为果实生长发育期，此期的主要任务是保证果实正常生长发育。

（1）温度调控

A、幼果生长期

白天最高温度控制在 30~35℃，夜间保持 15~20℃，进入麦收期（5 月底 6 月初）撤掉草苫。

B、白熟期

果个不再膨大，果色绿退白进，此期的主要任务是保持昼夜温差，加速糖分转化，促进着色，白天温度控制在 30~35℃，夜间降至棚外温度。

（2）湿度控制

冬枣疏果后浇水一次，白熟期浇水一次，白熟期防雨淋。

6. 果实采摘期温度、湿度调控

果实褪绿开始着色，果实口感变佳开始采摘上市。

（1）温度控制

白天温度控制在 30~35℃，夜间降至棚外温度。如果温度过高，果实发糠。

（2）湿度控制

一般情况树下不浇水，如果土壤含水量过低，果实有点发糠，需浇小水。树上防雨淋，特别是长时间小雨。

7. 树体营养积贮期（采收至落叶）温度、湿度调控

果实采收后至落叶期为冬枣的树体营养积累贮藏期，这一时期的主要任务是保证枝叶完整，维持较高光合作用，最大限度地积累树体营养，为翌年丰产优质奠定基础。果实采收后撤掉棚膜。

（四）日光温室冬枣优质高效栽培栽培技术

1. 露地定植与管理技术

（1）苗木

选择根系完整发达的二年生无病虫健壮苗，做到随起苗、随栽植、随浇水，确保一次性建园成功。

（2）定植

采用挖定植沟的方式定植，定植沟宽 80cm，深 70cm，定植沟土全部用于打墙备用，定植沟间表土与底肥混合后回填定植沟内。底肥施用量 $8m^3$（腐熟的粪肥）+NPK 复合肥 15kg /667 m^2。

（3）肥水措施

定植当年成活后 7 月追施尿素一次，追肥量 35kg/667 m^2；秋施基肥（粪）浇水，基肥施用量 $8m^3$/667 m^2。

（4）抹芽

及时抹芽、营养枝拿枝软化和摘心、主干梢拉枝。

（5）病虫害防治

萌芽期及时防治绿盲蝽象，生长期及时防治红蜘蛛、枣锈病等病虫害，确保枝叶完整。

2. 成形时温室建造技术

一是定植第 3 年即可完成整形，应于第二年春季及时建造温室，年底扣膜生产。

二是为延长温室寿命，温室底层应用红砖建造 25cm 厚的高地基，并用塑料做隔离层，其上做土墙。

三是土墙建造用模板支盒，湿土打墙压实，保证墙体坚实、牢固、保湿。

四是日光温室前底脚及后墙钢梁支撑点用水泥浇灌，确保钢梁牢固不沉降。钢梁每隔 1.2m 一架，钢梁之间用 4 道横钢筋予以固定，其中后坡 1 道。

3. 扣膜后日光温室配套栽培技术

（1）土肥水管理技术

日光温室扣膜后浇一次水，并及时覆盖地膜。开花前浇一次水，满足树体开花对水分需求。疏果后及时追肥浇水，追肥为全元素复合肥，每亩 15kg，白熟期浇水一次，满足果实生长对水分的需求，防止果实萎蔫。

（2）生长期修剪

及时抹除枝干上多余的萌芽和枣股上萌发的枣头一次梢（保留基部枣吊）。

（3）花果管理技术

①开甲

盛花末期开第一次甲，甲口宽度依照树势强弱掌握在5~8mm，甲口愈合在40~50d，过早愈合回甲（将愈伤组织重新切除）。甲口涂抹果树伤口愈合保护剂，20d再涂抹一次。第一次开甲后60d再开第二次甲，第二次甲口愈合后再行枝干环割1~2次，提高果实品质，进一步促使成熟。

②疏果

当果实长到花生米大时及时疏果。疏果标准为：疏除弱小、病虫、畸形、过多幼果，每吊保留2~3个正常果，木质化枣吊适当多留，在5~8个。

（4）病虫害防控技术

①萌芽前

温室内全园喷布一次杀菌剂，清除菌源，如80%乙蒜素2 500倍液、双氧水1 000倍液或3度石硫合剂等。

②萌芽后

喷布一次吡虫啉+氯氢菊酯，防治绿盲蝽象，同时树干缠粘虫胶带。

③生长季节

及时防治红蜘蛛、枣锈病、绿盲蝽象、果实病害。

（五）撤膜后的管理技术

日光温室膜的撤膜时间

由于冬枣的成熟采摘期值雨季，棚膜具有避雨防裂功能，因此，日光温室膜应在果实采摘后及时撤掉。

（六）撤膜后的管理技术

一是及时防治红蜘蛛、枣锈病和绿盲蝽象。

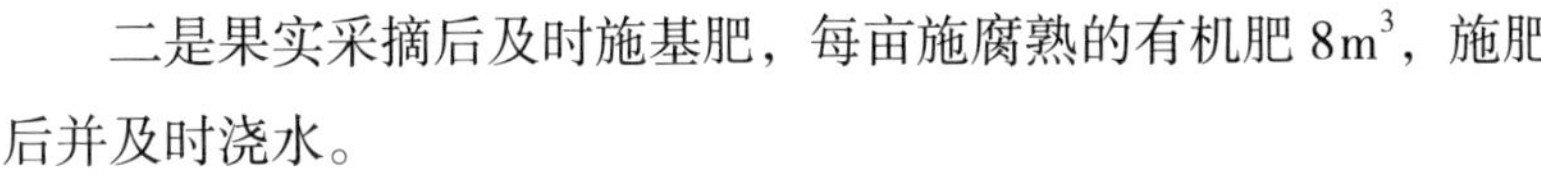

二是果实采摘后及时施基肥，每亩施腐熟的有机肥 8m³，施肥后并及时浇水。

三是落叶后及时清除枯枝、落叶、残留果，并做好冬季修剪。

四是土壤结冻前及时浇冻水。

（七）日光温室冬枣的产量及收益

冬枣日光温室促成栽培鲜枣上市供应期大大提前。2009—2012年日光温室促成栽培试验园果实采摘期提前 40~67d。正常情况下冬枣于 7 月底 8 月初即可采摘上市供应。2009 年每亩实际产枣 897.1kg，收入 5.38 万元；2010 年每亩实际产枣 1 455.9kg，收入 8.74 万元；2011 年每亩实际产枣 2 073.5kg，收入 12.44 万元；2012 年每亩实际产枣 1 508.8kg，收入 10.56 万元。

（八）主要结论

一是研究出日光温室冬枣的扣膜升温催芽时间在 12 月下旬比较合适（扣膜和加盖草苫同时进行），也就是在日光温室冬枣落叶后的 40d 左右，在此后的冬枣各个发育阶段能够满足正常生长开花的温度要求。

二是探索出日光温室冬枣在休眠期、升温催芽期、枣吊花蕾生长分化期、果实生长期、采摘期、树体营养积贮期不同时期适宜冬枣生长结果和提高品质的温度、湿度指标及调控技术。

三是日光温室高效栽培技术能够充分利用光能达到室内增温、保温、增湿的原理，为冬枣创造一个适宜发芽生长结果的小气候环境，使冬枣比露地提前萌芽生长结果，从而达到提前 2 个月左右成熟上市，经济效益增加 10 倍以上。

四是探索出先定植、树成形后再建温室的模式，降低了成本、

简化了操作、易于推广。

第三节　枣树保花坐果剂的研制与应用

每年5月底至6月中下旬是枣坐果期，正值我国北方枣区的干旱季节，气温高，空气相对湿度低，这种天气极不利于枣树坐果。1997年以来，由于干热风造成挂果率较常年降低20%~30%，2010年挂果率降低50%~70%。因此，研制一种可在干旱的气候条件下适量坐果又能尽量减少落果的新型制剂十分必要。

一、枣树保花坐果剂的研制背景

枣树为多花树种，受树体营养和环境条件的影响，落花落果现象十分严重，自然坐果率不足1%。花粉发芽最适宜的气温24~26℃，空气相对湿度70%~80%；湿度太低，花粉发育不良，如空气相对湿度40%时，金丝小枣的花粉几乎不发芽。近年来，枣农在高温、干旱无雨的天气下，通过增加喷施赤霉素（俗称“920”）、2，4-D、萘乙酸等植物生长调节剂次数来增加坐果，造成枣树初期坐果数量较大，树体消耗的营养过多，后期枣果出现色泽变黄、口味变酸、含糖量降低，品质下降，枣果价格降低。针对这一问题，项目组成员根据枣树的植物学特征，经过5年的系统研究，研发出一种枣树保花坐果剂（专利号：ZL200910227817.1），该技术在高温、干旱的气候条件下，使用后能明显促进幼果生长，后期枣果品质好。

二、枣树保花坐果剂的坐果机理

枣树保花坐果剂由十水硼酸钠、复硝酚钠、叶面表面活性剂等成分组成，可有效地解决枣树开花期遇到高温、低湿的干热风时，枣花大量失水而“焦花”，造成枣树坐果率低，落花落果甚至不能坐果的问题。该剂集营养、调节于一体，与植物接触后迅速渗透到植物体内，促进细胞原生质流动，提高细胞活力，促进细胞分裂和花粉发芽，提高枣树坐果率和耐旱性，防止落花落果。

三、枣树保花坐果剂的应用效果

（一）不同药剂对枣坐果率的影响

2009 年在献县淮镇西洋村某枣园内，选取树龄、干茎、冠幅基本一致，管理相同，树势相当的盛果期枣树 16 株，随机区组排列、4 个处理、单株小区，重复 4 次。4 个处理分别为：

A：15mg/L 赤霉素；B：只喷本剂（取 15mL，加水 50kg）；C：喷清水（共喷 5 次，间隔 1~2d）；D：不喷为对照。

在枣树开甲后第 2 天（6 月 2 日开甲），对各处理树均匀喷施药液一次。喷药时间在上午 10 时。第 1 次生理落果完成后（7 月 2—4 日）调查各处理的坐果率；第 2 次生理落果完成后（7 月 26—27 日）调查坐果率，结果见表 8-3-1。

表 8-3-1　喷施不同药剂对枣坐果率的影响

处理	调查总吊数（个）	7 月 3 日			7 月 27 日		
		总坐果数（个）	吊均坐果（个）	比较（%）	总坐果数（个）	吊均坐果（个）	比较（%）
赤霉素	1 053	1 822	1.73	281.8	874	0.83	169.4
本剂	983	1 553	1.58	257	949	0.965	196.9
清水	801	624	0.779	126.9	417	0.52	106.1
不喷	1 357	833	0.614	100	665	0.49	100

从表 8-3-1 看出，喷清水和对照相比较，坐果率虽有所增加，但效果不显著；喷施 15mg/L 赤霉素 7 月 3 日调查吊均坐果为 1.73 个，坐果率最高，7 月 27 日调查，随着幼果生长，落果加重，吊均坐果比用本剂少 0.135 个；这是由于喷施赤霉素后枣树坐果多，树体营养消耗大，造成供应幼果的养分不足，因而落果加重。7 月 3 日调查，喷施本剂比不喷的对照树吊平均坐果增加 0.966 个，坐果明显增加；7 月 27 日调查，喷施本剂比不喷的对照树吊平均坐果增加 0.475 个，与对照比较最终吊均坐果提高 96.9%，使用效果明显。

（二）枣树保花坐果剂对枣树后期落果的影响

在 7 月 6 日枣树盛花后期，取本剂 15ml，加水 50kg，对各处理树继续喷施药液 1 次。喷药在 17 时进行；以不喷为对照。半月后调查落果率（表 8-3-2）。

表 8-3-2 喷施不同药剂对枣树后期落果的影响

处　理	喷前果数（个）	调查果数（个）	落果个数（个）	落果（%）
赤霉素	1 117	1 041	76	6.8
本剂	970	919	51	5.3
清水	386	277	109	28.2
不喷	385	268	117	30.4

从表 8-3-2 看出：喷施本剂落果率最低，比不喷的对照落果数减少 25.1 个百分点，使用效果明显。试验表明本剂具有促进坐果、减少幼果脱落的双重作用，避免了由于树体营养消耗过于集中造成幼果大量脱落的现象，促进了幼果生长。

（三）连续多年使用枣树保花坐果剂的效果

从 2000 年开始在河北省献县淮镇的 33.3hm^2 金丝小枣园内，选取与对照树树龄、干茎、冠幅一致，管理相同，树势相当 100 株结果树进行试验，并于 7 月上旬随机调查坐果情况，8 月上旬调查落果情况，计算出落果率。调查结果见表 8-3-3。

表 8-3-3　连续多年使用枣树保花坐果剂的效果

年份	处理	调查吊数（个）	吊 / 果	为对照的倍数	落果率（%）	比较（%）
2000	喷	1 000	1.18	3.58	5.3	–81.97
	不喷	1 000	0.33		29.4	
2001	喷	1 000	1.03	3.81	5.9	–81.9
	不喷	1 000	0.27		32.6	
2003	喷	1 000	1.26	3.6	5.1	–83.4
	不喷	1 000	0.35		30.8	
2004	喷	1 000	0.98	3.38	4.7	–84.2
	不喷	1 000	0.29		29.7	
2005	喷	1 000	1.08	2.57	5.9	–79.9
	不喷	1 000	0.42		29.3	
2006	喷	1 000	1.11	3	5.3	–82.9
	不喷	1 000	0.37		30.97	
2007	喷	1 000	1.15	3.97	6.1	–81.3
	不喷	1 000	0.29		32.6	
2008	喷	1 000	1.17	3.66	5.5	–83.2
	不喷	1 000	0.32		32.8	

通过表 8-3-3 可知：从 2000—2008 年在枣树上连续使用枣树保花坐果剂均能稳定坐果，吊 / 果比对照提高 1.5~2.9 倍；减少了幼果脱落，比对照减少落果 79% 以上，避免了树体营养的过多消耗，

为全年的红枣丰产打下坚实基础。

（四）枣树保花坐果剂对果实大小、品质和产量的影响

自2010—2012年在河北省献县淮镇、韩村镇1 400hm^2金丝小枣园内进行推广应用，期间选取与对照树树龄、干茎、冠幅一致，管理相同，树势相当10株结果树进行标记，并于9月22—25日采收前，在各处理的调查枝上，随机摘取枣果500个，对可溶性固形物含量进行测定；采收时随机摘取红枣1 000个称重，计算百果质量并记录产量（前期的落风枣均统计在内），以常规管理枣树为对照。调查结果见表8-3-4。

表8-3-4　喷施不同药剂对果实大小、品质和产量的影响

处　理	年　份	平均百果质量（g）	比较（g）	平均可溶性固形物（%）	产量增加（%）
枣树保花坐果剂	2010—2012	543.7	52.5	34.7	8.0
常规管理	2010—2012	491.2		33.9	

表8-3-4的数据表明，施用枣树保花坐果剂枣果品质和产量均优于常规管理。

四、结论与讨论

（一）使用枣树保花坐果剂，使用后吊/果比对照提高50%以上，比对照减少落果25%以上，平均产量增加8%。枣树保花坐果剂生产成本低，使用方便，喷施后能明显促进幼果生长，后期枣果品质好。

（二）枣树保花坐果剂在枣开花坐果期使用，能够有效防止干热风造成的坐果率低甚至“焦花”的问题。原因是由于枣树保花坐

果剂在加热过程中经过络合反应，生成以黄腐酸为中介载体的新型络合物，它可以抑制脲酶的活性，延缓尿素分解速率，即使喷后马上被风吹干，也不会造成氮、硼及其他元素的积累而出现药害。因为在开花期，枣树最幼嫩的部位就是花，在高温、干旱天气喷施后，药液会迅速被风吹干，氮素或其他元素浓缩在花上而时常发生肥害，出现药剂喷的次数越多花落得越多的现象。

（三）枣树保花坐果剂由营养元素和植物生长调节剂等成分组成，即可减轻干热风对枣树坐果的影响，又克服了目前单一植物生长调节剂的缺点，是一种长期应用于枣树坐果的新型制剂。

（四）该剂在生产过程无三废污染，长期使用无任何副作用。

第四节　红枣防浆烂剂应用技术研究

项目组成员经过上百次的试验研究，研发出一种由石硫合剂、氮磷钾三元素复合肥、羧甲基纤维素钠和水按照一定的比例经过特殊工艺制成的红枣防浆烂剂，获得国家发明专利（专利号：ZL201010589110.8），本发明的药剂稀释液喷施到树体后，会吸收果实病斑中的水分和空气中的二氧化碳与其发生化学反应，导致枣果浆烂的病原菌丝脱水死亡。药剂喷施后的氮、磷、钾、钙、硫等残留物是果树生长必需的大量元素及中量元素，被树体吸收后，树势增强，尤其是钙离子被植物体吸收后，与果实果胶质结合形成果胶酸钙，细胞原生质的弹性增强，枣果实的生理病害减少，抗病能力提高。

经多年观测，常规每年生长季连续喷施 5 次后（枣盛花期开始喷施，连续 5 次，间隔期 15d）果实浆烂和裂果率分别比常规管理减少 12.5%、17%。

近年来，项目组改变该专利技术传统喷施方式，采用树干滴注的方法，研究了不同使用方式对枣裂果、枣缩果的影响，取得了较好的效果。

一、使用时间

金丝小枣 5 月 20 日开始滴注；婆枣在枣盛花期开始滴注。

二、使用地点、使用量

试验地点：金丝小枣试验在沧州市沧县辛庄，婆枣试验在行唐县鲁家庄。

使用量：测量树干 50cm 干径处干径，每公分干径滴注红枣防浆烂剂 8mL。

三、使用方法

采用手电钻配 6mm 钻头在树干距地约 50cm 处，斜向下成 45° 角进行打眼，深度视树大小灵活掌握，约达到树干的 1/2~2/3 处，然后将肥料瓶插入，并在瓶底靠上部打出通气孔。

四、使用效果

2017 年 7 月 11 日河北境内连续 4 昼夜降水，沧州、石家庄、保定降水均在 100mm 以上，其中，沧县达到 160mm。枣果已经到了采收季节，结果由于连续四昼夜降水造成大量枣果开裂。

1. 金丝小枣

雨后第三天（10 月 13 日）上午调查，滴注肥料裂果减轻，为 60%~70%，对照为 85%~90%；滴注肥料处理果皮开裂较轻，主要是果皮开裂处没有霉菌产生，果实不霉烂，开裂处果肉出现收缩变软现象，但制干后不会失去商品价值，商品果率可达到70%以上；而对照90%以上的果实开裂处产生大量霉菌，果实从伤口处向内逐步霉烂，枣果基本失去商品价值。

2. 婆枣

行唐县鲁家庄试验树枣缩果病发生严重，据户主李国兵介绍，这些试验树往年由于枣缩果病而几乎没有收益，今年滴注肥料后枣缩果减少50%以上，仍然剩余半树枣果。

雨后第四天下午（10月14日）调查，滴注肥料裂果减轻，为60%，不施用肥料裂果达90%以上。

滴注肥料果皮开裂较轻，果皮开裂口处没有霉烂现象出现，不会失去商品价值；而不施肥枣果90%以上开裂，果皮裂口处产生大量霉菌，裂口从果皮向内霉烂并脱落，树上几乎没果，落地果全部霉烂，商品价值完全丧失。

第五节　果树伤口愈合保护剂的研制与应用

皮暗斑螟（Euzophera batanagensis Caradja）属昆虫纲鳞翅目螟蛾科，是河北省沧州等枣主产区为害最严重、防治最困难的害虫之一，已成为枣产业可持续发展的重要障碍。该虫除成虫外均在皮下生活，蛀食环剥口（甲口）和嫁接口等愈伤组织。课题组人员针对皮暗斑螟蛀食为害、生活隐蔽、极难防治，且为害日益加重的实际情况，2008开始经过系统研究，研制出一种高效防控药剂——果树伤口愈合保护剂，该剂巧妙地解决了常规方法防治效果差、时机抓不准的难题。

一、研制背景

为了提高果品的商品价值和产量，人们通常采用高接换头对品种进行更新换代，但果树高接后产生的大量愈伤组织易受皮暗斑螟为害，由于该虫药物难以触及，防治困难，时常出现大量新生枝头被为害不能正常生长的状况，果树生产损失严重；为了促进苹果、梨等果树花芽分化，提高枣树的坐果率和产量，通常采用树体环剥技术，它可以有效阻碍树冠产生的光合营养物质向根部的输送，树体上部碳水化物得到积累，使碳 / 氮比提高，对花芽分化和提高坐果率有促进作用，但是当环剥口太宽或树体营养不良时，往往不能按期愈合，轻者引起树势衰弱，严重时出现死枝或死树现象，特别是冬枣树死树现象更为突出，目前，也有不少枣区采用在枣树环剥口上涂抹赤霉素药液或用赤霉素药液和泥涂抹伤口促其愈合的方法，但涂泥 2~3d 后可在伤口处发现皮暗斑螟幼虫，5d 后就会有皮暗斑螟幼虫钻进刚刚愈合的组织内取食为害，轻者愈合不良、树势迅速转弱、果实产量和品质显著下降；重者伤口上下韧皮层完全断离，1~2 年便整株死亡。据调查，不进行甲口保护的枣树一般被害株率为 61.38%~76.33%，年平均死亡株率为 0.36%~0.54%。广大果农为避免皮暗斑螟的为害，每年使用 50 倍液乙酰甲胺磷、辛硫磷等农药涂抹伤口 7~12 次，由于连年使用，致使该虫产生抗药性，防治效果不理想，而且由于高温干旱，药剂涂上后马上吹干浓缩为害新组织，时常出现果树伤口不能愈合而死树的现象。

另外，每年冬春季进行果树修剪出现大量伤口，一到雨季极易进水腐烂，常规方法就是在伤口处涂抹清漆，这样虽起到一定保护作用，但伤口愈合慢，易感病。

二、皮暗斑螟的生活习性和为害特点

皮暗斑螟（俗称甲口虫）属鳞翅目螟蛾科，分布于中国及日本等亚洲国家。该虫无群居性，虫口密度大，食性杂，幼虫不转株为害，主要喜食幼嫩的愈伤组织，可为害枣树、木麻黄、枇杷、苹果、梨等多种林果树木。由于枣树连年开甲，产生的大量幼嫩愈伤组织为其提供了周期性的为害场所，所以，此虫列为河北沧州枣产区的重大虫害之一。

该虫在河北平原枣区每年发生 4~5 代，以第 4 代、5 代幼虫在为害处附近越冬，越冬的老熟幼虫于 3 月下旬枣树树液开始流动时活动，4 月初化蛹，4 月底至 5 月初羽化，5 月上旬出现第 1 代卵和幼虫。为害果树伤口主要是第 2 代和第 3 代幼虫。第 4 代幼虫，在 9 月下旬前结茧的继续化蛹、羽化，产生第 5 代，在 9 月下旬以后结茧的部分老熟幼虫不化蛹直接越冬，第 5 代幼虫于 11 月中旬越冬。

三、果树伤口愈合保护剂的成分及作用

果树伤口愈合保护剂由缓释成膜剂、营养剂、无公害杀虫剂、增效剂等成分组成。它的主要作用是：各物质成分经聚合生成对树体无毒害作用的微粒子胶体成膜缓释剂，使用时封闭伤口，使各类非厌氧菌害失活，即可以防治为害树体伤口的病虫害，又可保持伤口湿度，加速细胞分裂和分化促进愈合。该剂防病虫效果突出，且使用方便、配伍合理、成本较低，能使果树伤口按期愈合修复，防止树势衰弱。

四、应用效果

（一）果树伤口愈合保护剂在枣树开甲时期的应用

2010 年果树伤口愈合保护剂在河北省献县淮镇罗庄村 $10hm^2$ 的枣园内，选取与对照树树龄、干茎、冠幅基本一致，管理相同，树势相当 400 株结果树同时进行开甲，开甲后 200 株枣树甲口用果树伤口愈合保护剂涂抹一次，以 200 株常规涂药作为对照（每 5~6d 涂 50 倍液乙酰甲胺磷一次，共涂抹 10 次），45d 后调查愈合和为害情况。试验结果见表 8-5-1。

表 8-5-1　果树伤口愈合保护剂使用调查

处　理	涂药次数（次）	调查株数（株）	愈合株数（株）	愈合率（%）	为害株数（株）	为害率（%）
果树伤口愈合保护剂	1	450	450	100	2	0.4
常规涂药（对照）	10	450	377	83.8	151	33.6

表 8-5-1 数据表明：开甲 45d 后调查，果树伤口愈合保护剂的处理均能按期完全愈合，愈合率 100%，有 2 株枣树被为害，为害率 0.4%；对照有 73 株没完全愈合，愈合率 83.8%，为害率 33.6%。

（二）果树伤口愈合保护剂在嫁接树上的应用

2011 年在河北省林科院枣树试验园内改接枣树 300 株，接穗嫁接到砧木后包缚扎紧，待成活；当接穗芽长到 10 cm 以上时，去除砧木上紧固接穗的绑缚材料，涂抹伤口愈合保护剂，40d 后再涂抹一次，全年只涂 2 次，防止皮暗斑螟幼虫为害；以常规方法（什么都不涂）为对照。嫁接 60d 后随机各选取 100 个嫁接枝进行标记并调查为害率和成活率；落叶后（11 月）调查量取新生枝条的长度，计算平均值，试验结果见表 8-5-2。

表 8-5-2　果树伤口愈合保护剂对枣树嫁接口的影响

处　理	调查枝数（个）	成活枝数（个）	成活率（%）	为害株数（株）	为害株率（%）	生长量（m）	增长（m）
果树伤口愈合保护剂	100	99	99	0	0	1.93	0.32
常规管理（对照）	100	78	78	71	71	1.61	

表 8-5-2 数据看出：使用果树伤口愈合保护剂嫁接穗成活率为 99%，嫁接口无为害，为害率 0%；新生枝条平均生长量 1.93m；对照嫁接成活率为 79%，为害率 71%，生长量为 1.61m。由此看出，应用果树伤口愈合保护剂处理各项指标均明显优于对照。

（三）果树伤口愈合保护剂的大面积示范效果

2010—2012 年连续 3 年在河北省献县 2 400hm² 枣园进行了示范应用。开甲后枣树涂伤口愈合保护剂一次，常规方法（每 4~5d 涂 1 次 50 倍液乙酰甲胺磷，全年共需涂抹 12 次）。每年枣树开甲 30d 后，在韩村镇后道院村，各处理随机选取 500 株枣树进行调查，调查结果见表 8-5-3。

表 8-5-3　果树伤口愈合保护剂大面积使用效果调查

处 理	调查株数（株）	年涂抹次数（次）	调查时间（d）	为害株数（株）	为害率（%）
伤口愈合保护剂	500	1	开甲 30	2	0.4
常 规（对照）	500	8	开甲 30	173	34.6

注：调查株数、为害株数均为 3 年平均数。

由表 8-5-3 可以看出：开甲 30d 后，果树伤口愈合保护剂处理有 2 株被为害，为害率 0.4%；对照 173 株被为害，为害率 34.6%，由此看出，果树伤口愈合保护剂大面积使用效果显著。

五、结论与讨论

（一）使用果树伤口愈合保护剂从开甲到愈合只涂抹伤口 1 次，每公顷用药费 50 元（每公顷 750 株枣树），人工费每人每天 45 元（每人每天涂 100 株），每公顷枣树支出 387.5 元；用常规方法涂抹乙酰甲胺磷每 5~6d 涂 1 次，共涂 10 次，每公顷应支出农药费 135 元，人工费用 4 050 元，每公顷枣树应支出 4 185 元，使用伤口愈合保护剂比常规方法防治甲口虫每公顷节支 3 797.5 元。

（二）果树伤口愈合保护剂的使用，可以显著减少化学农药的用量。该产品使用方便，应用范围广，可用于防治果树及林木伤口病虫害，促进伤口愈合，一次施药可保持药效 30d 以上，从而将一年 7~10 次用药减少到一次，伤口愈合率达 100%，皮暗斑螟为害株率由 30% 降到降到 0.4%，深受果农欢迎。

（三）本果树伤口愈合保护剂，是对“一种果树伤口愈合保护剂（专利号 ZL200710193770.2）”专利的主要成分、配比和制备方法进行改进后的换代型新产品，新的专利技术制备更简单，由二合一剂型简化为单一剂型，使用更方便、药剂持续时间更长，由涂抹 2 次简化为 1 次。本果树伤口愈合保护剂适用于枣、苹果、梨等果树以及林木的修剪口、环剥口、嫁接口、锯口、碰伤、损伤面的伤口愈合，具有伤口愈合快、效果突出，防病虫能力强等特点，大大减少了涂抹农药的次数，减轻了枣农的经济负担。

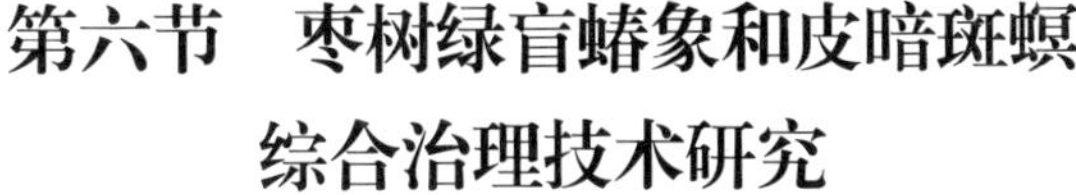

第六节　枣树绿盲蝽象和皮暗斑螟综合治理技术研究

一、绿盲蝽象的形态特征与年生活史

（一）绿盲蝽象的形态特征

成虫：卵圆形，长 5~5.2mm，宽 2.2~2.5mm，雌虫稍大，黄绿色或浅绿色，密被细毛。头部三角形，黄绿色，复眼棕红色突出，无单眼，触角 4 节丝状，短于体长。前胸背板深绿色，布许多小黑点，前缘宽。小盾片三角微突，黄绿色，中间具一浅纵纹。前翅基部革质，绿色；端部膜质，半透明，灰色。胸足 3 对，黄绿色，后足腿节末端具褐色环斑，跗节 3 节，末端黑色。

卵：长 1.2mm，香蕉形，黄绿色，卵浅黄色，中央凹陷，两端突起，边缘无附属物。

若虫：共 5 龄，体绿色，有黑色细毛。1 龄若虫复眼桃红色，2 龄复眼黄褐色，3 龄出现翅芽，4 龄翅芽一般达第 1 腹节，2~4 龄触角端和足端黑褐色，5 龄触角浅黄色，翅芽浅黄色，尖端蓝黑色，长达第 4 腹节，足淡绿，跗节末端与爪黑褐色。

（二）绿盲蝽象年生活史

研究结果表明，在沧州地区绿盲蝽象 1 年发生 5 代（表 8-6-1）。越冬卵于春季 4 月中下旬枣芽萌动时开始孵化，孵化盛期为 4 月末至 5 月初。5 月上旬至 6 月上旬第 1 代若虫开始羽化成虫，羽化高峰期为 5 月中旬末；第 2 代若虫 5 月中旬始现，孵化期为 5 月末。

6 月上旬为第 2 代若虫羽化盛期，羽化高峰期为 6 月中旬末，羽化后的第 2 代成虫极少在枣树或杂草上产卵，大多数由枣树转主至绿豆、黄豆、豆角、棉花、瓜类、蜀葵、锦葵及其他寄主上产卵，转主高峰期从 7 月初开始，枣树上的第 3 代若虫于 6 月下旬出现，但数量极少。

表 8-6-1　枣树绿盲蝽象世代

世代	4			5			6			7			8			9			10			11至3月		
	上	中	下	上	中	下	上	中	下	上	中	下	上	中	下	上	中	下	上	中	下	上	中	下
越冬卵	●	●	●	●																				
		▲	▲	▲	▲	▲																		
第 1 代				◆	◆	◆	◆																	
				●	●	●	●																	
					▲	▲	▲	▲	▲															
第 2 代							◆	◆	◆	◆	◆													
							●	●	●	●	●	●												
								▲	▲	▲	▲	▲	▲											
第 3 代										◆	◆	◆	◆	◆	◆									
										●	●	●	●	●	●									
											▲	▲	▲	▲	▲	▲								
第 4 代												◆	◆	◆	◆	◆								
												●	●	●	●	●								
												▲	▲	▲	▲									
第 5 代													◆	◆	◆	◆	◆	◆	◆	◆				
													●	●	●	●	●	●	●	●	●	●	●	●

▲若虫　◆成虫　●卵

二、枣园绿盲蝽象越冬卵的分布及其孵化规律

（一）材料与方法

1. 试验地选取

试验地位在阜平县大华沟、沧县朴寺村和盐山县城关镇。大华沟、朴寺村试验地为纯枣园栽培方式，周围均栽种枣树，试验地内枣树的株行距为（3~4）m×（4~5）m，每公顷 500~830 株，树龄为 15~100 年，树下零星种植黄豆、绿豆、爬豆及瓜类蔬菜。

盐山县城关试验地为枣、梨、苹果混交栽培方式，面积 1.5 hm^2，行间距为 9m，隔行分别种植苹果和梨树，行间距为 4.5m。枣树 25 年生，梨、苹果 20 年生，在果园外侧种有 3 行棉花。近 2 年管理粗放，历年绿盲蝽象发生严重。

2. 试验方法

（1）纯枣园栽培类型园内枣树上绿盲蝽象越冬卵调查

2004 年 4 月上旬，在大华沟、沧县朴寺纯枣园中，随机抽取 10~30 年生枣树 10 株，每株树分东、西、南、北 4 个方向，上、中、下 3 个方位，1 株树取 12 个标准枝，于绿盲蝽象越冬卵孵化前调查每个标准枝上的各种枣股、夏剪剪口和伤口等处越冬卵的数量，重复调查 3 次，分别统计绿盲蝽越冬卵在各种枣股、夏剪剪口和伤口等处的数量分布。

（2）枣、梨、苹果混交栽培类型园内各种树上绿盲蝽象越冬卵调查

2004 年在盐山县城关镇试验地，将南北行种植的果园分成南、中、北 3 个小区，在每个小区分别随机抽取枣、梨、苹果各 10 株，每株树按东、西、南、北 4 个方向，上、中、下 3 个方位随机抽取

12 个标准枝，每个标准枝分枣股（梨、苹果为越冬芽）和大青叶蝉、蚱蝉等造成的伤口两种调查部位进行调查，分别记录越冬卵量。

（3）纯枣园栽培类型枣园内外间作物、杂草上绿盲蝽象越冬卵数量调查

调查时间为 2003 年 11 月上旬、2004 年 11 月上旬。采用对角线取样的方法，在枣树树冠下取 10 个样方，同时采用随机取样的方法，在枣园附近杂草上取 10 个样方，每样方 0.25 m^2，分别将各样方上的杂草齐根剪下，并捡拾落叶，装袋编号，于显微镜下观察各样方杂草上的越冬卵数量。

（4）枣园内外土壤中绿盲蝽象越冬卵数量分布

在沧县高川乡朴寺村附近，2003—2004 年 3 月 30 日至 5 月 20 日，在田间选择麦地、油菜地、沟坡杂草、枣园树下杂草 4 个处理，用纱布罩养的方法进行调查，每个处理重复 10 次，每个样方面积 0.25m^2，罩养时间为 52d，从 4 月 5 日开始每 2d 调查 1 次。

（5）绿盲蝽象越冬卵室内培养

2004 年 3 月下旬，在沧县高川乡朴寺村附近田间采枣园内树下和园外沟边的杂草、麦苗、油菜各取 5 个样方，每个样方 0.25 m^2，将杂草连同根部一同取出带回；1 年生枣股、2 年生枣股和多年生枣股各 30 个，放入室内鱼缸内进行培养，鱼缸底部放入湿沙保湿，定期进行喷水保湿，缸口用纱布罩住，每天观察 1 次，观察至 5 月 20 日。

（6）绿盲蝽象越冬卵孵化规律调查

2004 年 4 月 1 日开始，每 10 d 在野外采集带有绿盲蝽象越冬卵的夏剪剪口枝、各类伤口枝、多年生枣股，将其分为两组，一组用恒温恒湿箱进行培养，培养前模拟野外降雨将剪口枝喷湿，温度控制在 25℃，湿度控制在 75%；一组放于室外的鱼缸中，缸口用纱网罩住，避开自然降雨且不采取保湿措施。3 次重复，记录孵化

的若虫和未孵化卵的数量。

（7）数据处理方法

采用 DPSv3.01 专业版数理统计分析软件进行分析。

（二）结果与分析

1. 卵的越冬场所

经过 2 年多调查和室内镜检、室内培养发现，在杂草、麦苗、油菜、菜豆上均未发现绿盲蝽象的越冬卵和孵化若虫，只在多年生枣股上发现少量绿盲蝽象越冬卵。在田间枣树上发现大量绿盲蝽象若虫情况下，罩养的样方内连续两年均未发现绿盲蝽象的若虫及成虫。室内保湿培养 2 年生枣股的鱼缸内发现 1 头绿盲蝽象若虫，多年生枣股内发现 6 头绿盲蝽象若虫。

（1）越冬卵在纯枣园栽培类型中枣树上不同部位上的分布

调查发现，绿盲蝽象越冬卵主要在夏剪剪口、其他伤口、多年生枣股、2 年生枣股上越冬（表 8–6–2）。可以看出，在绿盲蝽象越冬场所中，以夏剪剪口中越冬卵量最大，占总卵量的 54.71%，与其他部位都达到极显著差异，其次为多年生枣股和其他伤口，分别占总卵量的 26.22%、13.03%，2 年生枣股上有极少量的分布，仅占越冬卵总量的 6.04%，1 年生枣股上没有发现越冬卵。随着枣股年龄的增加，卵量从无到有，以多年生枣股上为最多。

表 8–6–2　绿盲蝽象的越冬卵在枣树不同部位分布数量的多重比较（LSD）

处理	占总卵量的百分数（%）	1% 极显著水平　F=0.01
夏剪剪口	54.71	A
多年生枣股	26..22	B
其他伤口	13.03	C
2a 生枣股	6.04	D
1a 生枣股	0.00	E

（2）绿盲蝽象越冬卵在枣、梨、苹果混交栽培类型中各种树上的分布

在枣、梨、苹果混交果园绿盲蝽象越冬场所中，以枣树上为最大，占总卵量的 50.39%，其次为苹果、梨树分别 35.30%、14.31%。由于管理比较粗放，夏剪减少，伤口占总卵量的比例仅为 21.86，枣股、梨越冬芽、苹果越冬芽越冬卵比例为 78.14%（图 8-6-1）。

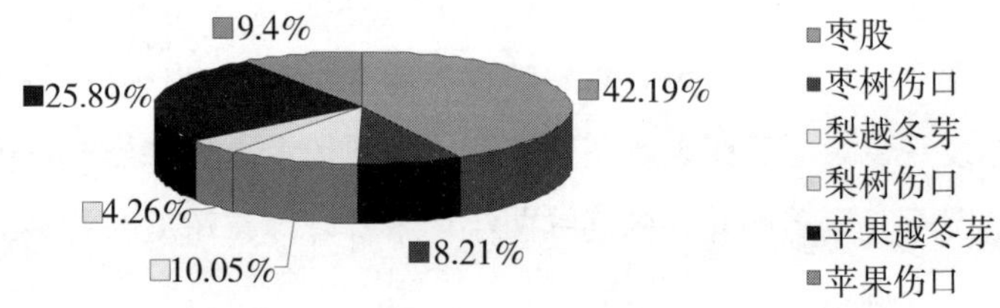

图 8-6-1 绿盲蝽象越冬卵在枣、梨、苹果混交果园各种场所中的比例

方差分析结果表明，在枣、梨、苹果混交果园内，绿盲蝽象不同越冬场所其越冬卵数量存在显著差异，以枣树伤口、苹果伤口数量最多，差异不显著，但与其他各部位都达到极显著差异，每部位都有 3 粒卵（表 8-6-3）。梨树伤口次之，有 1.5 粒卵，以下依次为枣股、苹果越冬芽和梨越冬芽，每部位越冬卵的数量分别为 0.95，0.62 和 0.27。

表 8-6-3 绿盲蝽象越冬卵在枣、梨、苹果混交果园不同部位密度的多重比较（LSD）

处 理	均值	1% 极显著水平 F=0.01
枣树伤口	3.05	A
苹果伤口	2.96	A
梨树伤口	1.50	B
枣股	0.95	C
苹果冬芽	0.62	D
梨越冬芽	0.27	E

2. 绿盲蝽越冬卵孵化时间试验

（1）越冬卵的孵化能力

绿盲蝽象越冬卵的孵化能力随着时间的变化而变化，采集时间越早其孵化率越高，4 月采集的绿盲蝽象越冬卵孵化率最高，孵化率达到 87% 以上，与其他月份达到极显著差异（表 8-6-4），此时也是为害枣花的高峰期，其次是 5 月上中旬，孵化率达到 76% 以上，此时还是主要为害枣花，5 月 20 日以后，孵化率急剧下降，到 6 月底枣树上绿盲蝽象越冬卵停止孵化。

表 8-6-4　绿盲蝽象越冬卵的孵化情况

采集时间	孵化率（%）	5% 显著性差异 F=0.05	1% 极显著差异 F=0.01
4.11	90.66	a	A
4.1	89.14	a	A
4.21	87.87	a	A
5.1	79.30	b	B
5.11	76.46	b	B
5.21	26.11	c	C
5.31	12.04	d	D
6.10	4.48	e	E
6.20	0.81	f	EF
6.30	0	f	F

（2）越冬卵的孵化盛期

在枣树进入萌芽期后，选定枣股处的绿盲蝽象越冬卵进行孵化情况调查，当平均温度达到 20℃左右，相对湿度达到 60% 以上时，枣股处绿盲蝽象越冬卵开始进入孵化盛期，因每年的气温和相对湿度不一致，故孵化盛期也有所不同，但多数年份枣股处越冬卵孵化盛期在 4 月末至 5 月初（表 8-6-5）。此时，枣芽长度一般在

2~3cm。

表 8-6-5　枣股处越冬卵孵化情况

年份	越冬卵孵化盛期（日期）	平均温度（℃）	相对湿度（%）
2004	5.2~5.7	20.16 ± 1.31	64.9 ± 2.04
2005	4.21~4.25	20.20 ± 2.31	60.9 ± 5.07
2006	4.28~5.5	21.38 ± 2.61	61.4 ± 4.54
2007	5.3~5.8	23.67 ± 1.45	62.6 ± 3.21
2008	5.4~5.9	22.69 ± 2.91	67.4 ± 3.04

（3）夏剪剪口、各类伤口处的越冬卵大量孵化是绿盲蝽象大爆发的物质条件

春、夏季的降雨和温度、湿度状况，是绿盲蝽象繁殖状况的决定性条件。当 4 月中下旬，枣树发芽以后，在枣股处形成一个局部小环境，温度、湿度能够满足在此处越冬的绿盲蝽象卵孵化要求，这一部分卵随枣树发芽同期孵化。调查发现，在纯枣园栽培类型中，这一部分卵一般占越冬卵量总量的 30% 左右，而此时占越冬卵总量 70% 在夏剪剪口、各类伤口处的卵一般没有同期孵化。此时虽然气温已满足孵化需要，但是夏剪剪口、各类伤口处由于干缩失水，伤口部位已经死亡，枣树发芽时水分不能上升到伤口已死亡的部位，局部微小气候不能满足卵孵化湿度要求。越冬卵随时间的推移孵化能力降低。当 5 月 20 日前有有效降雨时，夏剪剪口、各类伤口吸收水分，局部小环境能满足卵孵化湿度要求时，占越冬卵总量 70% 的各类伤口处的卵多数仍能够孵化。因此，当 4 月下旬到 5 月中旬降雨较多，常常造成第一代绿盲蝽象大发生。绿盲蝽象在河北省枣区 1 年发生 4~5 代，各代历期不同。一般卵期 6~10d，若虫期 15~27d，成虫期 35~50d。其发生与气候条件尤其是空气相对

湿度关系密切。第1代发生相对整齐,第2~5代世代交替现象严重。6—8月日平均气温20~30℃,相对湿度达80%~90%时,易大发生。从2004年绿盲蝽象大发生情况来看，第1次若虫孵化盛期在4月30日前后，第2次若虫孵化盛期在5月20前后，并且之前均有一次降雨过程,当地枣农也有“一场雨一场虫”的说法。6月29日前后,虫量达到全年的最高峰，1台物理灭蛾灯1晚诱虫量达到550头。

三、绿盲蝽象的为害症状及为害规律

（一）材料与方法

1. 为害症状调查

田间实地观察绿盲蝽象的为害症状，并进行描述。

2. 绿盲蝽象成虫对枣树叶片、蕾花、幼果为害能力测定

在沧县朴寺村，于嫩叶期选取带有7~8个枣吊的小枣枝；蕾期选取带有5~6个枣吊且上面已形成一定数量花蕾的小枝；幼果期选取带有7~8个枣吊且已坐成一定数量幼果的小枝各30个（为了保证测定的准确性，试验前选取小枝上的叶片、花蕾、幼果均未受到为害），然后将捕抓的绿盲蝽象活成虫每2头一组，放入做好的纱笼里（纱笼为透气的尼龙纱做成的圆桶笼，长60cm，直径40cm），而后套在选定的小枝上，将纱笼充分撑开，里面的小枝和枣吊完全舒展，笼内的环境基本与外界自然环境条件一致，笼口用绳扎死，3d后逐一调查并统计每个笼内叶片、蕾花、幼果被为害的总数和绿盲蝽象的存活情况，共3次试验，放虫180头，套笼90次，调查90次。

3. 绿盲蝽象第一代若虫对不同年龄枣股的为害规律

在沧县朴寺村枣园中，按着村南（8年生枣树）、村西（15年

生枣树）、村北（15 年生枣树）不同方位各随机选择 3 块标准地，每块标准地面积 $2hm^2$，在每块标准地内随机抽取 10 株树，每株树分东西南北 4 个方位，在每个方位分上中下 3 个高度层，在上层随机抽取 30 个枣股，在中层随机抽取 40 个枣股，在下层随机抽取 30 个枣股，每个方位抽取 100 个枣股，全树共计 400 个枣股，当每个枣股有一个枣吊出现被害状时，即统计该枣股被害。

4. 绿盲蝽象在树冠内的空间分布规律

在沧县朴寺村枣园中，选择枣树树龄 12~15 年的 10 hm^2 纯枣园作为试验地，按着精细管理（枣树发芽前喷施 3~5 波美度石硫合剂＋树干涂抹无公害粘虫胶）、粗放管理（枣树发芽前喷施 3~5 波美度石硫合剂，不涂抹无公害粘虫胶）、对照管理（不有涂胶、不使用石硫合剂）的管理方式选择了 3 块试验地（其他管理方式相同），每块试验地 6 株树，2 株小区，3 次重复。每株树按东西南北 4 个方位，上中下 3 个高度层，选 12 个标准枝进行标记，记录原始坐果数。

枣果形成以后，7 月 3 日到 8 月 15 日，是绿盲蝽象为害造成落果的关键时期，这段时间每 3 天调查一次绿盲蝽象为害造成的落果。到 8 月 15 日后，绿盲蝽象基本上不再为害枣果，调查结束。

(二) 结果与分析

1. 为害症状

（1）*枣树发芽期*。绿盲蝽象以卵越冬，越冬卵孵化期几乎与枣树萌芽期同步，此时主要以绿盲蝽象幼龄若虫为害为主。受为害的枣树发芽表现为褶皱，失绿，上面呈现密密麻麻的“小黑点”，为害严重的一开始发不出芽，造成发芽推迟甚至枣树枯死，严重影响了枣树的生长。

（2）嫩叶生长期。以若虫为害为主。随着枣树的生长，叶片也长大并逐渐展开，小黑点便变成不规则的孔洞，连成一片，人们俗称为“破叶疯”“破天窗”，为害严重的仍不能正常伸展，褶缩成一团，失绿枯萎，阻碍了枣树的正常生长。

（3）花蕾期。以若虫和成虫为害为主。随着花蕾的形成和生长，叶片已不再幼嫩，绿盲蝽象也开始转移为害花蕾，主要刺吸蕾和蕾柄，受害部位颜色变黄，2~3d后呈现出褐色或黑色，花蕾停止发育，4~5d时大量的花蕾便从蕾柄脱落，少量的蕾枯萎死掉，造成花的数量锐减。

（4）花期。以若虫和成虫为害为主。花蕾期过后，枣花逐渐开放，绿盲蝽象开始为害枣花，主要刺吸为害花蕊、花瓣和花萼，受害部位1~2d便出现黄色或黄褐色，慢慢枯缩，4d左右致使花蕊、花瓣和花萼开始脱落，最终只剩下花盘和花托，极大降低了枣花的坐果率。

（5）幼果期。以若虫和成虫为害为主。枣果形成后，绿盲蝽象又以为害枣果为主，刺食枣果和果柄，受害部位2d左右颜色变黄，3~4d变为褐色或黑色，枣果萎缩，随后小枣果开始大量脱落。随着枣果逐渐长大，受害枣果脱落的数量越来越少，但枣果受害部位症状依然明显，受害部位周围变黑，果肉组织僵硬，坏死，畸形，有的向内凹陷，成“亚腰”形；有的向外隆起，形成小疱，裂开，直至枣果成熟，严重影响了枣果的数量和质量 。

（6）熟果期。以成虫为害为主。枣果进入成熟期，由于降水、枣树品种和枣果品质的差异等因素，部分枣果枣皮裂开形成裂果，此时少量绿盲蝽象成虫返回枣树上，在枣果裂口处刺吸取食为害，致使裂口变黑，浆烂，甚至全果浆烂，在一定程度上加速了枣果的浆烂程度，影响了枣果的数量和质量。

2. 为害规律

（1）绿盲蝽象成虫对枣树叶片、蕾花、幼果为害能力测定

测定结果见表8-6-6、表8-6-7、表8-6-8。

表8-6-6　绿盲蝽象成虫对枣叶为害能力测定统计

试验序号	存活情况	为害叶片总数	单虫日平均为害叶片数	最大单虫日平均为害叶片数	最小单虫日平均为害叶片数	总虫日平均为害叶片数
1	全活	14	2.33			2.46*
2	全活	15	2.50			
3	全活	13	2.17			
4	全活	12	2.00			
5	死1	14	*			
6	全活	14	2.33			
7	全活	17	2.83	2.83		
8	全活	16	2.67			
9	全活	13	2.17			
10	全活	16	2.67			
11	全活	14	2.33			
12	全活	11	1.83			
13	全活	13	2.17			
14	全活	15	2.50			
15	全活	12	2.17			
16	全活	12	2.00			
17	全活	14	2.33			
18	全死	7	*			
19	全活	15	2.50			
20	全活	13	2.17			
21	全活	10	1.67		1.67	
22	全活	15	2.50			
23	全活	13	2.17			
24	全活	11	1.83			

（续表）

试验序号	存活情况	为害叶片总数	单虫日平均为害叶片数	最大单虫日平均为害叶片数	最小单虫日平均为害叶片数	总虫日平均为害叶片数
25	全活	14	2.33			
26	全活	17	2.83	2.83		
27	死 1	11	*			
28	全活	15	2.50			
29	全活	12	2.00			
30	全活	14	2.33			

注：叶片为害总数以叶片有为害状来算；“*”表示有虫死亡，均未纳入计算。

表 8-6-7 绿盲蝽象成虫对蕾、花为害能力测定统计

试验序号	存活情况	为害蕾花总数	单虫日平均为害蕾花数	最大单虫日平均为害蕾花数	最小单虫日平均为害蕾花数	总虫日平均为害蕾花数
1	全活	14	2.33			2.74*
2	全活	18	3.00			
3	全活	15	2.50			
4	全活	16	2.67			
5	全活	15	2.50			
6	全活	17	2.83			
7	全活	16	2.67			
8	死 1	9	*			
9	全活	15	2.50			
10	死 1	16	*			
11	全活	16	2.67			
12	全活	19	3.17	3.17		
13	全活	16	2.70			
14	全活	17	2.83			
15	全活	13	2.17		2.17	
16	全活	15	2.50			

（续表）

试验序号	存活情况	为害蕾花总数	单虫日平均为害蕾花数	最大单虫日平均为害蕾花数	最小单虫日平均为害蕾花数	总虫日平均为害蕾花数
17	全死	12	*			
18	全活	17	3.00			
19	全活	16	2.67			
20	全活	19	3.17	3.17		
21	全活	15	2.50			
22	全活	18	3.00			
23	死 1	13	*			
24	全活	16	2.67			
25	全活	14	2.33			
26	全活	15	2.50			
27	全活	17	2.83			
28	全活	16	2.67			
29	全活	15	2.50			
30	全活	14	2.33			

注：蕾花为害总数以蕾、花有为害状来算；“*”表示有虫死亡，均未纳入计算。

表 8-6-8 绿盲蝽象成虫对幼果为害能力测定统计

试验序号	存活情况	为害幼果总数	单虫日平均为害幼果数	最大单虫日平均为害幼果数	最小单虫日平均为害幼果数	总虫日平均为害幼果数
1	全活	10	1.83			1.59*
2	全活	8	1.50			
3	全活	10	1.67			
4	全活	10	1.67			
5	全活	7	1.17		1.17	
6	全活	10	1.67			
7	全活	9	1.50			
8	全活	8	1.33			
9	全活	13	2.17	2.17		

（续表）

试验序号	存活情况	为害幼果总数	单虫日平均为害幼果数	最大单虫日平均为害幼果数	最小单虫日平均为害幼果数	总虫日平均为害幼果数
10	全活	9	1.50			
11	全活	9	1.50			
12	全活	12	2.00			
13	全活	10	1.67			
14	死 1	8	*			
15	全活	10	1.67			
16	全活	11	1.83			
17	全活	17	3.00			
18	全活	8	1.33			
19	死 1	6	*			
20	全活	9	1.50			
21	全活	10	1.67			
22	全活	8	1.33			
23	全活	7	1.17		1.17	
24	全活	11	1.83			
25	死 1	5	*			
26	全活	9	1.50			
27	全活	10	1.67			
28	全活	10	1.67			
29	全活	9	1.50			
30	全活	8	1.33			

注：幼果为害总数以幼果有为害状来算："*"表示有虫死亡，均未纳入计算。

由表 8-6-6 至表 8-6-8 可以看出，绿盲蝽象成虫为害枣叶、蕾花、幼果的数量是比较大的，平均一头每天为害枣叶 2.46 片，最多可达 2.83 片，最少为 1.67 片；每只每天平均为害蕾花 2.74 个，最多 3.17 个，最少 2.17 个；平均一头每天为害幼果 1.59 个，最多达 2.17 个，最少 1.17 个。

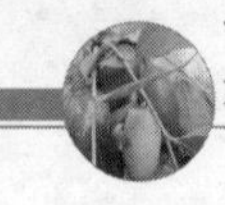

（2）绿盲蝽象第1代若虫对不同年龄枣股的为害规律

无论是8年生枣树还是15年生枣树，其枣股均受到绿盲蝽象为害，其中，8a生枣树其多年生枣股被害率占枣股总被害率的50.66%，15a生枣树其多年生枣股被害率占枣股总被害率的40%以上（表8-6-9，表8-6-10）。

表8-6-9　8a生枣树枣股被害率

地点	部位	株数	枣股数（个）	被害果数（个）	被害率（%）	占被为害的比率（%）
村南	1年生枣股	10	4 000	492	0.123	23.14
	2年生枣股	10	4 000	557	0.139	26.20
	多年生枣股	10	4 000	1 077	0.269	50.66
Σ		30	12 000	2 126	0.531	100.00

表8-6-10　15a生枣树枣股被害率

地点	部位	株数	枣股数（个）	为害果数（个）	为害率（%）	占总为害的比率（%）
村西	1年生枣股	10	4 000	780	0.195	23.48
	2年生枣股	10	4 000	1 143	0.286	34.42
	多年生枣股	10	4 000	1 398	0.350	42.10
Σ		30	12 000	3321	0.831	100.00
村北	1年生枣股	10	4 000	640	0.160	19.60
	2年生枣股	10	4 000	1 098	0.275	33.61
	多年生枣股	10	4 000	1 528	0.382	46.79
Σ		30	12 000	3 266	0.817	100.00

通过对不同龄枣树枣股被害数量的方差分析及多重比较（表8-6-11、表8-6-12、）可知，绿盲蝽象第1代若虫对不同树龄枣股为害存在显著差异，树龄越大其枣股数量越多，第1代若虫

对其为害的绝对数量也越多，年龄相同的树遭受绿盲蝽象第 1 代若虫的为害数量无显著差异。绿盲蝽象第 1 代若虫对不同年龄枣股为害均存在显著差异，多年生枣股与 1 年生枣股受绿盲蝽象第 1 代若虫为害存在极显著差异，1 年生枣股被害率极显著低于多年生枣股。

表 8-6-11　绿盲蝽象第 1 代若虫对不同树龄枣股为害的多重比较（LSD）

处 理	均值	5% 显著水平	1% 极显著水平
村西 15a 生枣树	1 107.0	a	A
村北 15a 生枣树	1 088.9	a	A
村南 8a 生枣树	708.7	b	A

表 8-6-12　绿盲蝽象第 1 代若虫对不同年龄枣股为害的多重比较（LSD）

处 理	均值	5% 显著水平	1% 极显著水平
多年生枣股	1 334.3	a	A
2 年生枣股	932.7	b	AB
1 年生枣股	637.3	c	B

根据对绿盲蝽象越冬卵越冬场所的研究，1 年生枣股上没有越冬卵，但是同样受到绿盲蝽象第 1 代若虫的为害，主要原因是若虫非常活跃，具有随为害随转移的习性，因此对 1 年生枣股的为害是第 1 代若虫爬行转移时造成的。

（3）绿盲蝽象在树冠内的空间分布规律

调查了不同管理方式下绿盲蝽象对树冠不同部位枣果造成的为害，分别统计坐果总数、被害数、枣果被害率等指标（表 8-6-13）。

表 8-6-13 不同管理方式下绿盲蝽象对树冠不同部位枣果的为害

树冠部位及管理方式	树冠上部			树冠中部			树冠下部		
	坐果总数（个）	被害数（个）	被害率（%）	坐果总数（个）	被害果数（个）	被害率（%）	坐果总数（个）	被害数（个）	被害率（%）
精细管理	258.32	36.50	14.13	263.53	28.33	10.75	271.87	46.00	16.92
粗放管理	349.45	97.67	27.95	339.97	69.83	20.54	288.33	59.83	20.75
对照	316.72	120.67	38.10	339.37	142.33	41.94	318.85	135.67	42.55

由表 8-6-13 可以看出，同一种管理方式下绿盲蝽象在树冠上部、中部、下部不同高度层对枣果造成的为害没有显著差异；在不同管理方式下，绿盲蝽象对枣果造成为害后引起的落果率是不同的，精细管理、粗放管理、对照其枣果被害率分别为 13.96%、23.25%、41.68%，不同管理方式下绿盲蝽象对枣果造成为害差异极显著，多重比较结果见表 8-6-14，由于落果率指标为百分数，在进行计算前对原始数据进行了反正弦平方根转化。

表 8-6-14　不同管理方式下绿盲蝽象对枣果造成为害的多重比较（LSD）

处 理	均值	5% 显著水平	1% 极显著水平
对照	39.73	a	A
粗放管理	28.65	b	B
精细管理	21.84	c	B

根据绿盲蝽象在不同管理方式下对树冠不同部位的枣果为害特征，可以认为绿盲蝽象在树冠上是均匀分布的，在药物防治时必须整个树冠均匀喷洒农药才能起到较好的防治效果。管理方式不同，绿盲蝽象对枣果造成的为害也不同，不涂胶、不使用石硫合剂绿盲蝽象对枣果造成的为害最重；而枣树发芽前喷施 3~5 波美度石硫

合剂，树干涂抹无公害粘虫胶绿盲蝽象对枣果造成的为害最轻，因此，在枣树发芽前喷施1次3~5波美度石硫合剂，结合涂抹无公害粘虫胶可起到较好的保护枣果、减轻绿盲蝽象为害的效果。

四、枣园绿盲蝽象的生殖生物学特性、生活习性及转主寄主规律

（一）材料与方法

1. 试验地选取

试验地位于河北省沧州市沧县高川乡朴寺村和泊头齐桥镇。朴寺村为枣树栽培专业村，枣树面积50 hm^2。试验地为纯枣园栽培方式，株行距为（3~4）m×（4~5）m，每公顷500~830株，树龄为15~100年，树下零星种植黄豆、绿豆、爬豆及瓜类蔬菜。朴寺村调查试验分精细管理区和粗放管理区，精细管理区树下杂草少，能够及时浇水、施肥、夏剪和冬剪，且喷药均匀周到；粗放管理区树下杂草多，树枝过密，喷雾不均匀。

齐桥镇试验园总面积15hm^2，枣树树龄25年，长势良好，株行距3m×5m，管理粗放，虫害发生较重。树下间作绿豆，5月20日播种，宽度2.5m，长势良好。

2. 试验方法

（1）龄期和雌雄比

取每一代绿盲蝽象的初孵若虫各100头，放入鱼缸内进行饲养，每个鱼缸内放入10头，每天进行观察和补充新鲜嫩枣头，成虫羽化后鉴定雌雄，记录若虫的脱皮时间和成虫的雌雄数量。成虫寿命观察，将同一天羽化的成虫放入田间罩有枣树根蘖苗的纱网内，每天观察成虫的存活情况。

（2）产卵量

将各代成虫以每 2 头雄虫和 1 头雌虫放入罩有绿豆苗花盆的同一纱网内，共 30 次重复，自第 5 天起每 2d 调查 1 次，观察每株绿豆上的卵量及卵的排列方式。

（3）成虫活动规律、交尾方式及趋光性

在野外对绿盲蝽象成虫进行跟踪观察，于诱虫灯下放置不同颜色的粘虫胶板，观察黏虫情况。7 月上旬，在田间捕捉大量绿盲蝽象成虫并放入罩有枣苗的纱网内，纱网长、宽各 50cm，高 1m。对纱网内的成虫进行 24h 观察，连续观察 3d，在夜间分别用白光、红光、黄绿光进行照射，观察成虫的活动、交尾及取食情况。

（4）寄主

在绿盲蝽象的发生期，对田间的各种植物进行调查，观察是否有绿盲蝽象或其为害症状。

（5）转主寄主规律

在齐桥镇枣园内共设立 3 个小区，每个小区间隔 30m，取面积 60m × 40m，按“Z”字形在每个小区内选定 10 棵标准树；在每个小区的绿豆地内选择 3 个调查样点，每个样点 $1m^2$。3 个小区共 3 次重复。10d 调查 1 次，每次标准树调查，在上中下东西南北 12 个树体方位，各选取 1 个多年生枝梢（约 30cm）进行调查，记录若虫和晃动枝梢飞走的成虫总数；对树下的绿豆采取隔板分离观察的方法，记录若虫和成虫总数。

（二）结果与分析

1. 绿盲蝽象年生活史

根据调查，在沧州地区绿盲蝽象 1a 发生 5 代。越冬卵于春季 4 月中下旬枣芽萌动时开始孵化，孵化盛期为 4 月末至 5 月初。5

月上旬至6月上旬第1代若虫开始羽化成虫，羽化高峰期为5月中旬末；第2代若虫5月中旬始现，孵化期盛期为5月底6月初。6月上旬为第2代若虫开始羽化，羽化高峰期为6月中旬末，羽化后的第2代成虫极少在枣树或杂草上产卵,大多数由枣树转主至绿豆、黄豆、豆角、棉花、蔬菜、蜀葵、锦葵及其他寄主上产卵，转主高峰期从7月初开始，枣树上的第3代若虫于6月下旬出现，但数量少，9月上旬开始出现裂果时又迁回枣树，为害裂果和嫩叶，并产卵越冬。

2. 生殖生物学

(1) 龄期和雌雄比

在沧州地区绿盲蝽象1年发生5代，各代若虫龄期和雌雄比见表8-6-15，成虫寿命观察结果见表8-6-16。

表8-6-15 绿盲蝽象各代若虫的龄期和成虫的雌雄比

代次	虫龄	平均天数(d)	最长天数(d)	雌雄比例	若虫历期(d)
第1代	1	3.5	5	1.26∶1	25.4
	2	2.8	6		
	3	5.8	8		
	4	6.7	8		
	5	6.6	9		
第2代	1	3.1	5	1.17∶1	21.6
	2	3.5	6		
	3	4.5	7		
	4	5.2	8		
	5	5.3	8		

（续表）

代次	虫龄	平均天数（d）	最长天数（d）	雌雄比例	若虫历期（d）
第3代	1	2.5	4	1.13：1	18.8
	2	3.5	5		
	3	4.2	8		
	4	4.5	7		
	5	4.1	6		
第4代	1	3.4	4	1.21：1	20.6
	2	3.7	6		
	3	4.3	9		
	4	4.5	7		
	5	4.7	6		
第5代	1	3.7	6	1.18：1	24.8
	2	4.8	8		
	3	5.6	9		
	4	5.4	10		
	5	5.3	9		

表 8-6-16　绿盲蝽象各代成虫寿命

代次	成虫存活平均天数（d）	成虫存活最长天数（d）
第1代	43.8	53
第2代	40.6	48
第3代	39.5	46
第4代	39.6	50
第5代	45.7	52

绿盲蝽象各代若虫平均历期为21.6d，最长时间25.4d，雌雄比例平均为1.19：1，成虫平均存活时间41.8d，最长时间53d。绿盲蝽象世代重叠现象严重，若虫、成虫历期长，对枣树造成的为害是相当严重的。

（2）产卵量

绿盲蝽象羽化后 1~2d 即可开始交尾产卵，生长季节在嫩叶、叶柄、主脉、嫩茎、果实等组织内产卵，卵盖外露，卵散产，每处 2~3 粒，平均每雌虫产卵量为 286 粒，进入 9 月上旬，该虫又开始陆续迁回枣树，为害裂果和嫩叶，并产卵越冬，越冬卵多产于夏剪剪口及各类伤口、多年生枣股的芽鳞中。

3. 生活习性、寄主、转主寄主规律

（1）若虫生活习性

若虫以刺吸式口器刺吸为害寄主植物的嫩芽、嫩叶、花蕾和幼果。若虫孵出 1~2min 即可迅速爬行，多隐藏于嫩芽内，不易被发现，受强烈振动可落地，并迅速逃匿。3 龄若虫在空气相对湿度 60% 的条件下可耐饥 35~47h。

（2）成虫活动规律

绿盲蝽象成虫喜阴湿、怕干燥、避强光，高温低湿不利其生存。日夜均可活动，但上午天亮到 10：00、16：00 到日落为全天活动高峰期，为主要取食为害时间，晚上基本上不取食，上午 10：00 到下午 16：00 气温高、天气晴朗时多在叶背处隐藏或爬行，少有取食，若阴天则整个白天均有取食。绿盲蝽象成虫爬行迅速、飞翔能力较强，在同一株上活动以爬行为主，当受扰时迅速起飞，为跳跃式飞行，受扰时一次飞行距离多为 3~9m，主动迁飞时多为 2~5m，少有连续两次以上飞行，当寄主植物能满足其食物需要时，一般不会做远距离转主。蜀葵为绿盲蝽象的喜食寄主，7 月 20 日在离枣树 7m 远的蜀葵上发现大量的绿盲蝽象成虫，但在离枣树 40m 远的蜀葵上未发现绿盲蝽象成虫。

（3）成虫趋光性

在诱虫灯旁放置不同颜色的粘胶板，以黄绿色的黏虫最多、黄

色的次之、红色的最少。诱虫时间多集中在凌晨和傍晚，深夜基本上不能诱到。夜间对放有大量绿盲蝽象成虫，罩有纱网的枣苗用不同颜色的光源进行照射，当用白光和黄绿光进行照射时，绿盲蝽象成虫表现活跃，多数向有光的一侧转移，当光源转向另一侧时多数向有光的一侧转移，绿盲蝽象成虫对白光和黄绿光趋性较强。

（4）交尾习性

交尾时间多数集中在凌晨和傍晚，交尾时雌虫在叶片上慢慢爬行或不动，雄虫迅速向雌虫靠近，然后交尾，交尾持续时间很短，一般不超过 10s。

绿盲蝽象羽化后 1~2d 即可开始交尾产卵，生长季节在嫩叶、叶柄、主脉、嫩茎、果实等组织内产卵，卵盖外露，卵散产，每处 2~3 粒，平均每雌虫产卵量为 286 粒，进入 9 月上旬，该虫又开始陆续迁回枣树，为害裂果和嫩叶，并产卵越冬，越冬卵多产于夏剪剪口及各类伤口、多年生枣股的芽鳞中。

（5）寄主

经调查在沧州地区绿盲蝽象寄主树木主要有枣、沙枣、木槿、苹果、杨、柳、梨、李、桃、国槐、刺槐、葡萄、月季花；作物及蔬菜主要有棉花、绿豆、黄豆、爬豆、油菜、苜蓿、黄瓜、生菜、白菜、南瓜、君达菜、向日葵；杂草及草本花卉主要有锦葵、蜀葵、刺菜、地肤等。

（6）转主寄主规律

调查结果见图 8-6-2。

由图 8-6-2 可以看出，枣果进入果实膨大期后，树上环境不适于绿盲蝽象的生存，大量成虫开始转移到其他寄主如豆类、白菜、杂草和棉花等植物继续为害、产卵，转移高峰期在 7 月初，之后枣树上虫口数量急剧减少，间作物上虫口数增多，为害期一直持续到

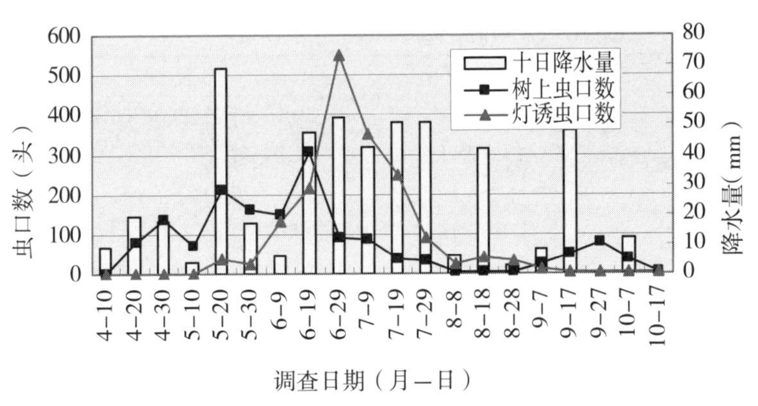

图 8-6-2　树上及间作物绿盲蝽象数量动态

9 月中旬，进入 9 月下旬后，该虫又开始陆续迁回枣树，为害裂果和嫩叶，并产卵越冬。由此可以看出绿盲蝽象在其生长过程中存在转主为害的特点，具有趋嫩性，当枣树上没有幼嫩组织，不利于其吸食生存，便会转移到其他寄主如间作物绿豆、棉花等以及树下杂草等继续为害，随着间作物逐渐成熟，组织变老，不利于其吸食生存，又会回迁到枣树，继续为害裂果和嫩叶等幼嫩组织。

五、绿盲蝽象越冬卵孵化盛期预测预报

（一）物候预报法

在枣树进入萌芽期后，选定枣股处的绿盲蝽象越冬卵进行孵化情况调查见表 8-6-17。从结果可以看出，当平均温度达到 20℃左右，相对湿度达到 60% 左右时，枣股处绿盲蝽象越冬卵开始进入孵化盛期，因每年的气温和相对湿度不一致，故孵化盛期也有所不同，但多数年份枣股处越冬卵孵化盛期在 4 月末至 5 月初。此时，枣芽长度一般在 2~3cm。

表 8-6-17 枣股处越冬卵孵化情况调查　　调查地点：朴寺村

年 份	越冬卵孵化盛期	平均温度（℃）	相对湿度（%）
2004 年	5 月 2—7 日	20.16 ± 1.31	64.9 ± 2.04
2005 年	4 月 21—25 日	21.20 ± 2.31	60.9 ± 5.07
2006 年	4 月 28 日至 5 月 5 日	21.38 ± 2.61	61.4 ± 4.54
2007 年	5 月 3—8 日	23.67 ± 1.45	62.6 ± 3.21
2008 年	5 月 4—9 日	22.69 ± 2.91	67.4 ± 3.04

在枣树芽鳞处越冬的卵粒随着枣芽萌发开始发育，由于枣芽萌发形成的局部小环境能够满足越冬卵孵化时对温度湿度的需求，越冬卵孵化几乎同枣芽萌发进行，当枣芽长到 2~3cm 时，枣树芽鳞处越冬卵达到孵化盛期。

（二）有效降雨后期距预报法

枣芽萌发时虽然气温已满足孵化需要，但是夏剪剪口、各类伤口处由于干缩失水，伤口部位已经死亡，枣树发芽时水分不能上升到伤口已死亡的部位，局部微小气候不能满足卵孵化湿度要求。当 5 月 20 日前有有效降雨，夏剪剪口、各类伤口吸收水分，局部微小气候能满足卵孵化湿度要求时，越冬卵开始孵化。夏剪剪口、各类伤口处越冬卵的孵化盛期为有效降雨后 5~7d。

六、应用粘虫胶与化防结合防治绿盲蝽象

（一）材料与方法

1. 试验地点

试验地选在沧县高川乡朴寺村金丝小枣纯枣园，面积约 $10hm^2$，树龄 15 年，株距 2~4m，行距 5m，树势健壮，水肥充足。

该试验地分精细管理区和粗放管理区，精细管理区树下杂草少，能够及时浇水、施肥、夏剪和冬剪，且喷药均匀周到；粗放管理区树下杂草多，树枝过密，喷药时主要效仿他人，喷雾不均匀。

2. 试验设计

在试验地选择 $5hm^2$ 枣园作为无公害粘虫胶（河北省林科院研制生产“冀林”牌）与化学防治相结合的防治试验区，相邻 $3hm^2$ 作为精细管理的化学防治对照区，$2hm^2$ 为粗放管理的化学防治对照区。粘虫胶防治试验区在枣树主干中部偏上位置全部涂粘虫胶环 2 次，第 1 次涂胶时间在 2 月 19 日，第 2 次在 6 月 4 日。喷洒化学农药 2 次，即发芽前喷石硫合剂，6 月喷吡虫啉 10% 可湿性粉剂 1 500 倍液；精细管理化学防治对照区，早春刮除树干粗皮，喷洒化学农药 5 次；粗放管理化防对照区，早春不刮除树干粗皮，喷洒化学农药 4 次。

3. 调查方法

按“Z”字形取样法（ 边行除外）选取 20 株标准树，在第 1 次涂胶后第 7 天开始调查，每 7d 调查 1 次，重复 3 次，记录粘虫胶胶环上粘住绿盲蝽象数量。同时采用抽样方法，调查树上绿盲蝽象的数量，在每株标准树树冠上、中、下部，分别抽取 15、20、15 个二次枝进行调查，即每株标准树调查 50 个二次枝。为保证试验数据的准确性，每次调查时胶上粘的害虫尽量抹掉，不能抹掉的小虫子通过害虫的颜色判断死亡时间。

在 3 种管理类型的防治试验区，对枣叶、花蕾、枣果受绿盲蝽象的为害情况进行调查，枣叶每标准树按东西南北向各选取 100 片叶，于 5 月 10 日进行调查，记录其为害数；花蕾每株标准树按东西南北向各选取 1 个枣枝进行标记，记录下花蕾总数，于 5 月 30 日调查，记录其为害数；枣果每株标准树按东西南北向各选取 100

个，于 7 月 10 日进行调查，记录其为害数。

（二）结果与分析

1. 粘虫胶环粘绿盲蝽象数量动态

胶环粘绿盲蝽象数量调查结果见图 8-6-3。在 6 月中旬到 6 月底，粘虫胶环粘绿盲蝽象数量最多。

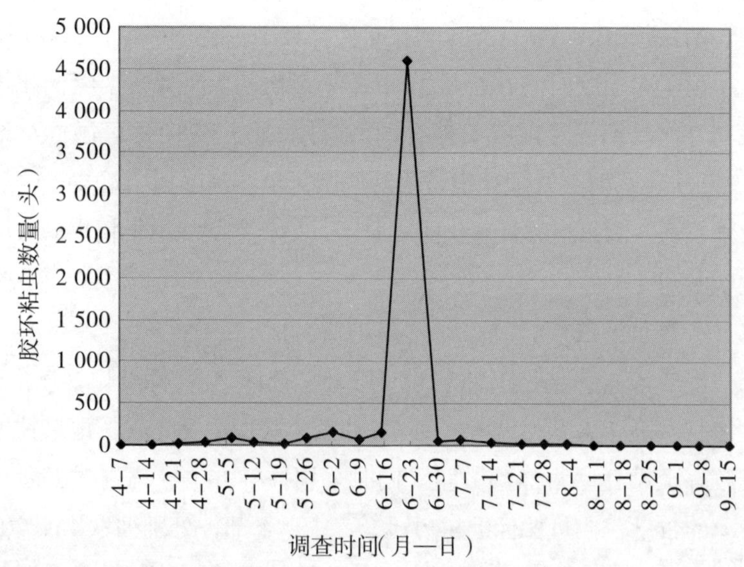

图 8-6-3 胶环粘绿盲蝽象数量动态

2. 树上绿盲蝽象数量动态

树上绿盲蝽象数量动态分粘虫胶防治区、精细管理区和粗放管理区 3 种类型进行调查，结果见图 8-6-4。

由图 8-6-4 可以看出：绿盲蝽象种群数量有 3 个高峰期，第 1 个高峰期为 4 月下旬到 5 月底，是越冬代为害期，主要为害枣芽

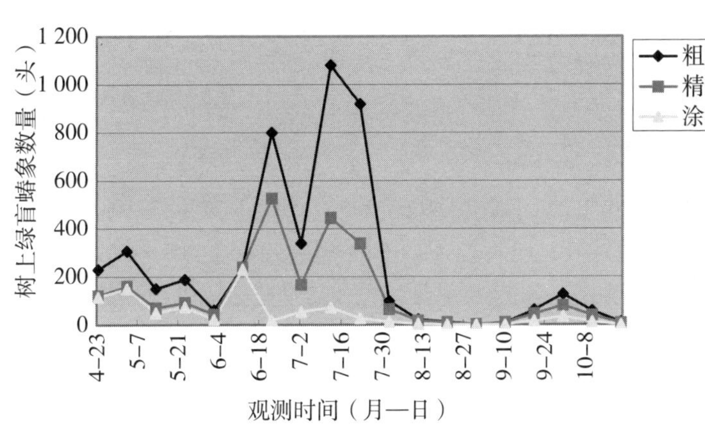

图 8–6–4　树上绿盲蝽象数量动态

和花蕾；第二个高峰期出现在 6 月上旬到 7 月底，此时正是绿盲蝽象第 2~3 代发生期，主要为害枣花和幼果，是主要为害期；第 3 个小高峰期为 9 月中旬到 10 月上中旬，是绿盲蝽象为害裂果期。方差分析结果表明，粗放管理、精细管理与涂抹粘虫胶三者树上绿盲蝽象数量之间差异极显著。

3. 不同防治措施对枣叶、蕾花、幼果为害情况

为了观察粘虫胶防治绿盲蝽象的效果，在 3 种管理类型的防治试验区，对枣叶、花蕾、枣果受绿盲蝽象为害情况进行了调查。调查结果见表 8–6–18。方差分析结果表明，涂粘虫胶、精细管理、粗放管理三者之间造成绿盲蝽象对枣树叶片、蕾花、幼果的为害均存在极显著差异。

表 8-6-18　不同防治措施情况下绿盲蝽象对枣叶、蕾花和幼果的为害调查

管理方式	叶片被害率（%）			蕾花被害率（%）			幼果被害率（%）		
	均值	标准差	显著水平/1%	均值	标准差	显著水平/1%	均值	标准差	显著水平/1%
粗放管理	21.90	8.09	A	69.12	20.16	A	52.70	22.80	A
精细管理	12.80	5.41	B	38.70	15.76	B	16.80	77.72	B
涂粘虫胶	79.50	3.32	B	13.27	10.22	C	77.50	74.88	C

4. 结论分析

枣树树干涂抹粘虫胶结合化学防治绿盲蝽象效果非常明显，粘虫胶环粘住了大量的绿盲蝽象，降低了枣树叶片、花蕾、幼果的被害率，减少了用药次数，节约了防治成本，提高了枣果质量，增加了果农收入。

第七节　绿盲蝽象综合防治技术

一、人工防治

结合冬剪剪除树上的病残枝尤其是夏剪剪口部位和蚱蝉产卵枝，减少绿盲蝽象的越冬基数。5—6 月，及时铲除树下杂草和根蘖，切断落地绿盲蝽象的食物来源。

二、合理选择间作物

忌用绿豆、大豆、豆角、棉花和白菜等绿盲蝽象的寄主植物作为枣园间作物。

三、物理防治

在生长季节于主干上涂抹闭合的粘虫胶环，可有效阻杀上树的绿盲蝽象。据调查，在进行喷雾防治时，大量绿盲蝽象成虫和若虫落到地面上，但落地后大部分呈假死状态，一般 2~8h 内便能苏醒。苏醒的成虫短时间内不会飞翔，只能沿主干向上爬行。刮风天气，大量若虫受振动也会坠落地面，先聚集在杂草和枣树萌蘖上，然后沿主干向树上转移。针对此特性可在生长季节于主干上涂闭合的粘虫胶环，阻止其上树为害。绿盲蝽象成虫的趋光性较强，可使用全自动物理灭蛾器诱杀成虫。在绿盲蝽象成虫发生期，每台灭蛾器每天可诱杀成虫 500 余头。

四、化学防治

枣树发芽前树体喷 3° ~5° 的石硫合剂，消灭大部分越冬卵。第 1 代若虫防治是整个防治工作的重中之重，若虫不能飞翔，依靠爬行转移为害，只能近距离传播，且抗药性较低，防治效果好，首先应抓住枣股处越冬卵孵化盛期这一关键时期，也就是枣树芽长 2~3cm 时；其次应抓住夏剪剪口等各类伤口处越冬卵孵化盛期，也就是 5 月 20 日前有效降雨后 5~7d。在枣树生长期，做好虫情预测，及时进行化学防治。据调查，在进行喷雾防治时，大量绿盲蝽象成虫和若虫落到地面上，但落地后大部分呈假死状态，一般 2~8h 内便能苏醒。苏醒后的成虫较弱，短时间内不善飞翔，多数沿主干爬行再上树，刮风时，大量若虫受振动也会掉落地面，然后再沿主干向树上转移为害。针对此规律在主干上涂闭合的粘虫胶环，应用无公害粘虫胶与化学防治相结合，是控制绿盲蝽象为害的最有效途径。该虫具有迁飞转移习性，当进行化学防治时，成虫受惊立即起飞转移，当小面积防治时，多数成虫并不能着药中毒，而是迁移到别处为害，药效过后又转移回来为害，这样防治效果一般并不理想。应提倡群防群治，集中连片统一用药，防治时要先防治枣园四周，逐步向枣园中心推进，迫使其向枣园内部转移，由于其一次迁飞距离一般在 10m 以内，当防治枣园内部时即使其迁飞也能着药中毒。

经筛选（表 8-7-1），用 6% 吡虫啉 2 000 倍液＋ 4.5% 高效氯氰菊酯 1 500 倍液混合喷施，效果很好，防治率为 93.1%。

表 8-7-1　几种药剂防治绿盲蝽象效果

药　剂	防治前虫口数（头）	防治后虫口数（头）	防治率（%）
乙酰甲胺磷 1 000 倍液＋灭幼脲Ⅲ 1 500 倍液	486	116	76.1
高效氯氰菊酯 1 500 倍液＋灭幼脲Ⅲ 1 500 倍液	389	69	82.3
吡虫啉 2 000 倍液＋高效氯氰菊酯 1 500 倍液	447	31	93.1
阿维菌素 2 000 倍液＋高效氯氰菊酯 1 500 倍液	472	152	67.8

五、保护天敌

在沧州枣区，绿盲蝽象的天敌主要有草蛉、捕食性蜘蛛、小花蝽、拟猎蝽、姬猎蝽等。要根据测报，科学准确用药，尽量减少用药次数和剂量，并选择高效低毒，对天敌杀伤力小的农药。

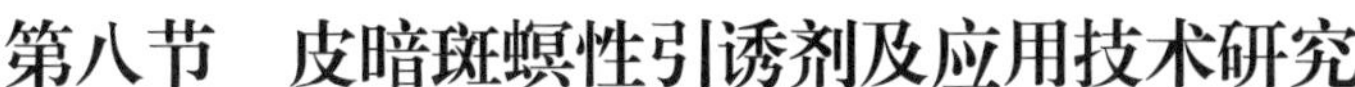

第八节　皮暗斑螟性引诱剂及应用技术研究

一、皮暗斑螟生殖生物学研究

（一）研究方法

1. 人工饲养

（1）试虫来源

试验用皮暗斑螟最初于 2007 年 4 月采自正定县新城铺、藁城市和沧县朴寺无公害枣树示范园，多为老熟幼虫，少数为蛹。其中，正定新城铺枣园枣树为 10a 的梨枣，株行距为 3m × 6m，面积 3.9hm^2，管理水平一般；朴寺枣园地处我国金丝小枣主产区核心位置，枣园集中连片，多为几十年甚至上百年枣树，有的地块套种 5 年以下的冬枣，株行距多为 3m × 6m，田间管理水平较高。

（2）人工饲料配方

	A	B	C
玉米粉	17	20.64	0
大豆粉	23.15	20.64	6.8
枣树形成层木屑	0	0	8
蔗糖	2	0	5
维生素混合液	0	0	0.1
抗坏血酸	0	0.2	0.1
酵母浸粉	2	1.2	0
无机盐类	0	0	0.4
山梨酸钾	0.2	0	0
羟基苯甲酸甲酯	0.12	0	0
苯甲酸钠	0	0.3	0
防腐剂混合液	0	0.1	2
琼脂	1.0	1.0	2.01
水（mL）	54.53	56.02	76.39
合计	100	100	100

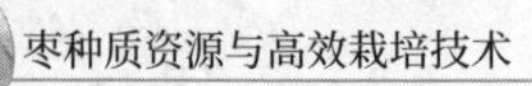

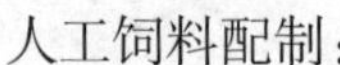
人工饲料配制：

从野外采集新鲜的枣树或梨树树干，取其形成层烘干制粉，如上表所示，配制 A、B、C 3 种饲料，在电炉上将量好的水加热煮沸，然后分别加入琼脂粉，待琼脂溶解后，依次加入玉米粉、豆粉、蔗糖、枣（梨）树木粉，稍后按各种营养成分配方，在适合的温度加入酵母粉、维生素混合液和防腐剂等饲料成分。在饲料凝固前装入直径为 6cm，高 10cm 的塑料瓶中，每瓶 100g 左右的饲料。维生素混合液配方为每 10mL 维生素混合液中含有氯化胆碱 1.250g，叶酸 0.002g，肌醇 1.759g，烟酸 0.100g，泛酸钙 0.150g，维生素 B_6 0.030g，核黄素 0.020g，硫胺素 0.020g。无机盐配方为每克混合盐中含有 $CaCO_3$ 281μg，$CuSO_4 \cdot 5H_2O$ 0.4μg，$MnSO_4$ 0.2μg，$MgSO_4$ 123.3μg，KH_2PO_4 330μg，NaCl 125μg，KCl 140μg。防腐剂混合液组成：山梨酸 1g+ 尼泊金 0.75g+ 酒精 10mL，酒精浓度为 95%。

（3）饲养方法

将采集（卵孵化）来的幼虫放在直径为 6cm，高 10cm 事先高压灭菌的装有人工饲料的塑料瓶内饲养，每瓶装 30 头，瓶口盖上网眼为 0.2mm 的双层纱布，再用橡皮筋套好，防止幼虫钻出，如幼虫之间有互相蚕食现象，则将幼虫转接到试管中，每支试管接种 1 头幼虫，管口用医用棉球堵塞。将虫瓶放在人工气候箱在 1.5∶1 的条件下用人工饲料进行饲养。

2. 成虫生殖生物学

（1）成虫交尾习性

①将新羽化的成虫雌雄分别放入两个塑料瓶中，瓶口盖上网眼为 0.2mm 的双层纱布（纱布上装有浸有 10% 蜂蜜水和清水的医用棉球，供成虫舔食），再用橡皮筋套好，然后放入自行设计的养虫

箱（为 1.5m×1.5m×1.5m 的木框架，周围用网眼为 0.2mm 纱布罩上）中，防止成虫外逃。分别取出雄成虫，放入雌成虫瓶中，1∶1 配对，观测成虫交尾情况，根据虫量确定观测虫量，不少于 10 对成虫。交尾情况产生后，记录交尾起始时间和结束时间、时长。待交尾结束后，将雄虫放入另一装有另一只未交尾雌成虫塑料瓶中，观测其有无二次交尾现象，如有，再次将雄虫放入另一装有未交尾雌成虫塑料瓶中，观测其有无再次交尾现象；同时将参与交尾的雌成虫放入另一装有未交尾雄成虫塑料瓶中，观测其有无二次交尾现象，如有，再次将雄虫放入另一装有未交尾雄成虫塑料瓶中，观测其有无再次交尾现象。

②应用性诱剂诱捕雄成虫观测成虫交尾情况。在枣园设置三角形诱捕器 20 个，相邻诱捕器间距 50m 以上，诱捕器规格为三角边长 20cm，棱长 25cm，底部放置规格为 9cm×22cm 的粘胶板，胶面朝上，用以粘捕皮暗斑螟雄成虫。用细铁丝一端穿透诱芯皮塞固定，另一端固定在诱捕器顶端棱中部，并使诱芯垂直下垂，诱芯距胶板小于 1cm。放置好诱芯后每日每隔 3h 调查一次诱捕虫量情况。

（2）成虫产卵习性

①将交尾后的雌虫收集到另外的塑料瓶中，每瓶接种 1 头，并做好标记，瓶内放入适当的滤纸，供雌虫产卵。记录产卵日期和产卵量，待卵孵化后记录孵化日期和孵化幼虫数，计算卵期和孵化率将孵化后的幼虫放在解剖镜下分辨性别，记录雌雄比例。同时记录成虫死亡日期。

②观测未交尾雌虫有无产卵现象（孤雌生殖），如有，记录产卵日期和产卵量，同时记录成虫死亡日期。

（二）结果与分析

1. 皮暗斑螟生活史

通过室内饲养与林间定时定点调查相结合的方法，系统研究了皮暗斑螟的年生活史。结果表明，年生活史见表 8-8-1，在河北省石家庄、沧州枣区皮暗斑螟 1 年发生 4~5 代。主要以 4~5 龄老熟幼虫在树干甲口处皮层内或开裂老皮下越冬，少数以 2~3 龄幼虫越冬。

越冬的老熟成虫于 3 月下旬开始活动,此时枣树树液开始流动，4 月上旬开始化蛹，4 月下旬为化蛹盛期，4 月中旬始见成虫羽化，当地枣树进入萌芽期（已见芽露），梨树花期结束，杨树雌株飞絮结束。4 月底至 5 月初为成虫羽化期盛期，此时枣树进入展叶期。6 月上旬成虫羽化基本结束。第一代皮暗斑螟卵 5 月上旬开始孵化，至 7 月下旬成虫羽化结束；第二代皮暗斑螟自 6 月中旬卵孵化，至 8 月中旬成虫羽化结束；第三代皮暗斑螟 7 月中旬卵孵化，至 9 月下旬成虫羽化结束；第四代皮暗斑螟 8 月中旬卵孵化，以 4~5 龄幼虫越冬。第五代皮暗斑螟以 2~3 龄幼虫越冬。

纵观皮暗斑螟整个生活史，世代重叠严重，1~3 代生活史内具有同时存在卵、幼虫、蛹、成虫现象，加上果农在上述 3 代内经常涂抹农药进行防治，致使虫态发育很不整齐，世代不易区分（表 8-8-1）。

2. 成虫生殖生物学

（1）性比

田间调查发现幼虫老熟后，即吐丝化蛹，蛹的颜色由淡黄逐渐变为深黄，成虫羽化前蛹多为褐黄色。经过对林间采集的 431 个蛹进行调查，雌雄性比为 1∶1.05。

表 8-8-1 皮暗斑螟年生活史

日期 / 虫态 / 世代	3月			4月			5月			6月			7月			8月			9月			10月			11月	12月至2月
	上	中	下	上	中	下	上	中	下	上	中	下	上	中	下	上	中	下	上	中	下	上	中	下		
越冬代	(一)	(一)	—	— △	— △ +	— △ +	— △ +	— △ +	— △ +	— △ +	△ +															
第1代				●		—	● ● — △	— △ +	● — △ +	● — △ +	— △ +	● — △ +	— △ +	△ +	+											
第2代										●	—	● —	● ● — △ +	— △ +	● — △ +	— △ +	— △ +	+								
第3代													●	—	● —	● ● — △ +	— △ +	● — △ +	— △ +	— △ +	(一) △ +	(一) +	(一)	(一)	(一) (一) (一)	(一) (一) (一)
第4代																●	—	● —	● ● (一) △ +	— △ +	● — △ +	● (一) △ +	(一) △ +	(一)	(一) (一) (一)	(一) (一) (一)
第5代（越冬代）																			●		● (一)	● ● (一)	(一)	● (一)	(一) (一) (一)	(一) (一) (一)

注：(一) 越冬幼虫 — 幼虫 △ 蛹 + 成虫 ● 卵

（2）羽化时间

据室内饲养观测，成虫昼夜均可羽化，以傍晚日落后 2h 内最为集中（4 月中旬至 5 月中旬，日落时间为 18:30~19:30），如图 8-8-1。其中，4 月 16—19 日，田间采集的蛹中，共有 9 头成虫羽化，而且全部为雄虫，其中的 5 头集中在 17:00—20:00 羽化；5 月 12—13 日，羽化的 6 头成虫中，雄成虫 4 头，雌成虫 2 头，羽化的成虫中有 3 头集中在 17:00—20:00 羽化；5 月 15—20 日，羽化的 20 头成虫中，雄成虫 11 头，雌成虫 9 头，羽化的成虫中有 8 头集中在 17:00—20:00 羽化，6 头集中在 20:00—22:00 羽化，而此 6 头成虫大多在 20:00—21:00 羽化。

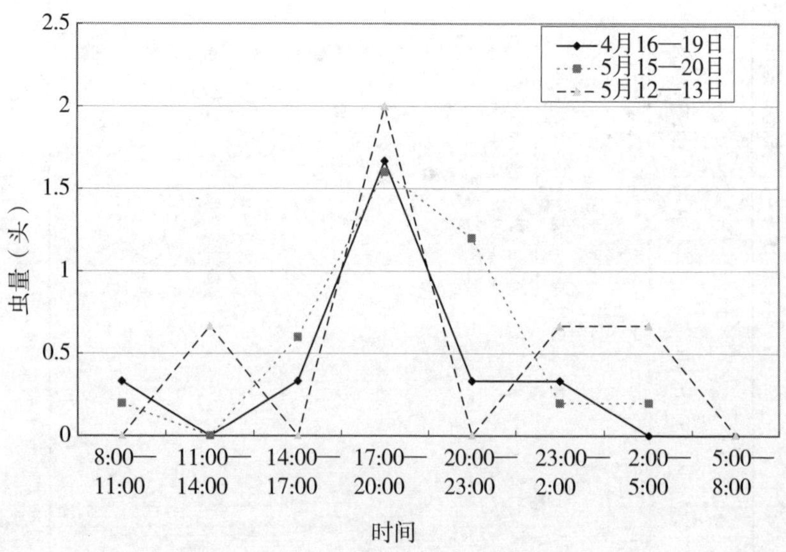

图 8-8-1　皮暗斑螟成虫日羽化量

（3）成虫交尾习性

观测发现，白天羽化的成虫可在当晚寻找配偶进行交尾，日落后羽化的成虫需次日晚上交尾，成虫在午夜后至天明均可交尾。雌雄成虫均没有发现二次交尾现象。

5 月 9—13 日、6 月 10—11 日，两次在沧县崔尔庄应用性诱剂诱捕皮暗斑螟雄成虫，共诱捕到雄成虫 23 头，其中，在 24:00 至凌晨 3:00 共诱捕到雄成虫 16 头，占诱捕总量的 69.6%，所以成虫交尾主要集中在 24:00 至凌晨 3:00（图 8-8-2），这也说明雌成虫释放信息素的时间主要在夜间，尤以午夜为多。

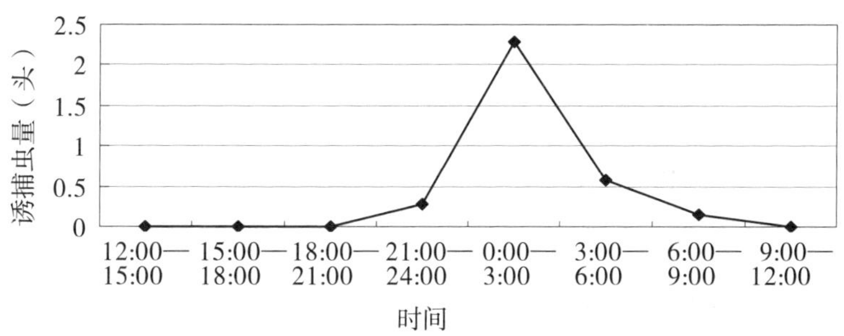

图 8-8-2　皮暗斑螟诱剂日诱捕雄虫数量与时间关系

（4）产卵习性

成虫交尾后于第二天产卵，卵散产或 3~5 枚卵成一卵块。经过林间调查，成虫大多将卵散产在枣树甲口（伤口）附近的翘皮下。出产卵为乳白色，逐渐变为肉红色，直至变为褐红色，卵孵化前转变为黑红色。卵孵化率 90% 以上，孤雌产卵不能孵化。

（三）小结

一是皮暗斑螟在河北省石家庄、沧州等地区 1 年发生 4~5 代，主要以 4~5 龄老熟幼虫在树干甲口处皮层内或开裂老皮下越冬，少数以 2~3 龄幼虫越冬。每代生活史历期 39~60d，世代交替现象严重。

二是自4月中旬至10月中旬，成虫均可羽化。4月中旬始见成虫羽化，此时为枣树萌芽期（已见芽露），梨树花期结束，杨树雌株飞絮结束。4月底至5月初为越冬代成虫羽化集中期，此时枣树已进入展叶期。

三是成虫昼夜均可羽化，主要集中在日落后2h内，当晚或次晚凌晨1:00—3:00交尾，即皮暗斑螟雌成虫释放信息素的时间集中在0:00—3:00。无二次交尾现象，交尾后次日将卵散产在甲口（伤口）附近翘皮下。

二、雌性信息素成分分析

（一）材料与方法

1. 虫源

由沧县朴寺枣园采集皮暗斑螟幼虫，然后带到捷克科学院生物有机化学研究所实验室进行饲养，光照条件：光照：黑暗为14∶10，湿度为70%~90%，在5~15℃条件下用人工饲料喂养，直到化蛹。把雌雄蛹分开保存，羽化的雌成虫继续在恒温箱中饲养，雄成虫则转入5℃条件下饲养，待用。

2. 雌性腺分泌物提取

从羽化1~2d的雌成虫中采集雌性腺。腺体的切除要在calling时期（喜暗结束期）进行。腺体切除前将雌成虫在-20℃条件下至少冷冻5min，然后将雌性腺连同腹部第7、第8节体节一同切除，放入已烷中浸泡2h（每雌性腺10μm已烷），提取物放在-20℃条件下储存备用。

3. GC-EAD分析

用羽化2~7d的雄成虫触角做GC-EAD实验。将雌性腺提取物样品完整地注入装配有一个 DB — 5 柱（J&W Scientific，Folsom. CA，USA；30m × 250μm i.d × 0.25μm film）的 5890A Hewlet-Paceard 气相色谱仪中。柱中液体的分离由一个 4 臂 Graph-pack3D/2 分离器将洗提化合物输送到 FID 和 EAD。GC 先升温到 50℃，保持 2min，然后以 10℃ /min 的速率升至 270℃（保持 10min）。GC 入口和探测头的温度分别设定为 200℃和 260℃。一组正烷烃（C_{14}-C_{20}，Sigma-Aldrich）与供试样品一同注入以测定触角电位有反应的化合物的 Kovats 指数（I_K）。

4. GC × GC/TOFMS 分析

GC × GC/TOFMS 分析在一台装配有静止四喷嘴低温调节器的 LECO Pegasus4D 设备上进行（LECO Corp.，St. Joseph，MI，USA）。一个弱极性的 DB-5 柱（J&W Scientific，Folsom，CA，USA；30m × 250μm i.d. × 0.25μm film）用于 GC 的第一维。第二维分析使用一个极性的 BPX-50 柱（SGE Inc.，Austin，TX，USA；2m × 100μm i.d. × 0.1μm film）。氦作为载体气体保持 1 mL/min 的流速。主要 GC 炉的温度控制程序如下，50℃ 2min，然后以 10℃ /min 的速率升至 300℃，最后在 300℃保持 10min。第二个 GC 炉的温度控制与第一个 GC 炉同步，但温度均高 5℃。各阶段之间调整期，高温脉冲持续期和低温时间分别设置为 3.0s，0.4s 和 1.1s。连接到 TOFMS 探测器源的传输线操作温度为 260℃。该源温度为 250℃，灯丝偏压为 -70eV。数据获得频率为 100Hz（scans/s），质量范围为 29~400amu。探测器电压为 1 750V。将 1μL 样品一次性注入。入口温度为 200℃。在 60mL/min 流速的条件下，净化时间为 60s。利用 LECO ChromaTOF™ 软件连续不断地对质谱数据进行 2D 和 3D 可视化处理分析。与 GC — EAD 实验中一样，将一组不同分子量的正烷烃（C_{14}-C_{22}，Sigma-Aldrich）与供试样品同时注入，以测定被测物的 Kovats 指数（I_K）。

5. 药品

分析用标准物在捷克科学院生物有机化学研究所实验室合成。所有的标准物经过瞬间色谱仪提纯后，置于痕量分析用等级的己烷中保存，待用。

6. 数量分析

为了测定系统探测的阈值，合成的（Z9.E12）– 十四碳 -9，12– 二烯 -1– 醇（9Z，12E–14：OH）用己烷稀释为含量 10pg 至 2ng 每微升的不同浓度，将不同浓度的十四碳烯醇各 1μL 注入 GC×GC/TOFMS 中进行分析。人工地将各个峰综合起来，通过将峰区与相应的浓度标绘在一起，构建出一个校准曲线。

（二）结果与分析

通过对皮暗斑螟雌性腺提取物进行 GC–EAD 分析（1FE），结果清晰地显示出一个主要的 EAD 反应（图 8–8–3–A）。但是引起 EAD 反应的活性物质在普通 GC 的 FID 中没有检测到（图 8–8–3–B）。因为鳞翅目螟蛾科昆虫雌性激素通常是含有一个或多个双键的直链 C_{12}–C_{14} 脂肪族、酯、醇或醛类化合物，因此，人们测定了 EAD 反应区的 Kovats 指数（$I_{K,\ EAD}$），并将其与饱和和单不饱和的醇、酯和醛的 I_K 列表值比较。使用 DB–5 柱测定的 EAD 的 Kovats 指数（$I_{K,\ EAD}$=1 681）与表中所列的 I_K 均不接近。说明引起 EAD 反应的活性化合物与饱和或单不饱和的 C_{12}–C_{18} 醇、酯或醛之间没有关系。这个结果表明，活性化合物分子中可能存在有额外的双键。使用双不饱和合成标准物做进一步的 GC–EAD 实验，发现雌性腺提取物中未知化合物的 EAD 反应保留时间与合成化合物 9Z，12E–14：OH 的 EAD 反应保留时间完全一致（图 8–8–3–C）。这个化合物已经在 Euzophera

属的其他种类和一些其他鳞翅目昆虫的信息素组分中发现过。但是，提取物的一维 GC/MS 分析未能提供任何相关的质谱以确认对该物质的鉴定，因为 MS 信号被深深地埋藏在背景噪声之中。另一方面，对 EAD 活性化合物区域的 GC × GC/TOFMS 分析发现了包括 9Z, 12E-14 : OH 在内的几种化合物（图 8-8-4-A）。图 8-8-4-A 也显示出的柱渗出物高“墙”，在一维 GC 分析中它可能掩盖了被测活性物的峰，但是，该峰在二维 GC × GC 实验中被很好地与背景噪声分离开了。合成的 9Z,12E-14 : OH 质谱和二维保留时间（图 8-8-4-C ；表 8-8-2)与雌性腺提取物中发现的活性成分完全一致。GC × GC/TOFMS 检测的 9Z，12E-14 : OH 的阈值约为 10pg。这样的敏感性与 GC-EAD 的敏感性相当（10pg 即可引起明显的 EAD 反应）。在构建校准曲线的基础上的定量分析测定结果表明 1 个雌性腺中 9Z，12E-14 : OH 的含量约为 100pg（表 8-8-3）。

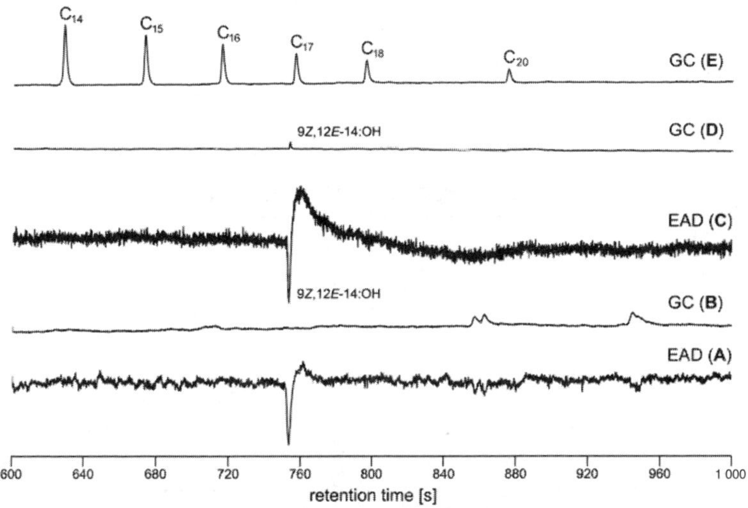

图 8-8-3　DB-5 柱的 GC-EAD/GC-FID 分析

注:（A/B）皮暗斑螟雌性腺的己烷提取物（~1 FE),（C）合成的 9Z，12E-

14：OH（100pg），（D/E）同时注入合成的9Z，12E-14：OH和9Z-14：OH（10ng），（F）14十四—二十碳正烷烃标准物。

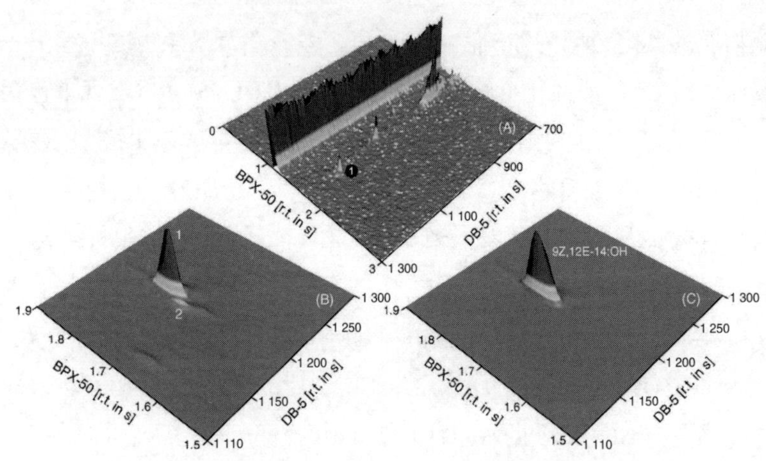

图8-8-4　GC×GC/TOFMS质谱3D图

注：（A）皮暗斑螟雌性腺提取物分析（~1 FE），标示①的小峰对应的化合物是9Z，12E-14：OH（NIST，EAD和保留行为）。被很好地分离开的化学噪声“墙”（柱渗出物，溶剂等）证实了二维GC的强大分析能力。（B）雌性腺提取物EAD反应区的放大。标示1的峰显示的是信息素的主要成分，标示2的很小的峰对应的是9Z-14：OH。（C）合成的9Z，12E-14：OH（100pg）EAD反应区放大。

表8-8-2　提取物与标准物的参数分析

化合物	I_K（一维）保留时间[a, c]（s；一维）	保留时间[b, c]（s；二维）	
标准物			
Z9-14: OH	1676	1188	1.700
Z9，E12-14: OH	1681	1194	1.750
测定物			
Peak 2	1676	1190	1.711
Peak 1	1681	1194	1.761

[a] DB-5（30 m × 250 μm i.d. × 0.25 μm film）。

[b] BPX-50（2 m × 100μm i.d. × 0.1 μm film）。

[c] 温度控制：见文中材料与方法部分。

表 8-8-3　9Z，12E-14：OH 检测阈值和雌性腺提取物定量分析

浓度（C；pg）	峰区（A）
合成 9Z，12E-14：OH[a]	
2000	198667 ± 12662
1000	96782 ± 12423
500	40336 ± 4506
100	9737 ± 1136
10	937 ± 158
雌性腺提取物（1 FE）	
115[b]	8690

[a] 每浓度三次重复分析。

[b] 回归估计值。

$A=(99.908 \pm 2.887)\times C-(2842 \pm 2961)$；$r^2=0.9893$。

对 EAD 活性区的 GC×GC/TOFMS 色谱的 3D 表面图区进行认真检查发现，除了 9Z，12E-14：OH 外（peak 1，图 8-8-4-B，表 8-8-3），还有一种可能为信息素组分的物质出现在 9Z，12E-14：OH 稍微前面一点的地方（peak 2，图 8-8-4-B，表 8-8-3）。这种化合物的质谱和二维保留时间参数均与（Z9）-十四碳-9-烯—1 醇（9Z-14：OH）完全一致，说明皮暗斑螟的雌性信息素可能有两种组分。通过对合成的 9Z-14：OH（与 9Z，12E-14：OH 同时注入，图 8-8-3-D 和 E）和浓度更高的雌性腺提取物（5 FE，图 8-8-5）进行 GC-EAD 分析，结果证明了 9Z-14：OH 具有生理学功能。与 9Z，12E-14：OH 相比，10ng 的 9Z-14：OH 引起的 EAD 反应虽然可以测出，但明显微弱。

（三）小结

一是皮暗斑螟雌性信息素可能包含两种成分，分别是 9Z-14：OH 和 9Z，12E-14：OH。

二是雌性信息素两种组分相比，9Z，12E-14：OH 的触角电位

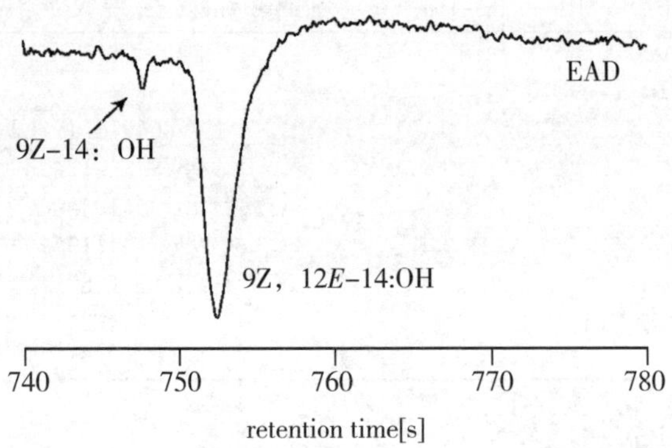

图 8-8-5　皮暗斑螟雌性腺己烷浓缩后提取物（5 FE）的 GC-EAD/GC-FID 分析结果清楚地显示出两种性信息素组分的触角反应

反应较强，9Z-14：OH 反应较弱。

三是 GC × GC/TOFMS 分析方法较常用的 GC/MS 法灵敏度和精度更好，在昆虫性信息素的研究中具有更大的优势。

三、性引诱剂合成

首先使用丁基锂（butyl lithium）和溴化磷酸三苯基戊烯（E3-pentenyltri-phenylphosphonium bromide）生成磷酸三苯基－E3－戊烯，再与醋酸基壬烷反应，生成 E-9，E-12- 十四碳双烯醋酸酯（E-9，E-12-tetradecadienyl acetate）和 Z-9，E-12- 十四碳双烯醋酸酯（Z-9，E-12-tetradecadienyl acetate）的混合物，再经甲醇 KOH 水解后，通过银染色谱法即可获得纯度在 99% 以上的 9Z，12E-14：OH 纯品。

此外，9Z，12E-14：OH 和 9Z-14：OH 也可通过商业渠道购买。

四、性引诱剂田间引诱试验

（一）材料与方法

1. 性诱剂配制及诱芯制作

引诱剂为经过上述分析并经人工合成的雌性信息素化合物，经过不同配比，制成皮暗斑螟性引诱剂，诱芯采用硅胶塞制作，试验用诱芯性引诱剂成分和剂量见表 8-8-4，表 8-8-5。

表 8-8-4　2005 年、2006 年诱芯成分及剂量

	编号	成分	计量（ug）	比率
1	EB 0705－A	（Z，E）-9，12-14：OH	5	
2	EB 0705－B	（Z，E）-9，12-14：OH	50	
3	EB 0705－C	（Z，E）-9，12-14：OH	500	
4	EB 0705－D	Z9-14：OH	50	
5	EB 0705－E	（E，E）-9，12-14：OH	50	
6	EB 0705－F	（Z，Z）-9，12-14：OH	50	
7	EB 0705－G	（E，Z）-9，12-14：OH	50	
8	EB 0705－H	（Z，E）-9，12-14：OH	50	
9	EB 0705－I	（Z，E）-9，12-14：OH&Z9-14：OH	5	9∶1 ratio
10	EB 0705－J	（Z，E）-9，12-14：OH&Z9-14：OH	50	9∶1 ratio

表 8-8-5　2007 年诱芯成分及剂量

	编号	成分	计量（ug）	比率
1	07－A	（Z，E）-9，12-14：OH	50	
2	07－B	（Z，E）-9，12-14：OH	500	
3	07－C	（Z，E）-9，12-14：OH	1000	
4	07－D	（Z，E）-9，12-14：OH&Z9-14：OH	50	9∶1
5	07－E	（Z，E）-9，12-14：OH&E9-14：OH	50	9∶1
6	07－F	（Z，E）-9，12-14：OH&（Z，E）-9，12-14：OH	50	9∶1
7	07－G	（Z，E）-9，12-14：OH&（Z，Z）-9，12-14：OH	50	9∶1
8	07－H	（Z，E）-9，12-14：OH&（E，E）-9，12-14：OH	50	9∶1
9	07－I	（Z，E）-9，12-14：OH&（E，Z）-9，12-14：OH	50	9∶1
10	07- J	（Z，E）-9，12-14：OH（定制诱芯）	500	
11	07－K	females	2-3 FE	
12	07－L	空白		

2. 诱捕器悬挂方法

诱捕器为三角形粘胶诱捕器，其中，三角边长 9cm，棱长 22cm，底部放置规格为 9cm × 22cm 的粘胶板，胶面朝上，用以粘捕皮暗斑螟雄成虫。用细铁丝一端穿透诱芯皮塞固定，另一端固定在诱捕器顶端棱中部，并使诱芯垂直下垂，诱芯距胶板小于 1cm。放好诱芯后，将诱捕器用细铁丝固定在枣树底层主枝上，使诱捕器顶端棱靠近枝干，以尽量减少因风吹而引起的晃动，同时清理诱捕器周围枣树小枝条及枣吊，使其周围保持空旷。

3. 试验设计与调查方法

试验共设 3 组重复，每组诱捕器采用随机区组设计，为消除不同位置因虫口密度不同而带来的误差，每日更换诱捕器位置，实行单循环制。同一重复内相邻诱捕器间距为 80~100m，不同重复间诱捕器相对较远，以消除诱捕器之间的影响。放置诱芯后，自第 2 日起，每日调查诱捕虫量，并作好记录。粘住的雄虫不做处理，每 5 日更换一次粘胶板。

（二）结果与分析

2005—2007 年连续 3 年对皮暗斑螟性引诱剂田间诱捕效果进行了观测，结果见表 8-8-6、表 8-8-7 和表 8-8-8。表 8-8-6 显示 在（Z，E）-9，12-14 : OH，（Z，Z）-9，12-14 : OH，（E，E）-9，12-14 : OH，（E，Z）-9，12-14 : OH 四种不同的异构体和 Z9，12-14 : OH 等 5 种化合物中，只有（Z，E）-9，12-14 : OH 表现出良好的诱蛾活性，Z9-14 : OH 也没有诱捕到任何雄蛾，这说明虽然 EAD/GC 测定表明 Z-9-14 : OH 有一定的生物活性，但其单体在田间的对皮暗斑螟雄蛾的引诱作用不强。不同剂量（Z，E）-9，12-14 : OH 诱蛾试验结果表明，剂量越大，诱蛾量越多。

两种组分的混合物试验结果表明，在（Z，E）-9，12-14：OH 中加入 Z9-14：OH 没有起到显著的增效作用。2006 年进行了田间重复引诱试验，由于皮暗斑螟种群密度太低，总的结果不十分理想，但还是可以看出大剂量的（Z，E）-9，12-14：OH 显示了较好的引诱效果（表 8-8-7）。2007 年重点对不同异构体与（Z，E）-9，12-14：OH 的混合物的引诱效果进行了田间测定，由于皮暗斑螟种群密度仍然较低，总的诱捕数量并不是很多。在对不同诱芯的诱捕数量进行统计分析中，没有发现对（Z，E）-9，12-14：OH 有显著促进作用的其他成分。但使用通过商业途径的定制（Z,E）-9，12-14：OH 配制的 500μg 剂量的诱芯显示出较好的引诱效果（表 8-8-8）。

尽管后两年皮暗斑螟田间种群数量较低，但 2005 年至 2007 年连续 3 年的田间诱捕试验仍然可以证明（Z，E）-9，12-14：OH 作为主要成分的皮暗斑螟性引诱剂诱芯对皮暗斑螟雄蛾具有显著的引诱作用，500μg 剂量的（Z，E）-9，12-14：OH 诱芯可以作为适宜的皮暗斑螟性引诱剂诱芯使用。

表 8-8-6　2005 年皮暗斑螟诱蛾田间诱捕试验结果　　2005 年 8 月

引诱剂种类 / 诱捕虫量 / 重复	A	B	C	D	E	F	G	H	I	J	CK	合计
重复一	2	16	37	0	0	0	0	14	7	8	0	84
重复二	0	5	18	0	0	0	1	15	0	4	0	43
重复三	2	8	26	0	0	0	0	9	4	7	0	56
合计	4	29	81	0	0	0	1	38	11	19	0	183
平均	1.3	9.7	27	0	0	0	0.3	12.7	3.7	6.3	0	61
方差分析	cd CD	ab ABC	a A	d D	d D	d D	d D	a AB	bcd BCD	abc ABC	d D	

表 8-8-7　2006 年皮暗斑螟诱蛾田间引诱试验结果　2006 年 7 月

诱捕虫量 \ 引诱剂种类 \ 重复	A	B	C	D	E	F	G	H	I	J	CK	合计
重复一	0	1	5	0	0	0	0	1	1	2	0	10
重复二	0	1	16	4	2	1	1	4	1	2	0	32
重复三	0	1	7	0	2	0	0	3	0	1	0	14
合计	0	3	28	4	4	1	1	8	2	5	0	56
平均	0	1	9.3	1.3	1.3	0.3	0.3	2.7	0.7	1.7	0	18.7
方差分析	b	b	a	b	b	b	b	ab	b	ab	b	
	B	B	A	AB	AB	B	B	AB	B	AB	B	

表 8-8-8　2007 年皮暗斑螟诱蛾田间引诱试验结果　2007 年 5~6 月

诱捕虫量 \ 引诱剂种类 \ 重复	A	B	C	D	E	F	G	H	I	J	CK 雌虫	CK 空白	合计
重复一	1	1	1	2	1	1	0	4	0	8	0	0	19
重复二	2	2	3	0	0	0	0	2	2	3	0	0	14
重复三	5	2	3	2	3	1	1	6	1	24	0	0	48
合计	8	5	7	4	4	2	1	12	3	35	0	0	81
平均	2.667	1.667	2.33	1.33	1.33	0.67	0.333	4	1	11.7	0	0	27
方差分析	abc	abc	abc	bc	bc	bc	bc	ab	bc	a	c	c	
	AB	AB	AB	AB	AB	B	B	AB	AB	A	B	B	

（三）小结

1. 田间诱捕试验表明，（Z，E）-9，12-14：OH 对皮暗斑螟雄蛾具有显著的引诱作用，（Z，E）-9，12-14：OH 其他异构体和 Z-9-14：OH 对皮暗斑螟雄蛾的引诱作用不明显。

2. 不同剂量试验表明，500μg 剂量的诱芯在田间可以持续 45d 左右，其诱虫数量和诱虫持续时间好于低剂量（5μg，50μg）诱芯，可以作为今后使用的推荐剂量。

3.（Z，E）-9，12-14：OH 诱芯的田间诱虫数量显著多于处女雌蛾的诱虫量。

五、性诱剂应用技术研究

（一）材料与方法

1. 成虫发生期监测

在成虫羽化期设置诱捕器，直至成虫羽化结束。其中，2006 年，分别在沧县崔尔庄、正定县新城铺、河北省林科院院内各设 3 个诱捕器，放好诱芯后自第二日起，定期检查诱捕虫量，并进行统计分析。2007 年在沧县崔尔庄按同样的方法进行皮暗斑螟成虫羽化监测。

2. 种群密度和为害程度估计

分别在正定县不同枣园设置诱捕器监测成虫羽化动态，定期检查并统计诱捕虫量，同时调查枣园枣树被害株率和虫口密度。调查方法采用双对角线法，因枣园株行距整齐，因此调查方法简化为以诱捕器为中心，50m 为半径划定调查区域，在此区域内采用双对角线法调查。以诱捕器悬挂地点为起点，根据枣树，然后划分出两条互相垂直的直径，即枣树的纵横排，在这两条直径上，以诱捕器为起点，沿半径方向分别调查 10 株枣树，计算虫株率和虫口密度。放置诱芯后，自第 2 天起，每 3d 调查一次诱捕皮暗斑螟雄成虫数量，捕获的雄成虫不做处理，待 15d 后，连同诱芯一同撤换。然后每 1 个月，调查一次虫株率和虫口密度，调查方法同上。根据果园被害株率和虫口密度，探求与诱捕虫量的关系，得出皮暗斑螟种群密度和为害程度的估计技术。

3. 为害控制

（1）诱捕半径

以整个枣园为虫源地，在枣园林源、林外 10m、30m、50m 处各设置一个诱捕器。100m 处同样设置一个诱捕器作为监测。为防治引诱剂带来的影响，诱捕器之间的垂直距离不小于诱捕器距枣园的距离。诱捕器设置方向：由于河北省处于季风带，正定春夏多盛行东、东南风，因此将诱捕器设置在枣园东侧或南侧。如设置在南侧，林源诱捕器设置在最西面，然后一次向北设置诱捕器，如诱捕器设置在东侧，则林源诱捕器设置在最北面，然后一次向南设置诱捕器。沧州地区多为西南风，因此，诱捕器设置在枣园南侧或西侧。诱捕器设置好并放置诱芯后，每 5 天检查一次诱捕虫量，并做好记录。

（2）设置密度

分别选择不同地点受皮暗斑螟为害的独立枣园，周围 200m 范围内无其他果园，在其中设置诱捕器进行防治试验。诱芯和粘胶板每 15 日更换一次，检查诱捕虫量，诱捕器按方网状设置。2006 年设置密度：每亩设置 1 个或 3 个或 5 个诱芯，2007 年设置密度：相邻诱捕器间距 5m 或 10m 或 20m。试验共设 3 组重复。放置诱芯开始实试验前和试验结束后及试验期间每个月均调查枣园虫株率和虫口密度，调查方法采用双对角线法。

（二）结果与分析

1. 成虫发生期监测

2006 年，在沧县崔尔庄和河北省林科院院内于 4 月 28 日设置诱捕器开始对皮暗斑螟成虫羽化进行监测，正定新城铺监测始于 6 月 7 日；2007 年 4 月 9 日开始，继续在沧县崔尔庄设置诱捕器对此虫进行监测。从监测结果看（图 8-8-6 至图 8-8-9），有 4 个皮

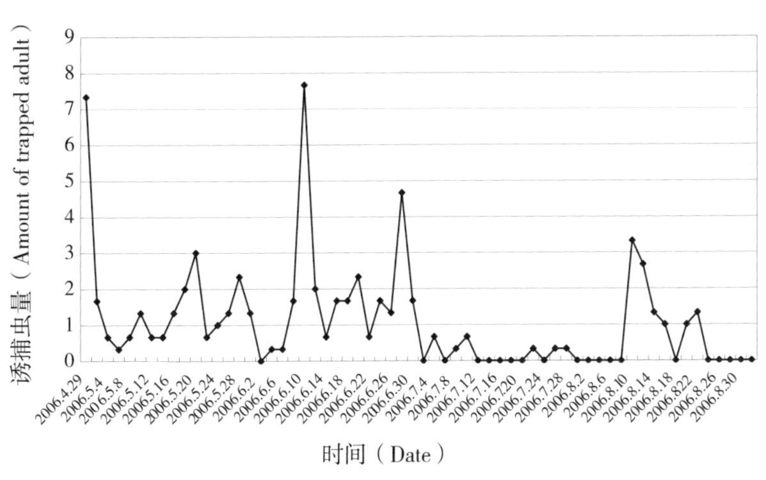

图 8-8-6　2006 年沧县崔尔庄皮暗斑螟成虫羽化动态监测

暗斑螟诱捕虫量高峰，也就是说皮暗斑螟年发生 4 代，但人们在 2006 年崔尔庄监测时，诱捕器和诱芯一直悬挂到第二年春，并且在 9 月 17 日和 10 月 3 日各诱捕到 1 头雄成虫，说明部分皮暗斑螟可以完成 5 代，因此皮暗斑螟可年发生 4~5 代。

全年蛾主要发生期自 4 月中旬至 8 月下旬，有蛾期共 120~130d。越冬代成虫发生期自 4 月中旬至 5 月下旬，4 月下旬至 5 月上旬为蛾集中发生期，约 15d，占越冬代成虫发生期的 70%，可作为重点防治时期。性诱剂诱蛾量分布动态趋势能够较好地反映出皮暗斑螟在当地气候条件下的发生规律，与田间发生为害情况相一致，利用其进行预测预报，有较高的准确性。

经全天分时段统计诱捕器捕获皮暗斑螟成虫数量可知，皮暗斑螟羽化后，并不立即交尾（即雌虫不释放性信息素），而是经过一段时间修整，于当晚或第二天晚上交尾，交尾时间主要集中在 0：00—3：00，这与试验室观测相同。因此应用性诱剂能够准确监

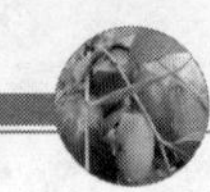

测皮暗斑螟羽化动态及交尾时期。

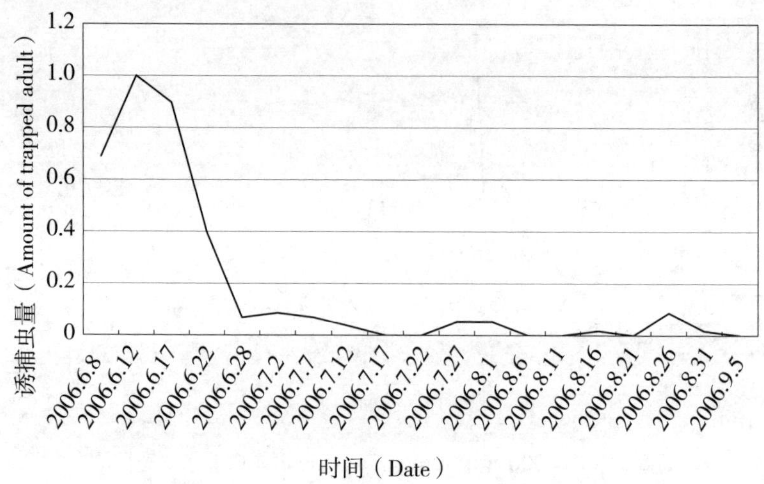

图 8-8-7　2006 年正定新城铺皮暗斑螟成虫羽化动态检测

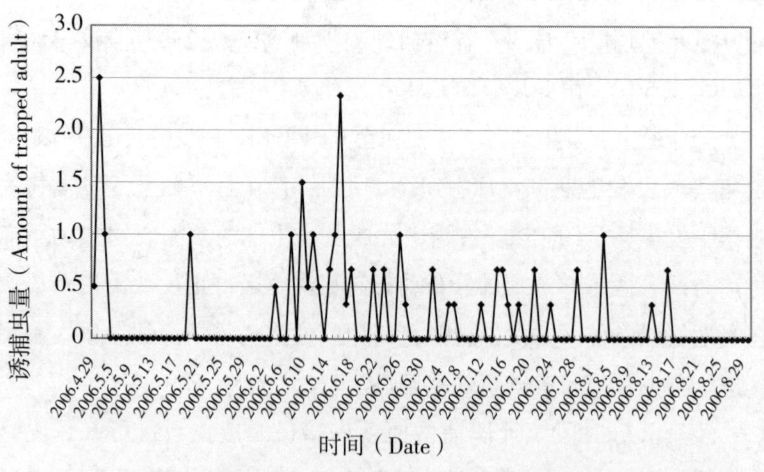

图 8-8-8　2006 年河北林科院皮暗斑螟成虫羽化动态检测

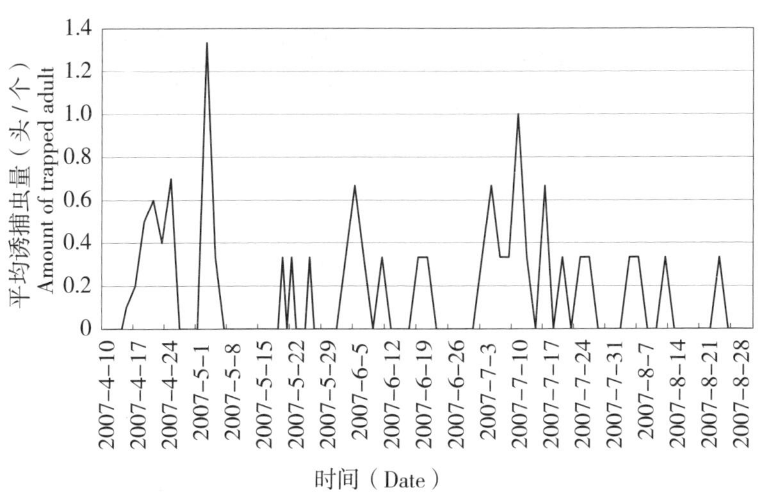

图 8-8-9　2007 年皮暗斑螟全年羽化动态检测

2. 种群密度和为害程度估计

不同地点的田间诱捕结果（表 8-8-9）表明，随着有虫株率和虫口密度的增加，诱捕器诱到的虫口数量增加，即皮暗斑螟为害越为严重。因而，可以建立诱捕虫量与有虫株率和虫口密度之间的关系方程，通过诱捕虫量来估计田间皮暗斑螟种群密度和可能的为害程度。

表 8-8-9　枣园为害程度及性诱剂监测诱捕虫量调查表

地点	调查日期	虫株率（%）	幼虫虫口密度（头/株）	平均诱捕虫量（头/个）
新城铺	6.17	60	0.9	1.7
	7.2	45	1.3	0.9
	8.6	35	0.65	0.26
	9.5	30	0.4	0.1

（续表）

地点	调查日期	虫株率（%）	幼虫虫口密度（头 / 株）	平均诱捕虫量（头 / 个）
	7.5	10	0.1	0.67
蟠桃王大庆	8.4	0	0	0.67
	9.3	10	0.2	0.11
	7.3	30	0.5	1
三里屯杨冲东	8.7	20	0.2	0.2
	9.6	15	0.15	0.07
	7.5	10	0.1	0.2
西上泽杨迎雪	8.4	0	0	0.2
	9.3	5	0.2	0.13
	7.3	5	0.2	0.13
三里屯杨冲西	8.7	0	0	0.13
	9.3	0	0	0.13

以诱捕虫量为横坐标，以有虫株率为纵坐标做图，并以有虫株率（y）对诱捕虫量（x）做回归，拟合方程为 y=0.0181x，经相关系数假设检验，$t=r\sqrt{n-2}/\sqrt{1-r}=7.919>t_{0.01}=3.012$，因此 r 在 α=0.01 水平上显著。说明诱捕虫量与虫株率呈直线相关，且随着有虫株率的增加，诱捕虫量增多（图 8-8-10）。

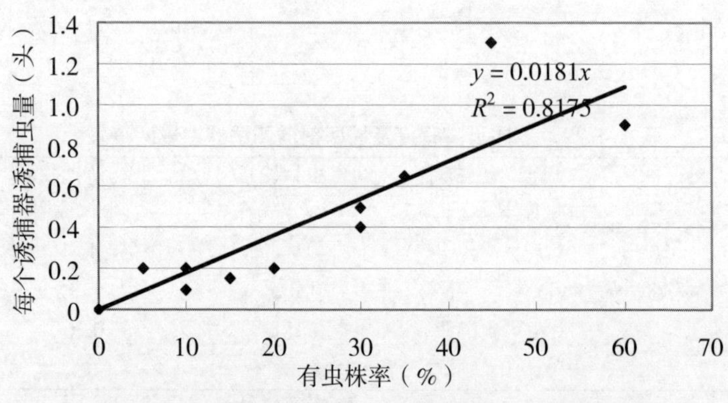

图 8-8-10　有虫株率（y）与诱捕虫量（x）相关关系

以诱捕虫量为横坐标，以虫口密度为纵坐标做图（图 8-8-11），并以虫口密度（y）对诱捕虫量（x）做回归，拟合方程为 $y=1.0242x$，经相关系数假设检验，$t=r\sqrt{n-2}/\sqrt{1-r}=4.893>t_{0.01}=3.012$，因此 r 在 $\alpha=0.01$ 水平上显著，说明诱捕虫量与虫口密度呈直线相关，随着虫口密度的增加，诱捕虫量增多。

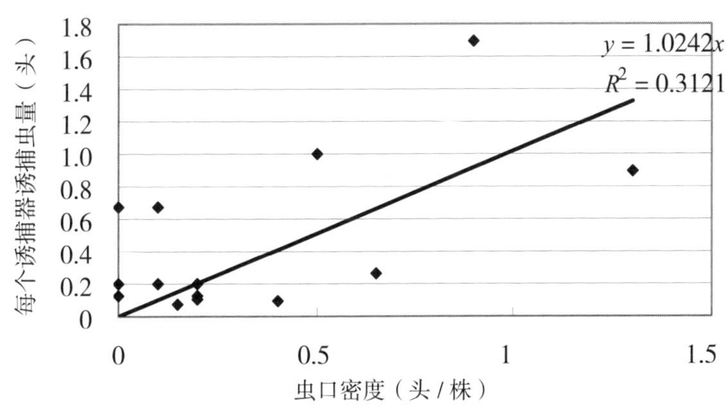

图 8-8-11　虫口密度（y）对诱捕虫量（x）相关关系

可以根据上述两个回归模型，依据诱捕器诱虫数量对田间皮暗斑螟种群密度和可能的为害程度作出估计。

3. 诱捕距离

皮暗斑螟雄成虫是依靠其触角感受雌成虫释放的信息素来寻找雌成虫的，当信息素成分扩散的范围扩大到一定区域后，或者说当信息素源头距离雄成虫大到一定距离后，能被雄成虫触角感受到的信息素成分微乎其微，这时信息素对雄成虫就起不到引诱作用。研究结果表明（表 8-8-10），皮暗斑螟性诱剂有效引诱距离为 50m。

表 8-8-10 不同距离性诱剂诱捕能力调查

虫源距离 虫量 重复	林缘	林外 10m	林外 30m	林外 50m	林外 70m	林外 100m（监测）
重复一	5	2	4	5	2	0
重复二	1	3	2	0	0	1
重复三	1	8	0	6	0	0
合计	7	13	6	11	2	1
平均	2.33	4.33	2	3.67	0.67	0.3

4. 防治技术

2006 年，研究者在正定选择了部分小面积的孤立枣园，进行防治试验，试验结果见表 8-8-11。结果表明，当虫株率小于 30% 时，每亩设置一个诱捕器，即可有效防治皮暗斑螟为害。2007 年，研究者又选定了为害程度与 2006 年度相当的枣园，但是选定的枣园面积较大，或集中连片，试验结果见表 8-8-12。结果表明，诱捕器设置密度为间距 20m，即可有效防治皮暗斑螟为害。

表 8-8-11 2006 年皮暗斑螟性诱剂防治效果

地点	面积（亩）	每亩诱捕器数量（个）	虫株率			虫口密度		
			防治前（%）	防治后（%）	下降百分率（%）	防治前（头/株）	防治后（头/株）	下降百分率（%）
新城铺	58	1	77	30	61	3	0.4	87
蟠桃王大庆	3	1	10	0	100	0.2	0	100
西上泽杨迎雪	5	1	10	0	100	0.1	0	100
三里屯杨冲东	5	3	10	5	50	0.1	0.05	50
三里屯李老头	6	3	15	0	100	0.15	0	100

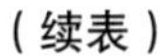
（续表）

地点	面积（亩）	每亩诱捕器数量（个）	虫株率			虫口密度		
			防治前（%）	防治后（%）	下降百分率（%）	防治前（头/株）	防治后（头/株）	下降百分率（%）
良下	12	3	40	20	50	0.4	0.25	37.5
蟠桃王小人	3	5	30	0	100	0.5	0	100
三里屯杨冲西	3	5	5	0	100	0.2	0	100
蟠桃王新明	5	5	10	0	100	0.1	0	100

表 8-8-12　2007 年皮暗斑螟性诱剂防治效果

地点	相邻诱捕器间距(mm)	虫株率			虫口密度		
		防治前（%）	防治后（%）	下降百分率（%）	防治前（头/株）	防治后（头/株）	下降百分率（%）
良下	20	35	3.6	89.7	0.55	0.04	92.3
杨冲西	10	10.5	0	100	0.1	0	100
杨迎雪	10	5	0	100	0.01	0	100
杨冲东	5	5	0	100	0.05	0	100
王小人	5	10	0	100	0.1	0	100
新城铺（对照）		35	30	14.3	0.5	0.5	0

（三）小结

一是性诱剂诱蛾量分布动态趋势能够较好地反映出皮暗斑螟在当地气候条件下的发生规律，与田间发生为害情况相一致，利用其进行预测预报，有较高的准确性。测报公式为 $y_{有虫株率}=0.0181x_{诱捕虫量}$ 和 $y_{虫口密度}=1.0242x_{诱捕虫量}$。

二是皮暗斑螟性诱剂对雄成虫的有效引诱距离为 50m。

三是如作为防治措施，皮暗斑螟性诱剂诱捕器设置密度以每公顷 15 个为宜。

六、主要结论

（1）确定了皮暗斑螟在河北发生区的生活史及各虫态生活习性

在河北枣区 1 年发生 4~5 代。主要以 4~5 龄老熟幼虫在树干甲口处皮层内或开裂老皮下越冬，少数以 2~3 龄幼虫越冬。皮暗斑螟幼虫自 3 月下旬开始活动为害，此时枣树树液开始流动，杏花开放。4 月中旬至 10 月中旬，成虫均可羽化。4 月中旬始见成虫羽化，此时为枣树萌芽期（已见芽露），梨树花期结束，杨树雌株飞絮结束。4 月底至 5 月初为越冬代成虫羽化集中期，此时枣树已进入展叶期，可作为成虫防治关键期。较以往研究，皮暗斑螟越冬代成虫羽化提前约 10 天。

（2）弄清了皮暗斑螟成虫羽化及交尾规律

成虫昼夜均可羽化，主要集中在日落后 2h 内，当晚或次晚凌晨 1：00—3：00 交尾，即皮暗斑螟雌成虫释放信息素的时间集中在 0：00—3：00。无二次交尾现象，交尾后次日将卵散产在甲口（伤口）附近翘皮下。

（3）通过应用先进的全二维飞行时间气相色谱—质谱分析技术，并结合触角电位测定，弄清了皮暗斑螟雌性信息素的主要化学成分为（Z，E）-9，12-14：OH 和 Z-9-14：OH

通过林间诱捕试验，筛选出了较为理想的引诱剂成分是（Z，E）-9，12-14：OH，适宜田间使用的诱芯为 500μg 硅胶诱芯。

（4）提出了应用性诱剂监测皮暗斑螟成虫发生期的技术方法

4 月中旬，在皮暗斑螟成虫羽化前设置诱捕器，每 1 个月换一次诱芯，直至第 4 代皮暗斑螟成虫羽化结束。

（5）明确了 500μg 皮暗斑螟性诱剂诱芯的有效诱捕距离为 50m

为田间使用性引诱剂诱捕器进行监测和防治提供了依据。

（6）提出了应用皮暗斑螟性诱剂进行种群密度和为害程度估计的技术方法

性诱剂诱蛾量分布动态趋势能够较好地反映出皮暗斑螟在当地气候条件下的发生规律，与田间发生为害情况具有显著的相关关系，可以利用其进行皮暗斑螟种群密度和为害程度进行回归估计。其回归模型为 $y_{有虫株率}=0.0181x_{诱捕虫量}$ 和 $y_{虫口密度}=1.0242x_{诱捕虫量}$。

（7）提出了应用性引诱剂诱捕器控制皮暗斑螟为害的防治技术方法

用于防治时，每公顷设置 15 个诱捕器，如枣园集中连片，可每 20m 设置一个诱捕器，即可有效防治皮暗斑螟为害。

第九章　新专利技术

第一节　果树伤口愈合保护剂及其制备方法

一、技术领域

本发明涉及一种植物调节剂，尤其是一种果树伤口愈合保护剂及其制备方法。

二、背景技术

随着农业现代化的发展，果树作为农业的支柱产业之一有着广阔的发展前景，果树的管理技术也在不断提高。为了发展果树新品系，提高果品的商品价值和产量，通常要通过高接换头来实现品种的更新换代。但果树高接换头后造成的伤口仅靠自身愈合非常缓慢，有的采用塑料膜或是泥土封口，不但效果差，而且易受到病虫为害，在夏季新生枝头极易被大风刮断，给果树的生长造成损害；为了促进苹果、梨等果树花芽分化，提高枣树的坐果率和产量，通常采用树体环剥技术，它可以有效阻碍树冠产生的光合营养物质向根部的输送，树体上部碳水化物得到积累，使碳 / 氮比提高，对花芽分化和提高坐果率有促进作用。但这种技术措施存在一些问题，当环剥口宽度太宽或树体营养不良时，往往不能按期愈合，引起树势衰弱，严重时会出现死枝或死树现象。特别是冬枣树，坐果要求的条件较高，枣树的环剥口愈来愈宽，有的不能愈合，造成了死树现象。目前也有不少枣区采用在枣树环剥口上涂抹赤霉素药液或用赤霉素药液和泥涂抹伤口促其愈合的方法，但是采用这种方法涂泥 2~3 d 后，在伤口处即发现皮暗斑螟成虫，5 d 后，即有皮暗斑螟幼虫钻进刚刚愈合的组织内取食为害，轻者造成愈合不良，树干伤痕累累，影响营养物质输送，消弱树势、加重落果，使产量及品质下降；严重时皮暗斑螟会把甲口内的形成层及临近的幼嫩组织全部吃光，出现死枝或整株树死亡的现象，因此，枣农很少再应用。另外，每年冬春季进行的果树修剪产生的大量伤口，一到雨季极易进水腐烂，常规方法就是在伤口处涂抹清漆，这样虽起到一定保护作用，但伤口愈合慢，易感病。

目前对果树伤口或嫁接口采取的主要技术措施是采取药物涂抹伤口。广大枣农为避免皮暗斑螟造成的为害，在开甲和高接换头的果园，每年使用甲胺磷、1605 等剧毒农药涂抹甲口 7~10 次，生产成本大量增加，农药残留及环境污染严重，而且，这种方式并不能有效地促进果树的伤口愈合。

三、发明内容

本发明要解决的技术问题是提供一种能有效地促进果树伤口愈合的果树伤口愈合保护剂；本发明还提供了该果树伤口愈合保护剂的制备方法。

为解决上述技术问题，本发明主要由下述重量成分的原料制成：尿素 2~10 份、聚丙烯酰胺 4~15 份、质量百分含量 35%~40% 的甲醛溶液 3~16 份、无公害杀虫剂，按有效成分计 0.15~0.45 份、异戊烯腺嘌呤 0.3~5 份、蒸馏水 1 000~1 500 份。

作为本发明进一步的技术方案，其还含有 3’，5’ – 环鸟苷酸

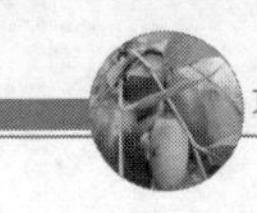

钠 1~8 份。优选的无公害杀虫剂为质量百分含量 1.8% 的阿维菌素乳油或可湿性粉剂。本发明果树伤口愈合保护剂的制备方法采用下述工艺步骤：将聚丙烯酰胺、1/3~2/3 重量的蒸馏水和甲醛溶液混合搅拌均匀，加温至 40~60℃后再加入尿素搅拌溶解，然后继续加温至 70~90℃保持温度；继续搅拌 0.5~2h，至聚合反应完成，放置至常温，得透明的黏稠液；在黏稠液中加入异戊烯腺嘌呤和无公害杀虫剂；然后分次加入剩余蒸馏水，搅均匀即得到果树伤口愈合保护剂。

本发明中各成分的功能作用为：尿素、聚丙烯酰胺、甲醛、水 4 种物质聚合生成对树体无毒害作用的成膜缓释剂，作用是在树体伤口处形成微粒子胶体缓释膜，封闭伤口，使各类非厌氧菌失活，即能防治伤口病害，又可保持伤口湿度促进愈合；无公害杀虫剂主要是防治为害树体伤口的害虫；异戊烯腺嘌呤对蛋白质合成、酶活性及细胞代谢平衡具有调节作用，主要功能是促进伤口细胞分裂和分化，加速树体伤口愈合；3’，5’ – 环鸟苷酸钠是生物体内一类十分重要的化合物，存在于所有的活细胞中，在细胞的代谢调节中起着非常重要的生理作用，在本发明中作为增效剂使用，它的加入可大大提高各成分的作用。

采用上述技术方案所产生的有益效果在于：由于本发明有效地解决了现有果树伤口愈合慢、效果差，且影响果树生长的问题，经过在各种果树上试验试用结果表明，它与现有技术相比具有防病虫能力强、效果突出、配伍合理、成本较低、安全性高、耐雨水冲刷、不伤天敌、促进果树生长、提高果品产量和品质等优点。本发明是集促进伤口愈合、杀虫、防病乃至植物调节于一体，省工、省力、省时、省钱。它适用于枣、苹果、梨等果树防病治虫以及林木的修剪口、环剥口、嫁接口、锯口、碰伤、损伤面的伤口愈合。

四、具体实施方式

下面结合具体实施例对本实用新型作进一步详细的说明。

1. 实施例 1：本果树伤口愈合保护剂采用下述重量的原料制成：尿素 6kg、聚丙烯酰胺 9.5kg、质量百分含量 37% 的甲醛溶液 9.5kg、质量百分含量 1.8% 的阿维菌素乳油 16.5kg、异戊烯腺嘌呤 2.7kg、3'，5' – 环鸟苷酸钠 4.5kg、蒸馏水 1 250kg。其中，阿维菌素乳油的有效成分量为 0.297kg。

2. 制备方法：将聚丙烯酰胺、占总重 1/3 重量的蒸馏水和甲醛溶液混合搅拌均匀，加温至 50℃后加入尿素搅拌溶解，然后继续加温至 80℃保持温度；继续搅拌 1.5 h，至聚合反应完成，放置常温，得透明的黏稠液；在黏稠液中加入阿维菌素乳油、异戊烯腺嘌呤和 3'，5' – 环鸟苷酸钠；然后分次加入剩余蒸馏水，调配至所需浓度，即得到本果树伤口愈合保护剂。

3. 实施例 2：本果树伤口愈合保护剂采用下述重量的原料制成：尿素 2kg、聚丙烯酰胺 15kg、质量百分含量 35% 的甲醛溶液 16kg、质量百分含量 1.8% 的阿维菌素可湿性粉剂 8.3kg、异戊烯腺嘌呤 5kg、3'，5' – 环鸟苷酸钠 6kg、蒸馏水 1 000kg。其中，阿维菌素可湿性粉剂的有效成分量为 0.15kg。

4. 制备方法：将聚丙烯酰胺、占总重 2/3 重量的蒸馏水和甲醛溶液混合搅拌均匀，加温至 40℃后加入尿素搅拌溶解，然后继续加温至 70℃保持温度；继续搅拌 2h，至聚合反应完成，放置常温，得透明的黏稠液；在黏稠液中加入阿维菌素可湿性粉剂、异戊烯腺嘌呤和 3'，5' – 环鸟苷酸钠；然后分次加入剩余蒸馏水，调配至所需浓度，即得到本果树伤口愈合保护剂。

5. 实施例 3：本果树伤口愈合保护剂采用下述重量的原料制

成：尿素 10kg、聚丙烯酰胺 4kg、质量百分含量 40% 的甲醛溶液 3kg、质量百分含量 1.8% 的阿维菌素乳油 25kg、异戊烯腺嘌呤 0.3kg、3'，5' – 环鸟苷酸钠 8kg、蒸馏水 1 100kg。其中，阿维菌素可湿性粉剂的有效成分量为 0.45kg。

6. 制备方法：将聚丙烯酰胺、占总重 1/2 重量的蒸馏水和甲醛溶液混合搅拌均匀，加温至 60℃后加入尿素搅拌溶解，然后继续加温至 90℃保持温度；继续搅拌 0.5 h，至聚合反应完成，放置常温，得透明的黏稠液；在黏稠液中加入阿维菌素乳油、异戊烯腺嘌呤和 3'，5' – 环鸟苷酸钠；然后分次加入剩余蒸馏水，调配至所需浓度，即得到本果树伤口愈合保护剂。

7. 实施例 4：本果树伤口愈合保护剂采用下述重量的原料制成：尿素 8kg、聚丙烯酰胺 7kg、质量百分含量 37% 的甲醛溶液 5kg、质量百分含量 50% 的杀螟硫磷乳油（别名：杀螟松；速灭松；杀螟磷；O，O– 二甲基 –O–（3– 甲基 –4– 硝基苯基）硫代磷酸酯）0.6kg、异戊烯腺嘌呤 1.0kg、蒸馏水 1 400kg。其中，杀螟硫磷乳油的有效成分量为 0.3kg。

8. 制备方法：将聚丙烯酰胺、占总重 1/2 重量的蒸馏水和甲醛溶液混合搅拌均匀，加温至 60℃后加入尿素搅拌溶解，然后继续加温至 90℃保持温度；继续搅拌 0.5h，至聚合反应完成，放置常温，得透明的黏稠液；在黏稠液中加入杀螟硫磷乳油和异戊烯腺嘌呤；然后分次加入剩余蒸馏水，调配至所需浓度，即得到本果树伤口愈合保护剂。

9. 实施例 5：本果树伤口愈合保护剂采用下述重量的原料制成：尿素 4kg、聚丙烯酰胺 12kg、质量百分含量 37% 的甲醛溶液 12kg、质量百分含量 2.5% 的溴氰菊酯（又称：敌杀）8kg、异戊烯腺嘌呤 4.0kg、3'，5' – 环鸟苷酸钠 2.5kg、蒸馏水 1 100kg。其中，溴氰菊酯的有效成分量为 0.2kg。

10. 制备方法：将聚丙烯酰胺、占总重 1/2 重量的蒸馏水和甲醛溶液混合搅拌均匀，加温至 60℃后加入尿素搅拌溶解，然后继续加温至 90℃保持温度；继续搅拌 0.5 h，至聚合反应完成，放置常温，得透明的黏稠液；在黏稠液中加入溴氰菊酯、异戊烯腺嘌呤和 3'，5' – 环鸟苷酸钠；然后分次加入剩余蒸馏水，调配至所需浓度，即得到本果树伤口愈合保护剂。

11. 试验例 1：本果树伤口愈合保护剂在河北省献县的 2 000 亩枣园内，选取与对照树树龄、干茎、冠幅一致，管理相同，树势相当 200 株结果树同时进行开甲，开甲后甲口用本剂只涂抹一次，对照每 5 d 涂 50 倍液乙酰甲胺磷一次，共涂抹 6 次，30 d 后调查愈合和为害情况。试验结果：用本剂的树有 2 株没完全愈合，愈合率 99%；对照有 50 株没完全愈合，愈合率 75%。用本剂的树甲口有 1 株受甲口虫为害，为害率 0.5%；对照有 69 株为害，为害率 34.5%。

12. 试验例 2：本果树伤口愈合保护剂在河北省献县苹果基地试验，用于 800 棵苹果树嫁接，以红富士苹果一年生枝条为接穗进行嫁接改造，当接穗嫁接到砧木后伤口涂本剂，包扎缚紧，待成活；以常规嫁接方法为对照。30 天后调查结果表明，常规直接嫁接的嫁接成活率 77%，使用果树伤口愈合保护剂的嫁接成活率为 97%。

13. 试验例 3：本发明的果树伤口愈合保护剂产品在河北省林科院 300 亩枣树试验园，改接枣树试验，当接穗嫁接到砧木后伤口涂本剂，包扎缚紧，待成活；当接穗芽长到 10cm 以上时，去除砧木上紧固接穗的绑缚材料，涂抹伤口愈合保护剂，30 d 后再涂抹一次，全年只涂 2 次，防止皮暗斑螟幼虫为害。以什么都不涂为对照。60 d 后随机选取 100 株枣树调查为害率和成活率。试验结果：使用本剂嫁接成活率为 99.3%，对照为 79.3%，成活率明显高于对照；

嫁接口有 0 株受皮暗斑螟幼虫为害，为害率 0%；对照有 213 株为害，为害率 71%；11 月落叶后调查：使用本剂的树新生枝条平均长度 1.93 m，对照平均为 1.61 m。

第二节　林果注干杀虫剂及其制备方法和应用

一、技术领域

本发明涉及林果防虫害技术领域。

二、背景技术

环境保护是当今社会的重中之重，在我国农业面源污染主要为化肥、农药、农业废弃物，其中，农药污染占据了相当大的比重。传统喷雾防治法能快速、有效地杀灭一些害虫，但有 90% 以上的药剂滴落、飘移流失到非靶标环境中浪费掉，农药的利用率很低，而且，浪费的药剂污染周围环境、破坏生态平衡，并且药液大量接触施药者使其极易出现中毒现象，飘移药液也影响过往行人的身体健康。20 世纪 80 年代以来，人们为了追求高产，果农见虫就打，农药用量大幅提升，致使有益昆虫被大量杀死，生态平衡严重破坏，龟蜡蚧、梨园蚧、枣粉蚧、吉丁虫、豹蠹蛾、枣树绿盲蝽象、皮暗斑螟等难以防治的次要害虫越来越猖獗。为了提高农药的利用率保护环境，国内外科研人员相继从 20 世纪 20 年代开始通过各式各样的注药（打针）器械进行树干注药，注药法是将农药直接注入树体内，经树干输导组织传送到树体各部位。此法治虫药剂不飘移，不与周围环境接触，避免了农药对人畜及有益昆虫的伤害，而且对介壳虫和钻蛀性害虫的防治变得非常简单。

由于树干注射施药属果树和林木管理的一项新技术，市场上专用药物极难买到，通常用现有喷雾药剂稀释后注入树干使用，经常出现注药口药害、药剂光解或水解失效的现象。因为两种药剂是有本质区别的：喷雾药剂在原药溶解过程中使用了大量的有机溶剂，加水稀释会发生水解，变得很不稳定，药剂需现配现用，它使用范围广，所有植物上均可使用。喷雾杀虫剂进入虫体的途径是口腔、体壁和气门，使用后害虫可不经取食，通过呼入有毒气体、身体接触药剂而中毒死亡；林果注干剂是由少量有机溶剂将原药溶于水中与抗降解剂、抗氧化剂等按一定比例混合加工而成的新型水剂，使用时不需加水直接注入，害虫必须经过取食才可中毒死亡。因此，林果注干剂的研究与开发至关重要。

三、发明内容

本发明要解决的技术问题是提供一种林果注干杀虫剂及其制备方法和应用，该林果注干杀虫剂一次用药全年有效，与现有杀虫剂喷施相比，效果好，省时省力，避免了环境的污染；该制备方法工艺简单，成本低；该应用不受天气和树体高度的影响，农药全部进入植物体内，不伤天敌，可长期使用。

为解决上述技术问题，本发明所采取的技术方案是：一种林果注干杀虫剂，包括如下质量份的组分：

阿维菌素原药 0.1~5 份，吡虫啉原药 3~20 份，表面活性剂 6~20 份，稳定剂 5~20 份，叶片光合促进剂 1~6 份，水 22~85 份。优选的，还包括植物烟草提取液 0.5~7 份。（植物烟草提取液含用碱、酸或水提取的植物烟草提取液）。优选的，植物烟草提取液的碱提取方法为：将烟草（叶、茎、根、花均可使用）磨成粉，加入烟草

0.5~5倍质量的氢氧化钾水溶液，氢氧化钾水溶液的质量浓度为2%~10%，搅拌，静置后，过滤并挤压出烟草中的残存液，再将过滤液加热浓缩，当过滤液剩余40%~60%体积时加入单宁酸、柠檬酸或苹果酸中的一种或几种搅拌，当pH值达到6~7时停止加热，放至常温，得到植物烟草提取液。

进一步优选的，植物烟草提取液的碱提取方法为：将烟草（叶、茎、根、花均可使用）磨成粉，加入烟草0.5~5倍质量的氢氧化钾水溶液，氢氧化钾水溶液的质量浓度为2%~10%，搅拌1~2 h，静置12~36h后，过滤并挤压出烟草中的残存液，再将过滤液加热至70~95℃浓缩，当过滤液剩余40%~60%体积时加入苹果酸搅拌，当pH值达到6~7时停止加热放至常温，制得植物烟草提取液。

优选的，包括如下质量份的组分：阿维菌素原药0.5~4份，吡虫啉原药3~15份，表面活性剂10~19份，稳定剂9~17份，叶片光合促进剂1~3份，水38~76份。

优选的，还包括植物烟草提取液0.5~4份。表面活性剂为聚乙二醇、二甲基亚砜、蓖麻油聚氧乙烯醚、烷基酚聚氧乙烯醚或脂肪醇聚氧乙烯醚中的一种或几种；稳定剂为单宁酸、柠檬酸或苹果酸中的一种或几种。叶片光合促进剂为硫酸镁、尿素中的一种或几种。

林果注干杀虫剂的制备方法，包括以下步骤：

将吡虫啉原药、阿维菌素原药溶于表面活性剂中，加入水，再与叶片光合促进剂混合均匀，用稳定剂调节pH值5~7，搅拌，静置后得浅黄色均相透明液体，即制得林果注干杀虫剂。

优选的，包括以下步骤：将吡虫啉原药、阿维菌素原药溶于表面活性剂中，加入水，再与叶片光合促进剂混合均匀，用稳定剂调节pH值5~7，搅拌，静置后得浅黄色均相透明液体，与植物烟草提取液混合均匀，即制得林果注干杀虫剂。

本发明还包括林果注干杀虫剂在防治枣树、苹果树、梨树和林木害虫中的应用，注射于树干。各成分的作用：

阿维菌素和吡虫啉是符合国家“A级绿色食品”和“农产品安全质量”生产标准的农药，用于害虫防治。阿维菌素是一种大环内酯双糖类杀虫剂，有胃毒和触杀作用，不能杀卵。制剂无内吸性，具有广谱高效、低毒、低残留、农畜两用的特点，阿维菌素在环境中无累积作用，可被土壤微生物分解，是一种优良的杀螨剂。

吡虫啉是烟碱类高效内吸杀虫剂，残留期长达25d。具有广谱、高效、低毒、低残留，害虫不易产生抗性，对人、畜、植物和天敌安全等特点，主要用于防治刺吸式口器害虫，如蚜虫、粉虱、叶蝉、蓟马等，但对线虫和红蜘蛛无效。

阿维菌素和吡虫啉配合使用有如下优点：①可以弥补单剂不足，扩大农药的防治范围，实现一药多治；②各自的致毒作用协同促进，互为增效；③农药持效期延长，杀虫效果好，用药量减少，防治成本降低；④与周围环境相容性好，对害虫天敌和人畜安全，害虫不易产生抗药性。

表面活性剂的作用：表面活性剂（增溶剂）是将不溶或微溶于水的有机药剂成分溶解其中，帮助原药均匀地分散在制剂中，形成无悬浮物及沉淀透明的液体。

稳定剂的作用：调节pH值范围，保持林果注干剂的pH值在5~7，呈稳定的微酸性状态。

叶片光合促进剂的作用：可明显提高植物叶片的叶绿素含量，促进光合作用，提高光合速率，减少因光呼吸作用所引起的营养消耗，增加果实干物质的积累，保证果品优质和高产。

植物烟草提取液的作用：烟草中含有丰富的茄尼醇、绿原酸、芸香苷、生物碱等生物活性物质，具有杀虫、抑菌和刺激植物生长

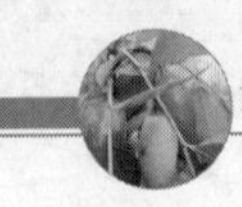

的作用，也可使阿维菌素和吡虫啉相互增效不被光解。

经过实地试验发现并不是所有的农药都能用于树干注射，如喷雾防虫极好的内吸性药剂“乐果”，注射后在枣树体内有传导不良的现象出现，害虫防治效果不佳，所以说注干药剂并不全是内吸性药剂。

林果杀虫注射剂是非常理想的环保型无公害药剂，与现有喷雾剂差别巨大，它集营养、杀虫于一体，使用时药剂不经稀释直接注入树体内，不与周围环境发生接触，避免了农药对人畜和其他有益生物的伤害，并且一次用药全年有效。2008—2015 年通过 5 年大量的田间试验研究以及 3 年的推广应用，发现该剂施药方便、防效显著、经济实惠，经过试用测试，农药最大残留量低于国家食品安全标准（GB 2763—2014），是绿色果品生产过程中害虫防治的最佳制剂。

采用上述技术方案所产生的有益效果在于。

（1）本发明林果注干杀虫剂注入木质后，经树木的疏导组织传导，快速将林果注干杀虫剂运达树冠各部位杀灭为害树体的害虫，实现了害虫的精准防治；

（2）本发明林果注干杀虫剂利用率高，药物不受风吹雨淋、光照分解等环境条件限制，不管是多雨、多风或干旱缺水均可使用，不会出现喷雾防治时大量药剂漂移散失的情况，尤其适合干旱缺水地区使用；

（3）本发明林果注干杀虫剂药肥双效，除有很好的杀虫效果外，还可为林木、果树提供生长所需的各种营养元素；

（4）本发明林果注干杀虫剂杀虫范围广，注药法不仅可以杀死食叶害虫，而且还能杀死刺吸式口器害虫及常规方法难以防治的介壳害虫、钻蛀性害虫和维管束害虫等；

（5）本发明林果注干杀虫剂防治害虫，不受天气和树体高度的影响，农药全部进入植物体内，一次用药全年有效，不伤天敌，可长期使用，注药孔可当年愈合，对树体伤害小，而且，劳动强度小、应用范围广，可适用于枣、苹果、梨等果树和林木害虫的防治。

四、具体实施方式

1. 实施例 1

林果注干杀虫剂，包括如下质量份的组分：阿维菌素原药 0.1kg，吡虫啉原药 10kg，表面活性剂 16kg，稳定剂 5kg，叶片光合促进剂 1kg，植物烟草提取液 7kg，水 60.9kg。表面活性剂为聚乙二醇；稳定剂为单宁酸；叶片光合促进剂为硫酸镁。

制备方法：将吡虫啉原药、阿维菌素原药溶于表面活性剂中，加入水，再与叶片光合促进剂混合均匀，用稳定剂调节 pH 值 7，搅拌，静置后得浅黄色均相透明液体，与植物烟草提取液混合均匀，即制得林果注干杀虫剂。

植物烟草提取液的制备方法为：将烟草磨成粉，加入烟草 0.5 倍质量的氢氧化钾水溶液，氢氧化钾水溶液的质量浓度为 5%，搅拌 1h，静置 12 h 后，过滤并挤压出烟草中的残存液，再将过滤液加热至 70~95℃浓缩，当过滤液剩余 40% 体积时加入单宁酸搅拌，当 pH 值达到 7 时停止加热放至常温，制得植物烟草提取液。

2. 实施例 2

林果注干杀虫剂，包括如下质量份的组分：阿维菌素原药 5kg，吡虫啉原药 18kg，表面活性剂 20kg，稳定剂 20kg，叶片光合促进剂 6kg，植物烟草提取液 0.5kg，水 22kg。表面活性剂为二甲基亚砜；稳定剂为柠檬酸；叶片光合促进剂为尿素。

制备方法：将吡虫啉原药、阿维菌素原药溶于表面活性剂中，

加入水，再与叶片光合促进剂混合均匀，用稳定剂调节 pH 值 5，搅拌，静置后得浅黄色均相透明液体，与植物烟草提取液混合均匀，即制得林果注干杀虫剂。

植物烟草提取液的制备方法为：将烟草磨成粉，加入烟草 5 倍质量的氢氧化钾水溶液，氢氧化钾水溶液的质量浓度为 2%，搅拌 2h，静置 36h 后，过滤并挤压出烟草中的残存液，再将过滤液加热至 70~95℃浓缩，当过滤液剩余 50% 体积时加入柠檬酸搅拌，当 pH 值达到 6 时停止加热放至常温，制得植物烟草提取液。

3. 实施例 3

林果注干杀虫剂，包括如下质量份的组分：阿维菌素原药 0.5kg，吡虫啉原药 5kg，表面活性剂 15kg，稳定剂 10kg，叶片光合促进剂 1.8 kg，植物烟草提取液 6kg，水 61.7 kg。表面活性剂为蓖麻油聚氧乙烯醚；稳定剂为苹果酸；叶片光合促进剂为硫酸镁 1kg、尿素 0.8 kg。

制备方法：将吡虫啉原药、阿维菌素原药溶于表面活性剂中，加入水，再与叶片光合促进剂混合均匀，用稳定剂调节 pH 值 6，搅拌，静置后得浅黄色均相透明液体，与植物烟草提取液混合均匀，即制得林果注干杀虫剂。

植物烟草提取液的制备方法为：将烟草磨成粉，加入烟草 1 倍质量的氢氧化钾水溶液，氢氧化钾水溶液的质量浓度为 10%，搅拌 1.5h，静置 24h 后，过滤并挤压出烟草中的残存液，再将过滤液加热至 70~95℃浓缩，当过滤液剩余 60% 体积时加入苹果酸搅拌，当 pH 值达到 6 时停止加热放至常温，制得植物烟草提取液。

4. 实施例 4

林果注干杀虫剂，包括如下质量份的组分：阿维菌素原药 4kg，吡虫啉原药 15kg，表面活性剂 18kg，稳定剂 16kg，叶片光合促进剂 5kg，植物烟草提取液 4kg，水 38kg。表面活性剂为烷基酚聚氧乙烯醚；稳定剂为苹果酸；叶片光合促进剂为尿素。

制备方法：将吡虫啉原药、阿维菌素原药溶于表面活性剂中，加入水，再与叶片光合促进剂混合均匀，用稳定剂调节 pH 值 6，搅拌，静置后得浅黄色均相透明液体，与植物烟草提取液混合均匀，即制得林果注干杀虫剂。

植物烟草提取液的制备方法为：将烟草磨成粉，加入烟草 2 倍质量的氢氧化钾水溶液，氢氧化钾水溶液的质量浓度为 2%，搅拌 2h，静置 24h 后，过滤并挤压出烟草中的残存液，再将过滤液加热至 70~95℃浓缩，当过滤液剩余 50% 体积时加入苹果酸搅拌，当 pH 值达到 6 时停止加热放至常温，制得植物烟草提取液。

5. 实施例 5

林果注干杀虫剂，包括如下质量份的组分：阿维菌素原药 1.5kg，吡虫啉原药 20kg，表面活性剂 19kg，稳定剂 17kg，叶片光合促进剂 4kg，植物烟草提取液 1kg，水 37.5kg。表面活性剂为脂肪醇聚氧乙烯醚；稳定剂为柠檬酸；叶片光合促进剂为硫酸镁。

制备方法：将吡虫啉原药、阿维菌素原药溶于表面活性剂中，加入水，再与叶片光合促进剂混合均匀，用稳定剂调节 pH 值 7，搅拌，静置后得浅黄色均相透明液体，与植物烟草提取液混合均匀，即制得林果注干杀虫剂。

植物烟草提取液的制备方法为：将烟草磨成粉，加入烟草 3 倍质量的氢氧化钾水溶液，氢氧化钾水溶液的质量浓度为 4%，搅拌 1h，静置 18h 后，过滤并挤压出烟草中的残存液，再将过滤液加热至 70~95℃浓缩，当过滤液剩余 55% 体积时加入苹果酸搅拌，当 pH 值达到 7 时停止加热放至常温，制得植物烟草提取液。

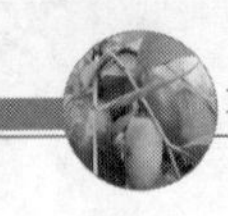

6. 实施例 6

林果注干杀虫剂，包括如下质量份的组分：阿维菌素原药 2.5kg，吡虫啉原药 3kg，表面活性剂 6kg，稳定剂 6kg，叶片光合促进剂 1kg，植物烟草提取液 5.5kg，水 76kg。表面活性剂为聚乙二醇；稳定剂为单宁酸；叶片光合促进剂为硫酸镁 0.5kg、尿素 0.5kg。

制备方法：将吡虫啉原药、阿维菌素原药溶于表面活性剂中，加入水，再与叶片光合促进剂混合均匀，用稳定剂调节 pH 值 6，搅拌，静置后得浅黄色均相透明液体，与植物烟草提取液混合均匀，即制得林果注干杀虫剂。

植物烟草提取液的制备方法为：将烟草磨成粉，加入烟草 4 倍质量的氢氧化钾水溶液，氢氧化钾水溶液的质量浓度为 6%，搅拌 2h，静置 30h 后，过滤并挤压出烟草中的残存液，再将过滤液加热至 70~95℃浓缩，当过滤液剩余 48% 体积时加入苹果酸搅拌，当 pH 值达到 6 时停止加热放至常温，制得植物烟草提取液。

7. 实施例 7

林果注干杀虫剂，包括如下质量份的组分：阿维菌素原药 3.5kg，吡虫啉原药 7kg，表面活性剂 8kg，稳定剂 9kg，叶片光合促进剂 1.5kg，植物烟草提取液 5kg，水 66kg。表面活性剂为聚乙二醇 6kg、烷基酚聚氧乙烯醚 2kg；稳定剂为单宁酸 5kg、苹果酸 4kg；叶片光合促进剂为尿素。

制备方法：将吡虫啉原药、阿维菌素原药溶于表面活性剂中，加入水，再与叶片光合促进剂混合均匀，用稳定剂调节 pH 值 5，搅拌，静置后得浅黄色均相透明液体，与植物烟草提取液混合均匀，即制得林果注干杀虫剂。

植物烟草提取液的制备方法为：将烟草磨成粉，加入烟草 4.5 倍质量的氢氧化钾水溶液，氢氧化钾水溶液的质量浓度为 7%，搅拌 1.5h，静置 24h 后，过滤并挤压出烟草中的残存液，再将过滤液加热至 70~95℃浓缩，当过滤液剩余 45% 体积时加入苹果酸和柠檬酸搅拌，当 pH 值达到 6 时停止加热放至常温，制得植物烟草提取液。

8. 实施例 8

林果注干杀虫剂，包括如下质量份的组分：阿维菌素原药 1kg，吡虫啉原药 12kg，表面活性剂 10kg，稳定剂 13kg，叶片光合促进剂 3kg，植物烟草提取液 3kg，水 58kg。表面活性剂为烷基酚聚氧乙烯醚 5kg、脂肪醇聚氧乙烯醚 5kg；稳定剂为单宁酸；叶片光合促进剂为硫酸镁。

制备方法：将吡虫啉原药、阿维菌素原药溶于表面活性剂中，加入水，再与叶片光合促进剂混合均匀，用稳定剂调节 pH 值 6，搅拌，静置后得浅黄色均相透明液体，与植物烟草提取液混合均匀，即制得林果注干杀虫剂。

植物烟草提取液的制备方法为：将烟草磨成粉，加入烟草 3.5 倍质量的氢氧化钾水溶液，氢氧化钾水溶液的质量浓度为 8%，搅拌 1h，静置 36 h 后，过滤并挤压出烟草中的残存液，再将过滤液加热至 70~95℃浓缩，当过滤液剩余 57% 体积时加入单宁酸和苹果酸搅拌，当 pH 值达到 6 时停止加热放至常温，制得植物烟草提取液。

9. 实施例 9

林果注干杀虫剂，包括如下质量份的组分：阿维菌素原药 2kg，吡虫啉原药 14kg，表面活性剂 12kg，稳定剂 11.5kg，叶片光合促进剂 2kg，植物烟草提取液 2kg，水 56.5kg。表面活性剂为聚乙二醇；稳定剂为单宁酸；叶片光合促进剂为硫酸镁 1kg、尿素 1kg。

制备方法：将吡虫啉原药、阿维菌素原药溶于表面活性剂中，

加入水，再与叶片光合促进剂混合均匀，用稳定剂调节 pH 值 7，搅拌，静置后得浅黄色均相透明液体，与植物烟草提取液混合均匀，即制得林果注干杀虫剂。

植物烟草提取液的制备方法为：将烟草磨成粉，加入烟草 2.5 倍质量的氢氧化钾水溶液，氢氧化钾水溶液的质量浓度为 9%，搅拌 2 h，静置 24 h 后，过滤并挤压出烟草中的残存液，再将过滤液加热至 70~95℃浓缩，当过滤液剩余 50% 体积时加入单宁酸和柠檬酸搅拌，当 pH 值达到 7 时停止加热放至常温，制得植物烟草提取液。

10. 实施例 10

林果注干杀虫剂，包括如下质量份的组分：阿维菌素原药 3kg，吡虫啉原药 16kg，表面活性剂 14kg，稳定剂 14.5kg，叶片光合促进剂 3.5kg，植物烟草提取液 1.5kg，水 47.5kg。表面活性剂为聚乙二醇 5kg、蓖麻油聚氧乙烯醚 5kg、烷基酚聚氧乙烯醚 4kg；稳定剂为单宁酸；叶片光合促进剂为尿素。

制备方法：将吡虫啉原药、阿维菌素原药溶于表面活性剂中，加入水，再与叶片光合促进剂混合均匀，用稳定剂调节 pH 值 6，搅拌，静置后得浅黄色均相透明液体，与植物烟草提取液混合均匀，即制得林果注干杀虫剂。

植物烟草提取液的制备方法为：将烟草磨成粉，加入烟草 1.5 倍质量的氢氧化钾水溶液，氢氧化钾水溶液的质量浓度为 3%，搅拌 1 h，静置 24 h 后，过滤并挤压出烟草中的残存液，再将过滤液加热至 70~95℃浓缩，当过滤液剩余 52% 体积时加入苹果酸搅拌，当 pH 值达到 6 时停止加热放至常温，制得植物烟草提取液。

11. 实施例 11

林果注干杀虫剂，包括如下质量份的组分：阿维菌素原药

0.1kg，吡虫啉原药 3kg，表面活性剂 6kg，稳定剂 5kg，叶片光合促进剂 1kg，植物烟草提取液 0.5kg，水 85kg。表面活性剂为聚乙二醇；稳定剂为苹果酸；叶片光合促进剂为尿素。

制备方法：将吡虫啉原药、阿维菌素原药溶于表面活性剂中，加入水，再与叶片光合促进剂混合均匀，用稳定剂调节 pH 值 7，搅拌，静置后得浅黄色均相透明液体，与植物烟草提取液混合均匀，即制得林果注干杀虫剂。

植物烟草提取液的制备方法为：将烟草磨成粉，加入烟草 3 倍质量的氢氧化钾水溶液，氢氧化钾水溶液的质量浓度为 6%，搅拌 2 h，静置 18 h 后，过滤并挤压出烟草中的残存液，再将过滤液加热至 70~95℃浓缩，当过滤液剩余 50% 体积时加入苹果酸搅拌，当 pH 值达到 7 时停止加热放至常温，制得植物烟草提取液。

12. 实施例 12

林果注干杀虫剂，包括如下质量份的组分：阿维菌素原药 0.1kg，吡虫啉原药 10kg，表面活性剂 6kg，稳定剂 5kg，叶片光合促进剂 1kg，水 85kg。表面活性剂为聚乙二醇；稳定剂为单宁酸；叶片光合促进剂为硫酸镁。

制备方法：将吡虫啉原药、阿维菌素原药溶于表面活性剂中，加入水，再与叶片光合促进剂混合均匀，用稳定剂调节 pH 值 7，搅拌，静置后得浅黄色均相透明液体，即制得林果注干杀虫剂。

13. 实施例 13

林果注干杀虫剂，包括如下质量份的组分：阿维菌素原药 0.5kg，吡虫啉原药 20kg，表面活性剂 19kg，稳定剂 9kg，叶片光合促进剂 2kg，水 76kg。表面活性剂为二甲基亚砜；稳定剂为柠檬酸；叶片光合促进剂为尿素。

制备方法：将吡虫啉原药、阿维菌素原药溶于表面活性剂中，

加入水，再与叶片光合促进剂混合均匀，用稳定剂调节 pH 值 6，搅拌，静置后得浅黄色均相透明液体，即制得林果注干杀虫剂。

14. 实施例 14

林果注干杀虫剂，包括如下质量份的组分：阿维菌素原药 4kg，吡虫啉原药 6kg，表面活性剂 10kg，稳定剂 17kg，叶片光合促进剂 5kg，水 58kg。表面活性剂为蓖麻油聚氧乙烯醚；稳定剂为苹果酸；叶片光合促进剂为硫酸镁。

制备方法：将吡虫啉原药、阿维菌素原药溶于表面活性剂中，加入水，再与叶片光合促进剂混合均匀，用稳定剂调节 pH 值 6，搅拌，静置后得浅黄色均相透明液体，即制得林果注干杀虫剂。

15. 实施例 15

林果注干杀虫剂，包括如下质量份的组分：阿维菌素原药 5kg，吡虫啉原药 3kg，表面活性剂 15kg，稳定剂 20kg，叶片光合促进剂 6kg，水 38kg。表面活性剂为烷基酚聚氧乙烯醚；稳定剂为单宁酸；叶片光合促进剂为硫酸镁 3kg、尿素 3kg。

制备方法：将吡虫啉原药、阿维菌素原药溶于表面活性剂中，加入水，再与叶片光合促进剂混合均匀，用稳定剂调节 pH 值 5，搅拌，静置后得浅黄色均相透明液体，即制得林果注干杀虫剂。

16. 实施例 16

林果注干杀虫剂，包括如下质量份的组分：阿维菌素原药 2.5kg，吡虫啉原药 15kg，表面活性剂 20kg，稳定剂 13kg，叶片光合促进剂 3kg，水 22kg。表面活性剂为脂肪醇聚氧乙烯醚；稳定剂为单宁酸 6kg、苹果酸 7kg；叶片光合促进剂为尿素。

制备方法：将吡虫啉原药、阿维菌素原药溶于表面活性剂中，加入水，再与叶片光合促进剂混合均匀，用稳定剂调节 pH 值 7，搅拌，静置后得浅黄色均相透明液体，即制得林果注干杀虫剂。

17. 试验例

（1）试验地概况

试验地为河北省献县淮镇枣园内，树种为金丝小枣，树势中庸，树下管理较好，无杂草和根蘖苗。树龄 32~35 年，株行距 6.0m × 3.5m，树干粗度差别不大，平均基径 24.5cm，干高 1.15m，树高 4.12m，冠径 3.5m。

（2）试验设计

试验共设 4 个处理，A ：自流滴注本剂、B ：喷施 1.8% 阿维菌素乳油 2 000 倍液、C : 喷施 20% 吡虫啉微乳剂 2 000 倍液、D:CK ；清水对照。每 2 株树为一处理单位，用红漆在树干上标记编号，随机排列，重复 3 次。由于每行枣树排列整齐、枝叶交错，因此重复间用 2 株枣树隔离，尽量减少由于虫口密度不均和相邻处理间的干扰对试验造成的影响。

试验方法 : A 处理 ：在树干南部距地面 40~50 cm 处，用手持电钻向下呈 45° 角钻孔，钻头直径 6mm，孔深 5~6 cm ，每株试验树打注射孔 1 个，插入自流注射瓶滴注本剂（一般 5cm 以上枣树干茎的用药量为: 5~10cm 干茎 3mL、10~15cm 干茎 5mL、15~20cm 干茎 8mL、20~25cm 干茎 10mL 、25~30cm 干茎 13mL、30~35cm 干茎 15mL）; B、C、D 处理分别用喷雾器对全树进行喷雾。为了易于看清树上掉落的害虫，方便统计死亡虫数，处理前，首先将所有试验树下的土壤用锄锄松，然后对 A 处理试验树进行打孔、注药，最后铺设厚塑料膜，铺设完成后 B、C、D 处理进行喷雾试验。按期收集并记录从树上掉落死亡虫子的数量，计算防治效果。为防止白色污染，在对枣尺蠖调查完成后即可收起塑料膜。

处理时间 : 2014 年 4 月 23 日上午（本剂全年只滴注 1 次）。

供试器械 ：手持电钻、滴注器、喷雾器。

（3）枣树害虫的防治效果

对枣尺蠖的防治效果调查采用于 1d、2d、5d、7d、10 d 分别收集并记录从树上掉落死亡虫子的数量，掉落到地面的枣尺蠖身体严重扭曲变形，很快死亡，因此本试验中把落虫数认定为死虫数。施药 10 d 后，用 4.5% 高效氯氰菊酯乳油 1 500 倍药液对试验树进行喷雾（高效氯氰菊酯杀虫谱广、喷雾使用前喷后落，击倒速度快），清除枣树上残存的尺蠖，使之落到地面，统计处理枣树上的虫口基数。以施药后落虫数加上喷雾施药后落虫数之和作为虫口基数，计算公式如下。

计算虫口减退率：虫口减退率 ={（处理前虫口数 – 处理后虫口数）/ 处理前虫口数 } × 100%；校正虫口减退率 ={（处理虫口减退率 – 对照虫口减退率）/（1 – 对照虫口减退率）} × 100%。

结果表明：用药 10d 后树干滴注本剂和叶面喷施 1.8% 阿维菌素 2 000 倍液、20% 吡虫啉微乳剂 2 000 倍液对枣尺蠖均具有较好的防治效果，其虫口减退率分别为 98.2%、79.0% 和 98.8%。滴注剂杀虫高峰期在处理后的 2~5d，说明药剂经蒸腾拉动，由树干吸收、传导、转运到枝叶，再被害虫取食，需要一定的时间。阿维菌素和吡虫啉两种药剂叶面喷施 48h 枣尺蠖就大量死亡，和滴注剂相比显示了两种药剂喷雾防治的速效性，这是喷雾法防治害虫的优点，也是果农乐于见到的现象，但这对周围群落不利的影响也是巨大的，也就是在杀死害虫的同时杀伤大量害虫的天敌，影响周围环境和生态系统的平衡，造成次要有害生物成为主要为害种群和有害生物的再猖獗。

（4）对枣龟蜡蚧的防治效果观察

枣龟蜡蚧属同翅目蜡蚧科，又名日本龟蜡蚧，俗名树虱子、枣虱等，全国各大枣区均有分布。除为害枣外，还为害柿、苹果、梨、石榴等 30 多科 50 余种植物。以若虫、雌成虫刺吸枝、叶、果的汁液。其分泌物招致霉菌发生，枝叶染黑，状如煤污，导致光合作用受阻、树势衰弱、落果加重，重者造成死枝死树。1 年 1 代，以受精雌成虫在一年生、二年生枝上固着越冬。翌年 3 月树液流动时，雌虫恢复取食——刺吸树液，增大虫体。5 月底至 6 月初开始产卵，雌虫产卵量大，多数在千粒以上。产卵盛期在 6 月上中旬，6 月中下旬开始孵化，7 月上旬为孵化盛期，7 月底孵化完毕。初孵幼虫可以活动 4~6 d，之后多固定在叶片正面、枣头、二次枝、枣吊上刺吸为害，6—7 月，雨水偏多、空气湿度大时，卵的孵化率及若虫成活率都高；反之，气温干燥、孵化率与成活率就低。雄虫 8 月上旬开始化蛹，8 月底至 9 月初为化蛹盛期，8 月中旬开始羽化，9 月中旬为羽化盛期，雄虫羽化后白天寻觅雌虫交尾，在叶和枣吊上为害的雌虫到 8 月中下旬逐渐爬回枝上，9 月上中旬为回枝盛期，10 月上旬大多数雌虫已回枝，之后固定不动进入越冬期。

龟蜡蚧身披蜡层、极难防治，近年来该虫在枣树上的发生量越来越大，9 月初时常有大面积枣树枝叶变黑，叶片提前脱落的现象出现。传统喷雾防治要掌握好杀虫时机，从若虫孵化出至蜡质介壳形成前是最佳防治时机，否则，若虫一旦形成介壳，药剂防治就难以奏效。

药前对每株枣树东西南北 4 个方位各选取长度为 1m 的枝条，调查虫口基数，并做好标记。防治后第 3 天、第 7 天、第 13 天、第 20 天对处理枝条用放大镜检查虫子死亡情况，发现虫体干瘪发硬即认定为死虫，虫体色泽正常、充盈饱满即为活虫。

计算公式如下。虫口减退率 ={(处理前虫口数 – 处理后虫口数)/ 处理前虫口数 } × 100% ；

结果表明：树干滴注本剂和叶面喷施吡虫啉、阿维菌素 3d 后

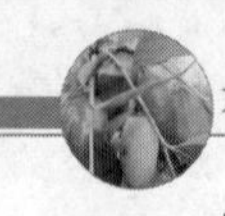

均可杀死少量龟蜡蚧。通过数据比较可知：20 d 后本剂虫口减退率达到了 99.1%，而喷施吡虫啉、阿维菌素处理虫口减退率分别为 11.7% 和 3.8%，各处理间防治效果差异极显著。由此可知，树干滴注防效最好，喷施吡虫啉、阿维菌素两处理防治效果均较差。由于龟蜡蚧喷药防治最佳期是 6 月中下旬，该期虫体刚刚孵化，蜡质尚未形成，对药物较为敏感，枣树此时正处于不能喷药杀虫的坐果期，所以此虫成灾。本试验的处理时间在 4 月下旬，此时枣龟蜡蚧身披蜡层、虫体极难着药，所以防治效果不佳；而滴注法药剂通过传导吸收直接进入树体内，经叶片蒸腾拉动，将药剂传送到树体各部位，该虫恢复吸食即被杀死，数据充分表明了滴注防治具腊壳保护害虫的优越性。

（5）对红蜘蛛防治效果调查

枣红蜘蛛是复合种群，属蜱螨目，主要为害枣叶，先是使枣叶出现局部浅黄点，随着为害，沿叶片主脉向支脉扩散，出现黄白或黄褐色干枯状斑块，且颜色逐渐加深，如同烧焦状，最后导致脱落。为害严重时常常造成早期落叶，严重影响枣果品质和产量，且严重影响树势。

红蜘蛛 1 年发生 12~15 代，以雌成虫在树皮裂缝、草根和土壤缝隙中越冬。翌年 3 月中下旬至 4 月中旬枣树发芽时开始活动，初孵幼虫先在杂草上取食、繁殖两代后开始向枣树迁移。5 月下旬形成为害，6—8 月是为害盛期，10 月中下旬天气变冷，雌螨开始迁移越冬。

在枣树东、西、南、北、中 5 个方向各选取 10 个叶片用红漆标记，5 月 20 日开始调查叶片有虫头数。由于 2014 年夏季天气干旱，红蜘蛛发生严重，在 6 月 20 日调查时喷施阿维菌素、吡虫啉和对照树标记叶片均有部分脱落，致使调查终止。于是改为在 7 月

24 日对各处理随机摘取 200 片叶片，数取有虫叶片数。

结果表明，本剂春季注药一次即可对枣树红蜘蛛有很好的防治效果（虫叶率 4.5%），而春季喷施阿维菌素和吡虫啉则对红蜘蛛无防治效果（虫叶率均 100%）。通过目测观察，滴注本剂所取叶片大都叶色浓绿，少量有虫叶片局部有浅黄点，虫量最多的一个叶片有虫 28 头（用 15 倍手持放大镜观察）；喷药处理的叶片主叶脉和支叶脉则大量干枯、叶缘发焦，红、白蜘蛛布满全叶，如烧焦状即将脱落。这是由于处理时间在 4 月下旬，由枣树红蜘蛛的生物学特性可知，此时红蜘蛛刚开始向树上转移，虽然阿维菌素是优良的杀螨剂，但叶片上没有该虫，因此对红蜘蛛无防治效果。本剂由阿维菌素和吡虫啉复配而成，两药剂复配可互为增效、取长补短，据河北出入境检验检疫局检验检疫技术中心沧州分中心检测，注药 70d（7 月 22 日）枣树叶片中阿维菌素和吡虫啉残留分别为 0.78mg/kg 和 0.80mg/kg，该药剂量的阿维菌素足以杀死取食枣树汁液的红蜘蛛。由此可以证明滴注剂是一种可用于防治枣树红蜘蛛的优良制剂。

（6）果实安全性检测

树干注药防治害虫可节省人力、不污染环境、不伤天敌，是一种无公害的林木有害生物防治技术，试验证明，一般在果树发芽期注药 1 次全年便可取得良好的防治效果。应当指出的是：人们研究病虫害防治新技术的目的就是减轻病虫的为害程度，保证果树高产稳产，最大量地生产出满足人类需要的优质果品，所以，当果实作为食品时，农药的残留成为必须考虑绕不过去的问题。因此，从 8 月 16 日开始进行了果实农药残留检测。

检测单位：河北出入境检验检疫局检验检疫技术中心沧州分中心

检验依据：GB/T 20769—2008《水果和蔬菜中 450 种农药及相关化学品残留量的测定》和 SN/T 0148—2011《进出口水果蔬菜中

有机磷农药残留量检测方法 气相色谱和气相色谱—质谱法》。食品中农药最大残留限量标准依据：中华人民共和国食品安全国家标准（GB 2763—2014）。水果中阿维菌素最大残留限量标准分别为：

柑橘类水果（柑橘除外）0.01 mg/kg

柑橘 0.02 mg/kg

苹果 0.02 mg/kg

梨 0.02 mg/kg

草莓 0.02 mg/kg

瓜果类水果 0.01 mg/kg

水果中吡虫啉最大残留限量标准分别为：

柑橘 1 mg/kg

苹果 0.5 mg/kg

梨 0.5 mg/kg

分析结果表明：红枣在进入白熟期以前（8 月 16 日）果实中的阿维菌素和吡虫啉残留量分别为 0.141mg/kg 和 0.101mg/kg，显著低于国家食品安全（最大残留限量：阿维菌素 0.01mg/kg、吡虫啉 0.5mg/kg）标准，9 月 15 日至 9 月 25 日（开始进入采收期）阿维菌素和吡虫啉的残留均未检出。通过和国家食品安全标准（GB 2763—2014）比较后确认：应用此方法防治害虫的果树，果品农药残留量小，食用安全。

（7）结论

通过单项试验和大规模应用试验表明，树干注药后对果树、林木虫害具有良好的防治效果。林果杀虫注射剂的成功研发，避免了农药喷雾对环境、人畜和其他有益生物的伤害，它是实现环境友好、促进林果业可持续发展的精准施药技术。

第三节　红枣防浆烂剂及其制备方法

一、技术领域

本发明涉及水果或蔬菜处理的技术领域，尤其是一种红枣防浆烂剂及其制备方法。

二、背景技术

红枣浆烂果病是一种新病害,果实致病菌只有少部分细菌为害，大多属于真菌性病原体病害，这些病菌一旦生活环境适宜，就会发病产生大量浆烂果。通过田间调查发现，红枣浆烂果病的病菌属弱寄生菌，其致病原因主要为：①果农为追求产量，过量增施氮肥造成树体徒长、树势衰弱，抗病虫害的能力降低；②枣树种植过密，田间郁闭度增加，通风透光不良，枣园空气湿度过大，而有利于病害发生。红枣浆烂果病发生较为普遍，致病因素广泛、潜伏期长、病程缓慢、易被忽视，若遇特殊气象年份，甚至会发生毁灭性的病害而绝收。

为了防治红枣浆烂果病，生产中使用了多菌灵、甲基托布津、大生 M-45、氟硅唑、戊唑醇、己唑醇、烯唑醇等大量的杀菌剂进行防治，防治效果较为理想，但是应用几年后，病菌即产生抗性而防治效果下降，使得果树管理人员非常头痛。2000—2004 年对红枣浆烂的致病原因及减产情况进行调查，结果发现 ：一般年份由于红枣浆烂果病减产 15%~30%，大发生年减产 50%~70%，个别农户绝收，并且该病发病率有逐年上升的趋势。在调查中还发现少量果农根据管理苹果树的经验，巧妙地使用了石硫合剂，坚持每年春季萌芽前和秋季落叶后喷施3~5波美度的石硫合剂，由于石硫合剂既杀菌又灭虫，经过长时期的使用该剂，这些农户的果品较周边相同立地条件下的枣树种植户产量高、浆烂果少、果品品质较好。但由于石硫合剂为强碱性，只能在冬、春两季使用，夏季使用3~5波美度的石硫合剂，会产生严重的药害，使树体落叶死亡；夏季可使用的浓度是0.3~0.5波美度的石硫合剂，这一浓度在果树上防治病虫效果不好甚至无效。使用高浓度石硫合剂防治效果理想但易产生药害，而在果树生长期不能使用，好的药剂却受使用时间的限制，这是农技人员和果农长期苦思冥想，一直想解决的问题。

三、发明内容

本发明要解决的技术问题是提供一种全年均可喷施的、防治效果显著、无公害的红枣防浆烂剂及其制备方法。

为解决上述技术问题，本发明所采取的技术方案是：一种红枣防浆烂剂由下述重量份的原料混配而成：石硫合剂15~50，氮磷钾三元素复合肥5~20，羧甲基纤维素钠2~7和水2~10；所述氮磷钾三元素复合肥中氮磷钾的总重量含量为45%~49%。

上述红枣防浆烂剂按照下述步骤进行制备。

①将羧甲基纤维素钠在一个容器中用水溶解，得羧甲基纤维素钠的水溶液；

②在另一个容器中依次加入石硫合剂和氮磷钾三元素复合肥，然后在搅拌下，缓慢将其加热至40~50℃，直至石硫合剂变澄清；

③将步骤①中羧甲基纤维素钠的水溶液加入至步骤②中变澄清的石硫合剂中，停止加热，搅拌至常温，即得红枣防浆烂剂。

本发明中各组分的作用如下。

石硫合剂：石硫合剂是一种廉价广谱杀菌剂兼有杀螨和杀虫

的作用，长期使用无抗药性，多年来，一直是果树上的常用农药。可有效防治果树上的腐烂病、轮纹病、早期落叶病和红蜘蛛、绿盲蝽象、介壳虫等病虫害。它的主要成分是多硫化钙，极易溶于水，强碱性，具有渗透和侵蚀病菌细胞及害虫体壁的能力，能在植物体表面形成一层药膜起保护作用，因此植株发病前或发病初期喷施效果最佳。

氮磷钾三元素复合肥：氮、磷、钾三元素是植物生长所必需的营养元素，这些营养元素对促进植物体细胞分裂、蛋白质的合成以及产量的增加起决定性的作用，营养成分的合理均衡会使各成分的作用发挥到最佳。氮磷钾三元素复合肥水解后溶液呈酸性，应用本发明的配比，可使石硫合剂的药效与氮磷钾三元素复合肥的肥效均不减，且有增效作用。

羧甲基纤维素钠：具有成膜、增稠、保水、缓释的作用，在本发明中作为成膜缓释剂使用。因其呈酸性，与氮磷钾三元素复合肥共同与石硫合剂进行中和反应，使本发明的产品达到或接近中性，在全年整个生育期内均可使用。

本发明由于加入了羧甲基纤维素钠，喷施后在果实表面形成一层防护药膜，该药膜阻止了部分细菌和真菌孢子直接接触果实表皮细胞，病原生物不能完成侵染过程，至使病原生物孢子由于环境的改变不能萌发而失水死亡；再者对已侵染的病原菌，药膜的影响使果实感病部位的温、湿度发生了变化，这些变化改变了病原菌的生存环境，致使病原菌不能完成病理程序而失去活性死亡。

本发明的药剂稀释液喷施到树体后，会吸收果实病斑中的水分和空气中的二氧化碳与其发生化学反应，导致枣果浆烂的病原菌丝脱水死亡。药剂喷施后的氮、磷、钾、钙、硫等残留物是果树生长必需的大量元素及中量元素，被树体吸收后，树势增强，尤其是钙离子被植物体吸收后，与果实果胶质结合形成果胶酸钙，细胞原生质的弹性增强，枣果实的生理病害（裂果）减少，抗病能力提高。

四、对比试验一

将清水、0.4 和 1 波美度的石硫合剂和本发明药剂的防治效果作比较。

本发明药剂的重量份配比：石硫合剂 30 份，氮磷钾三元素复合肥 10 份，羧甲基纤维素钠 3 份和水 10 份。在枣树上喷雾使用。试验在河北献县淮镇百兴庄村 120hm^2 的枣园内进行，从 6 月下旬开始，在天气晴好时取本发明的药剂 500 mL，加水 50kg，分别对试验树进行第一次喷药。在 16：00 后或 9：00 以前进行，药剂每 15d 喷施 1 次（遇阴雨天喷药时间错后），至 9 月中旬喷药结束，以单株为小区，顺序排列，重复 3 次，为保证喷药质量，应喷至树堂内外叶片将要滴水止，全年共喷 6 次。同时以喷清水、0.4 波美度的石硫合剂和 1 波美度的石硫合剂作为对照 1、对照 2 和对照 3。

自 9 月 1 日开始，随机选取东西南北四方位 1m 长单元枝做好标记，作为调查枝调查浆烂果率，5d 调查 1 次，果实采收后 10 月上旬进行试验数据分析。结果表明应用 0.4 波美度石硫合剂（对照 2）的枣树果实浆烂果率与清水（对照 1）相比，仅减少 6%，表明枣树喷施 0.4 波美度石硫合剂对防治裂果有一定的效果但不明显；1 波美度的石硫合剂（对照 3），在喷施 5 d 后枣树产生了药害，树上果、叶慢慢脱落并逐渐加重至落光，此浓度在夏季不可用；采用本发明的药剂，红枣的果实浆烂果率比清水对照减少 28.5%，防浆烂效果十分明显。

五、对比试验二

将本发明药剂与各单剂的防治效果作比较。

对照 4：将羧甲基纤维素钠粉剂倒入容器中加入水搅拌、使其溶解形成羧甲基纤维素钠水溶液，作为对照药剂 4。

对照 5：在容器中依次加入石硫合剂和氮磷钾三元素复合肥，慢慢加热至 40~50℃，不断搅拌，加热温度最高不要超过 50℃，防止氮磷钾三元素复合肥分解后氮元素挥发，待搅拌至石硫合剂和氮磷钾三元素复合肥均成为液体后放置到常温，即制成对照药剂 5。

对照 6：称取养料成分为 45% 的氮磷钾三元素复合肥 0.25kg 加水 50kg，其中氮、磷、钾重量比是 25∶9∶15，作为对药剂 6。

按照对比试验一中的喷药方法进行喷药，并与对比试验一中本发明药剂的防治效果进行对比。结果表明：对照药剂 4 采用羧甲基纤维素钠水溶液，其枣树果实浆烂果率比清水对照减少 6.5%，表明枣树喷施羧甲基纤维素钠膜剂对防治裂果有一定的效果但不明显；对照 5 应用石硫合剂和氮磷钾三元素肥混合剂，枣果浆烂率比清水对照减少 23.3%，防浆烂效果明显，但比本发明药剂的浆烂率要高 5.2%；对照 6 只用氮磷钾三元素复合肥喷施枣树，对叶面进行补肥，使用后叶片油绿、光合作用增强，枣树树体健壮，抗病能力提高，但比本发明药剂的浆烂率要高 17.2%。

以上数据可以看出，以羧甲基纤维素钠、石硫合剂、氮磷钾三元素复合肥和水充分混合后制备的药剂，防治红枣浆烂效果最好，防治效果明显高于各单剂。通过试验观察发现：本发明的药剂在常温下保存二年防治效果不减；而石硫合剂单剂不能长时间暴露在空气中，长时间暴露在空气中可与空气中的氧气、水、二氧化碳等发生一系列反应，形成细微的硫磺、碳酸钙、硫酸钙沉淀而失去使用价值。

六、对比试验三

将本发明的药剂与多菌灵、甲基托布津、戊唑醇在枣树上的防治浆烂的效果进行比对：在河北献县淮镇圈头村 150hm^2 的枣园内，选取 40 年生管理相同的 30 株枣树进行试验，试验设 5 个处理，以 2 株为一小区，顺序排列，重复 3 次，全年共喷 6 次。喷施方法：本发明的药剂稀释 200 倍液；80% 超微多菌灵可湿性粉剂稀释 800 倍液作为对照 7；70% 甲基托布津可湿性粉剂稀释 800 倍液作为对照 8；25% 戊唑醇稀释 800 倍液作为对照 9；喷清水作为对照 10。从 7 月 15 日开始，在天气晴好时对试验树进行第一次喷药。喷药时间，在 16：00 后或 9：00 以前进行，为保证喷药质量，应喷至树堂内外叶片将要滴水为止，药剂每 15 天喷施 1 次（遇阴雨天喷药时间错后），至 9 月 15 日喷药结束。自 9 月 1 日开始，随机选取东西南北四方位 1m 长单元枝做好标记，作为调查枝调查浆烂果率，5d 调查 1 次，果实采收后 10 月上旬进行试验数据分析。试验结果表明：枣树上喷施不同品种的杀菌剂与对照 10（喷清水）相比，均可有效地防治浆烂果，其中喷施本发明药剂的枣果浆烂率是 8.3%；喷施 25% 戊唑醇枣果浆烂率是 12.5%，分别比对照 10（喷清水）的浆烂率减少 30.5% 和 26.3%，而且，两者防治效果均明显好于施用 80% 超微多菌灵可湿性粉剂和 70% 甲基托布津可湿性粉剂。这是由于多菌灵和甲基托布津在枣区已有 20 余年的使用历史，病原菌已对其产生抗性，防治效果因而不如红枣防浆防烂剂或戊唑醇。

采用上述技术方案所产生的有益效果在于：

①本发明提供了一种在整个枣树生长季均可直接兑水喷施的既能杀菌又能杀虫的广谱无机硫红枣防浆烂剂，长期使用本发明的药剂，不用担心病虫害对其产生抗药性；

②产品分解后，残留部分氮、磷、钾、钙、硫等元素的化合物，均是植物的果、叶可以吸收利用的营养成分，不会产生环境污染；

③本发明的药剂施药方便，价格低廉，对病菌杀伤力强；

④经过连续 5 年大面积试验应用表明：本药剂防治果实浆烂效果稳定，5 年平均果实浆烂率为 10.5%，对照喷清水的浆烂率为 52.7%，防浆烂效果十分明显，其中，2007 年河北沧州枣区浆烂果病大发生，试验发现喷施本发明的药剂，果实浆烂率为 12.2%，清水对照枣树果实裂果率为 72.9%；

⑤在试验中发现，枣树害虫如绿盲蝽象、介壳虫、红蜘蛛等逐年减轻，说明本发明药剂的杀虫效果不减。

七、具体实施方式

①称取羧甲基纤维素钠 3 重量份，在容器 1 中用 10 重量份的水溶解，得羧甲基纤维素钠的水溶液。

②在容器 2 中依次加入 23 波美度的石硫合剂 30 重量份、氮磷钾三元素复合肥 10 重量份，然后在搅拌下，缓慢将石硫合剂和氮磷钾三元素复合肥加热至 40~50℃，直至石硫合剂变澄清；加热过程中温度最高不能超过 50℃，以防止氮磷钾三元素复合肥分解后氮元素挥发。

③将步骤①中羧甲基纤维素钠的水溶液加入至步骤②中变澄清的石硫合剂中，停止加热，搅拌至常温，即得红枣防浆烂剂。

说明：所述氮磷钾三元素复合肥中氮磷钾的总重量含量为 45%。所述氮、磷和钾的重量比为 25∶9∶10，其中，氮以氮元素计，磷以五氧化二磷计，钾以氧化钾计。上述红枣防浆烂剂的使用方法：按照重量比用水稀释 100~300 倍液，喷雾。

第四节　枣树保花坐果剂及其制备方法

一、技术领域

本发明涉及一种植物生长调节剂，尤其是一种枣树保花坐果剂及其制备方法。

二、背景技术

枣树是多花树种，但受树体营养和环境条件的影响，落花落果现象十分严重，自然坐果率仅为1%左右。枣树花的授粉和花粉发芽，最适宜的气象条件是，气温24~26℃，空气相对湿度70%~80%；湿度太低，花粉发育不良，如金丝小枣的花粉空气相对湿度40%时，几乎不发芽。枣树的花期坐果期，我国北方枣区一般年份正是干旱季节，气温高，空气相对湿度低，这种天气极不利于枣树坐果。为此，通过开甲、枣园喷清水、喷施植物生长调节剂和微量元素肥料等措施来提高枣树坐果率。对枣园进行喷水，以增加空气湿度，降低气温，促进坐果。但这种作法费工、费时，且效果不明显；目前枣区常用的植物生长调节剂有赤霉素、2，4-D、a-萘乙酸等，其中，应用最广的是赤霉素（俗称“920”）。因为赤霉素可以促进枣花粉发芽，还能诱导枣花单性结实。从近30年的使用情况看，枣农在高温、干旱无雨的天气下，通过增加喷施次数来增加坐果，造成枣树初期坐果数量较大，树体消耗的营养过多，后期幼果脱落较多。为了克服目前使用单一植物生长调节剂所存在的缺点，找到一种可在干旱的气候条件下适量坐果、又要尽量减少落果的新型制剂。根据枣树的植物学特征，经过上百次田间试验，发明了一种枣树保花坐果剂，本剂的出现就很好地解决了此问题。

三、发明内容

本发明要解决的技术问题是提供一种能有效地提高坐果的枣树保花坐果剂。本发明还提供了一种该枣树保花坐果剂的制备方法。

为解决上述技术问题，本发明所采取的技术方案是：所述的枣树保花坐果剂采用下述重量配比的原料制成：十水合四硼酸钠3.0~6.0份、a-萘乙酸2.0~4.0份、水200~500份、尿素4.0~8.0份、复硝酚钠9.0~56.5份、叶面表面活性剂8~45份。优选的叶面表面活性剂为黄腐酸。本发明枣树保花坐果剂的制备方法采用下述工艺步骤：将水加热至60~80℃，在恒温状态下溶入a-萘乙酸和十水合四硼酸钠混合后的粉末，搅拌至晶粉完全溶解后，降温至40~45℃，把尿素溶解至其中得到溶液；然后降温至20~25℃，把复硝酚钠溶解于溶液中，最后加入叶面表面活性剂搅拌均匀，即得到成品。本发明制备方法中优选的叶面表面活性剂为黄腐酸；分次加入黄腐酸至溶液的pH值为5~6，即得到成品。

本发明枣树保花坐果剂中各原料的功能及作用：

十硼酸钠：植物生长必须的硼肥来源。硼是维管植物必需的微量营养元素，硼对植物的生殖过程有影响，硼在细胞壁合成和原生质膜完整性上的特殊作用体现在花粉管的生长上。缺硼时，花药和花丝萎缩，绒毡层组织破坏，花粉发育不良，造成“花而不实”。a-萘乙酸：是一种广谱性植物生长调节剂，可促进细胞分裂与扩大，增加坐果，防止落果。

复硝酚钠：具有调节植物体内内源激素的功效，复硝酚钠经植物吸收后，可以调节和平衡植物体内生长素、赤霉素、细胞分裂素、乙烯、脱落酸等的活性，使植物生长健壮，可增强植株抗逆能力。

尿素：是固体氮肥中含氮量最高的，是植物的主要营养元素之一，氮是制造叶绿素的主要成分，能促进枝叶浓绿，生长旺盛。叶面表面活性剂能适当控制作物叶面气孔的开放度，减少蒸腾。黄腐酸：广谱植物生长调节剂，有促进植物生长尤其能适当控制作物叶面气孔的开放度，减少蒸腾，对抗旱有重要作用，能提高抗逆能力，增产和改善品质作用。

采用上述技术方案所产生的有益效果在于：本发明集营养、调节、防病于一体，与植物接触后能迅速渗透到植物体内，促进细胞的原生质流动，提高细胞活力，促进细胞分裂和叶绿素形成，可以促进枣花粉发芽，提高枣树坐果率和耐旱性，防止落花落果，且能显著地增加植物的营养体生长。本发明没有任何副作用，生产过程无三废污染。

本发明中药剂配伍合理，在高温、干旱的气候条件下，能大大提高枣树坐果率，能有效的防止落花落果，坐果率可提高 96.8%，防落率高达 82% 以上，喷施后生长的枣果质量好，并且能明显促进幼果生长。本发明生产成本低，使用方便，比单用各成分效果明显增强，尤其是与赤霉素配合共用优势互补，效果更突出。适用于各种枣树。

四、具体实施方式

1. 实施例 1

枣树保花坐果剂采用下述原料制成：十水合四硼酸钠 4.5kg、a-萘乙酸 3.0kg、水 350kg、尿素 6.0kg、复硝酚钠 33kg、黄腐酸 26.5kg。

制备方法：将水加热至 70℃后保持恒温，溶入 a- 萘乙酸和十水合四硼酸钠混合后的粉末，不断搅拌至反应完全，晶粉完全溶解后，待液体降温至 40~45℃时，把尿素溶解至其中，然后放凉至

20~25℃，把复硝酚钠溶解于该溶剂中，搅拌均匀，最后将黄腐酸分次加入，搅拌均匀即为本枣树保花坐果剂成品。

使用方法：在枣树上喷雾使用。在盛花期，枣树开甲后 1~4d 内，取本剂 15mL，加水 50kg，对全树喷施药液一次。喷药时间，以 16 时后或 9 时以前为最好，为保证坐果整齐，喷药应树堂内外均喷透，树叶将要滴水为最好；以不喷只开甲为对照。一个月后调查坐果率，实验结果见表 9-4-1。

表 9-4-1　枣树坐果情况调查

处理	调查总吊数（个）	总坐果数（个）	吊均坐果（个）	吊均坐果增加（个）
本剂	893	581	0.65	0.321
不喷	817	269	0.329	

从表 9-4-1 看出，喷施本剂比比喷的对照树吊平均坐果增加 0.321 个，坐果增加。在 7 月上旬枣树盛花后期，取本剂 15mL，加水 50kg，对全树喷施药液一次。喷药时间，以 16：00 后或 9：00 以前为最好，为减少落果，喷药应树堂内外均喷透，树叶将要滴水为最好；以不喷为对照。半月后调查落果率，实验结果见表 9-4-2。

表 9-4-2　枣果落果情况调查

处理	喷前果数（个）	调查时果数（个）	落果个数（个）	落果率（%）
本剂	592	527	65	10.98
不喷	671	494	177	26.4

从表 9-4-2 看出，喷施本剂比不喷的对照树落果数减少 112 个，落果率减少 15.42%。

2. 实施例 2

枣树保花坐果剂采用下述原料制成：十水合四硼酸钠 3.0kg、a-

萘乙酸 4.0kg、水 300kg、尿素 7.0kg、复硝酚钠 9.0kg、黄腐酸 15kg。

制备方法：将水加热至 60℃后保持恒温，溶入 a- 萘乙酸和十水合四硼酸钠混合后的粉末，不断搅拌至反应完全，晶粉完全溶解后，待液体降温至 40~45℃时，把尿素溶解至其中，然后放凉至 20~25℃，把复硝酚钠溶解于该溶剂中，搅拌均匀，最后将黄腐酸分次加入，搅拌均匀即为本枣树保花坐果剂成品。

使用方法：在枣树上喷雾使用。在盛花期，枣树开甲后 1~4d 内，取本剂 15mL，加水 50kg，对全树喷施药液一次。喷药时间，以 16 : 00 后或 9 : 00 以前为最好，为保证坐果整齐，喷药应树堂内外均喷透，树叶将要滴水为最好；以不喷只开甲为对照。一个月后调查坐果率，实验结果见表 9-4-3。

表 9-4-3　枣树坐果情况调查

处理	调查总吊数（个）	总坐果数（个）	吊均坐果（个）	吊均坐果增加（个）
本剂	761	825	1.08	0.739
不喷	801	273	0.341	

从表 9-4-3 看出，喷施本剂比不喷的对照树吊平均坐果增加 0.739 个，坐果明显增加。在 7 月上旬枣树盛花后期，取本剂 15mL，加水 50kg，对全树喷施药液一次。喷药时间，以 16 : 00 后或 9 : 00 以前为最好，为减少落果，喷药应树堂内外均喷透，树叶将要滴水为最好；以不喷为对照。半月后调查落果率，实验结果见表 9-4-4。

表 9-4-4　枣果落果情况调查

处理	喷前果数（个）	调查时果数（个）	落果个数（个）	落果率（%）
本剂	838	793	45	5.4
不喷	725	516	209	28.8

从表 9-4-4 看出,喷施本剂比不喷的对照树落果数减少 164 个,落果率减少 23.4%，由此看出，使用效果明显。

3. 实施例 3

枣树保花坐果剂采用下述原料制成：十水合四硼酸钠 5.0kg、a-萘乙酸 2.0kg、水 500kg、尿素 8.0kg、复硝酚钠 20kg、叶面表面活性剂：烷基聚氧乙烯基醚 8.0kg。

制备方法：将水加热至 80℃后保持恒温，溶入 a- 萘乙酸和十水合四硼酸钠混合后的粉末，不断搅拌至反应完全，晶粉完全溶解后，待液体降温至 40~45℃时，把尿素溶解至其中，然后放凉至 20~25℃，把复硝酚钠溶解于该溶剂中，搅拌均匀，最后将烷基聚氧乙烯基醚加入，搅拌均匀即为本枣树保花坐果剂成品。

使用方法：在枣树上喷雾使用。在盛花期，枣树开甲后 1~4d 内，取本剂 15mL，加水 50kg，对全树喷施药液一次。喷药时间，以 16：00 后或 9：00 以前为最好，为保证坐果整齐，喷药应树堂内外均喷透，树叶将要滴水为最好；以不喷只开甲为对照。1 个月后调查坐果率，实验结果见表 9-4-5。

表 9-4-5　枣树坐果情况调查

处理	调查总吊数（个）	总坐果数（个）	吊均坐果（个）	吊均坐果增加（个）
本剂	1 038	1 085	1.05	0.738
不喷	1 153	360	0.312	

从表 9-4-5 看出，喷施本剂比不喷的对照树吊平均坐果增加 0.738 个，坐果明显增加。

在 7 月上旬枣树盛花后期，取本剂 15 mL，加水 50kg，对全树喷施药液一次。喷药时间，以 16：00 后或 9：00 以前为最好，为减少落果，喷药应树堂内外均喷透，树叶将要滴水为最好；以不喷为对照。半月后调查落果率，实验结果见表 9-4-6。

表 9-4-6 枣果落果情况调查

处理	喷前果数（个）	调查时果数（个）	落果个数（个）	落果率（%）
本剂	829	786	43	5.19
不喷	863	609	254	29.4

从表 9-4-6 看出，喷施本剂比不喷的对照树落果数减少 221 个，落果率减少 24.21%，由此看出，使用效果明显。

4. 实施例 4

枣树保花坐果剂采用下述原料制成：十水合四硼酸钠 6.0kg、a-萘乙酸 3.5kg、水 200kg、尿素 4.0kg、复硝酚钠 56.5kg、叶面表面活性剂：蔗糖脂肪酸脂 45kg。

制备方法：将水加热至 70℃后保持恒温，溶入 a-萘乙酸和十水合四硼酸钠混合后的粉末，不断搅拌至反应完全，晶粉完全溶解后，待液体降温至 40~45℃时，把尿素溶解至其中，然后放凉至 20~25℃，把复硝酚钠溶解于该溶剂中，搅拌均匀，最后加入蔗糖脂肪酸脂，搅拌均匀即为本枣树保花坐果剂成品。

使用方法：在枣树上喷雾使用。在盛花期，枣树开甲后 1~4d 内，取本剂 15mL，加水 50kg，对全树喷施药液一次。喷药时间，以 16：00 后或 9：00 以前为最好，为保证坐果整齐，喷药应树堂内外均喷透，树叶将要滴水为最好；以不喷只开甲为对照。1 个月后调查坐果率，实验结果见表 9-4-7。

表 9-4-7 枣树坐果情况调查

处理	调查总吊数（个）	总坐果数（个）	吊均坐果（个）	吊均坐果增加（个）
本剂	1 218	1 309	1.07	0.754
不喷	1 034	327	0.316	

从表 9-4-7 看出，喷施本剂比不喷的对照树吊平均坐果增加 0.754 个，坐果明显增加。在 7 月上旬枣树盛花后期，取本剂 15mL，加水 50kg，对全树喷施药液一次。喷药时间，以 16 : 00 后或 9 : 00 以前为最好，为减少落果，喷药应树堂内外均喷透，树叶将要滴水为最好；以不喷为对照。半月后调查落果率，实验结果见表 9-4-8。

表 9-4-8 枣果落果情况调查

处理	喷前果数（个）	调查时果数（个）	落果个数（个）	落果率（%）
本剂	496	464	32	6.45
不喷	827	600	227	27.4

从表 9-4-8 看出,喷施本剂比不喷的对照树落果数减少 195 个，落果率减少 20.95%，由此看出，使用效果明显。

5. 实施例 5

枣树保花坐果剂采用下述原料制成：十水合四硼酸钠 4.0kg、a- 萘乙酸 2.5kg、水 400kg、尿素 5.0kg、复硝酚钠 45kg、黄腐酸 35kg。

制备方法：将水加热至 70℃后保持恒温，溶入 a- 萘乙酸和十水合四硼酸钠混合后的粉末，不断搅拌至反应完全，晶粉完全溶解后，待液体降温至 40~45℃时，把尿素溶解至其中，然后放凉至 20~25℃，把复硝酚钠溶解于该溶剂中，搅拌均匀，最后分次加入黄腐酸，搅拌均匀即为本枣树保花坐果剂成品。

使用方法：在枣树上喷雾使用。在盛花期，枣树开甲后 1~4d 内，取本剂 15mL，加水 50kg，对全树喷施药液一次。喷药时间，以 16 : 00 后或 9 : 00 以前为最好，为保证坐果整齐，喷药应树堂内外均喷透，树叶将要滴水为最好；以不喷只开甲为对照。1 个月后调查坐果率，实验结果见表 9-4-9。

表 9-4-9 枣树坐果情况调查

处理	调查总吊数（个）	总坐果数（个）	吊均坐果（个）	吊均坐果增加（个）
本剂	1 024	738	0.72	0.369
不喷	928	326	0.351	

从表 9-4-9 看出，喷施本剂比不喷的对照树吊平均坐果增加 0.369 个，坐果增加。在 7 月上旬枣树盛花后期，取本剂 15mL，加水 50kg，对全树喷施药液一次。喷药时间，以 16：00 后或 9：00 以前为最好，为减少落果，喷药应树堂内外均喷透，树叶将要滴水为最好；以不喷为对照。半月后调查落果率,实验结果见表 9-4-10。

表 9-4-10 枣果落果情况调查

处理	喷前果数（个）	调查时果数（个）	落果个数（个）	落果率（%）
本剂	923	815	108	11.7
不喷	761	522	239	31.4

从表 9-4-10 看出，喷施本剂比不喷的对照树落果数减少 131 个，落果率减少 19.7%。以上实验均在河北沧州金丝小枣主产区献县枣园内进行。

6. 实施例 6

本枣树保花坐果剂在河北某村庄经横向对比实验和纵向对比实验，得出，吊均坐果可提高 96.8%，防落率高达 82% 以上。

横向对比实验方法：实验在河北省林科所枣园内，选取树龄、干茎、冠幅基本一致，管理相同，树势相当的盛果期供试树 16 株，采用区组排列、4 个处理、重复 4 次，以不同方位、枝龄、粗度基本一致的单位枝为小区；在同株 4 枝上分别设：A：15ppm 赤霉素。B：只喷本剂（取 15 mL，加水 50kg）。C：喷清水（共喷 5 次，间隔 1~2 天）。D：不喷为对照。

在枣树开甲后第 2 天（6 月 2 日开甲），对各处理枝均匀喷施药液一次。喷药时间，在 10：00 进行。

调查内容及方法：处理后主要调查并记载①喷施 1 个月左右（7 月 2—4 日）各处理的总吊数，坐果率；②7 月 26—27 日调查坐果率。

结果表明，喷清水和对照相比较，坐果率虽有所增加，但效果不显著；喷施 15ppm 赤霉素 7 月 3 日调查吊均坐果为 1.73 个，坐果率最高，7 月 27 日调查，随着幼果生长，加重，吊均坐果比用本剂少 0.135 个；这是由于喷施赤霉素后枣树坐果多，树体营养消耗大，造成供应幼果的养分不足，因而幼果落果加重。7 月 3 日调查，喷施本剂比不喷的对照树吊平均坐果增加 0.966 个，坐果明显增加；7 月 27 日调查，喷施本剂比不喷的对照树吊平均坐果增加 0.475 个，与对照比较最终吊均坐果提高 96.9%，使用效果明显。

在 7 月 6 日枣树盛花后期，取本剂 15 mL，加水 50kg，对各处理枝继续喷施药液一次。喷药在 17：00 进行；以不喷为对照。半月后（7 月 27 日）调查落果率，实验结果见表 9-4-11 。

表 9-4-11　枣落果情况调查

处理	喷前果数（个）	调查果数（个）	落果个数（个）	落果率（%）	比较（%）
赤霉素	1 117	1 041	76	6.8	−77.6
本剂	970	919	51	5.3	−82.6
清水	386	277	109	28.2	−7.2
不喷	385	268	117	30.4	

从表 9-4-11 看出，喷施本剂落果率最低，比不喷的对照落果数减少 82.6%，使用效果明显。

综上所述，本剂具有促进坐果、减少幼果脱落的双重作用，既避免了由于前期坐果多，树体消耗营养过于集中，而造成的幼果大量脱落；又可促进幼果生长，是一种非常理想的新制剂。

纵向对比实验方法：从 2000 年开始在河北省献县淮镇的 2 000 亩金丝小枣园内，选取与对照树树龄、干茎、冠幅一致，管理相同，树势相当 100 株结果树进行试验,并于 7 月上旬随机调查坐果情况，8 月上旬调查落果情况，计算出落果率。调查结果表明，从 2000—2008 年在枣树上连续使用枣树保花坐果剂，不管花期天气是高温、干旱，还是湿润，喷施本剂均能稳定坐果，并且能显著地减少幼果脱落，避免了树体营养的过多消耗，为全年的红枣丰产打下了坚实基础。

主要参考文献

高新一，马元忠，王玉英 . 2017. 枣树高产栽培新技术（第 2 版）［M］. 北京：金盾出版社 .

李登科，牛西午，田建保 . 2013. 中国枣品种资源图鉴［M］. 北京：中国农业出版社 .

李苏萍，陈秀龙，韩国柱 . 2006. 山东广翅蜡蝉生物学特性及防治措施［J］. 中国森林病虫，25（3）：36 –38.

刘孟军，汪民 . 2009. 中国枣种质资源［M］. 北京：中国林业出版社 .

卢晓华，豆忠明，王孟 .2010. 枣树枝干病害的发生规律及防治［J］. 植物保护，（1）：26 –27.

漆馨，陈恢彪 . 2011. 枣树枝条的识别［J］. 园艺特产，（1）：44.

屈志成 .2008. 无公害生态枣园病虫害综合防治技术［J］. 森林保护，（10）：33–34.

宋建伟 . 2012. 枣树生产中存在的问题及对策［J］. 山西果树，145（1）：1–2.

王大州，王金华 . 2002. 红缘天牛的发生与防治技术［J］. 河北林业科技，（8）：30.

王秀伶，刘孟军，刘丽娟 . 1999a. 荧光显微技术在枣疯病病原鉴定中的应用［J］. 河北农业大学学报，22（4）：46–49.

王秀伶，邵建柱，张学英，等 . 1999b. POD 同工酶在酸枣、枣分类中的应用 . 武汉植物学研究［J］17（4）：307–313.

王尧 . 2008. 枣授粉生物学研究［硕士学位论文］［J］. 保定：河北农业大学 .

王永蕙，刘孟军 . 1989. 关于枣和酸枣学名的商榷 . 河北农业大学学报［J］，12（1）：10–13.

王永蕙，刘孟军 . 1992. 枣和酸枣种质资源性状描述系统研究［J］. 河北农业大学学报，15（3）：40–44.

王永蕙，彭士琪，周俊义 . 1990. 枣树规范化栽植技术［J］. 中国果树（1）：44–45.

王永蕙 . 1992. 枣树栽培［M］. 北京：中国农业出版社 .

王永康，田建保，王永勤，等 . 2007. 枣树品种品系的 AFLP 分析［J］. 果树学报，24（2）：146–150.

王泽伟 . 2004. 极早熟优质鲜食枣品种——伏脆蜜［J］. 西北园艺，（4）：27.

王振亮，韩会智，刘孟军，等 . 2012. 枣园绿盲蝽生物学特性研究［J］. 中国森林病虫，31（1）：12–14.

王芝学，张殿义，杨丽芳 . 2006. 鲜食枣品种蓟州脆枣［J］. 中国果树，（5）：68–69.

温秀军，郭晓军，田国忠，等 . 2005. 几个枣树品种和婆枣单株对枣疯病抗性的鉴定［J］. 林业科学，41（3）：88–96.

温秀军，孙朝晖，孙士学，等 . 2001. 抗枣疯病枣树品种及品系的选择［J］. 林业科学，37（5）：87–92.

温陟良 , 王永蕙 . 1987. 三倍体赞皇大枣的核型分析［J］. 河北农业大学学报，15（3）：67–71.

文亚峰，何钢，张江 . 2007. 枣优良品种分子鉴别系统的开发［J］. 中南林业科技大学学报，27（6）：119–121.

文亚峰，何钢 . 2007. 适合我国南方地区栽培的枣优良品种亲缘关系研究［J］. 果树学报 , 24（5）：640–643.

武俊霞，付晓东，陈晓丽 . 2011. 枣树育苗方法及技术要点［J］. 新疆农业科技，5：1–2.

武晓红 . 2008. 枣花药再生植株及单倍体的获得［硕士学位论文］［J］. 保定：河北农业大学 .

姚昕，涂勇 . 2012. 不同药剂处理对青枣白粉病的防治效果研究［J］. 中国园艺文摘，（1）：1–2.

张凤舞，李桂良， 孙淑梅 . 1981. 枣刺蛾生活习性的观察［J］. 医学昆虫学指南（1）：113–114.

张适平 . 2013. 枣树夏季栽植技术［J］. 宁夏农林科技，54（02）：39–40.

附 图

曙光

曙光 3 号

马牙枣

冬枣

大树高接

树形：开心型

幼枝绑缚

枣裂果病

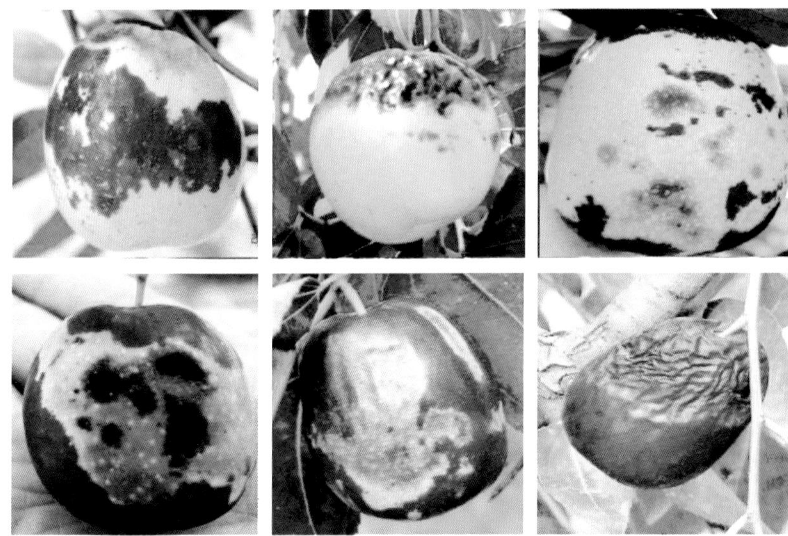

枣缩果病

枣疯病

绿盲蝽象

枣瘿蚊

皮暗斑螟幼虫

枣龟腊蚧

枣粉蚧

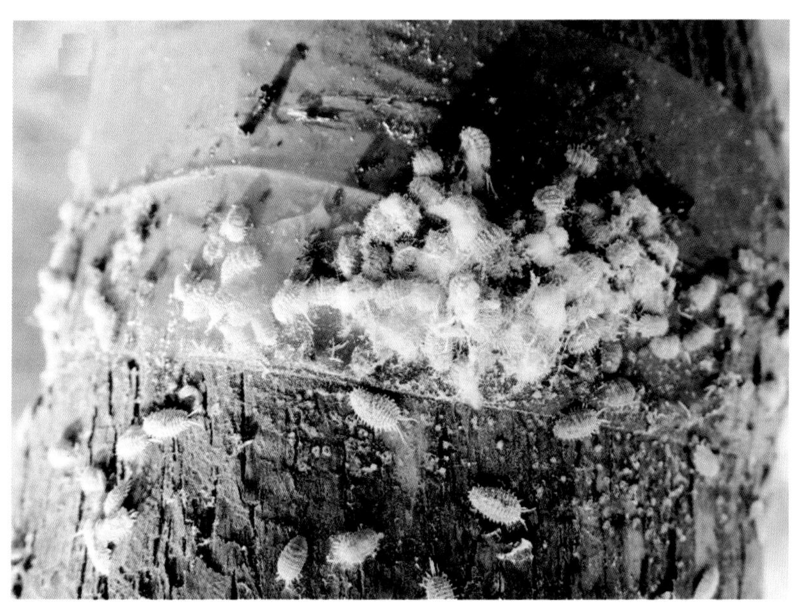

粘虫胶防治枣粉蚧

枣滴注技术

滴注防治病虫害